被禁止的科学
Forbidden Science

从远古高科技到自由能源的神奇之旅

［美］J.道格拉斯·凯尼恩 编撰 熊晓霜 译

凤凰出版传媒集团 凤凰联动 尚书文化传媒
江苏人民出版社 FONGHONG Shang Shu Culture Media Co.,Ltd

图书在版编目（CIP）数据

被禁止的科学 / （美）凯尼恩 (Kenyon,J.D.) 著 ; 熊晓霜译 . -- 南京 : 江苏人民出版社 , 2011.3
（禁止入内 : 揭秘被掩盖的事实）
ISBN 978-7-214-06752-4

Ⅰ . ①被… Ⅱ . ①凯… ②熊… Ⅲ . ①自然科学史—世界—文集 Ⅳ . ① N091-53

中国版本图书馆 CIP 数据核字 (2010) 第 262850 号

江苏省版权局著作权合同登记：图字 10-2010-558

书　　名　被禁止的科学
著　　者　[美] J. 道格拉斯·凯尼恩
译　　者　熊晓霜
责任编辑　刘　焱
出版发行　江苏人民出版社（南京湖南路 1 号 A 楼　邮编：210009）
网　　址　http://www.book-wind.com
集团地址　凤凰出版传媒集团（南京湖南路 1 号 A 楼 邮编：210009）
集团网址　凤凰出版传媒网 http://www.ppm.cn
经　　销　江苏省新华发行集团有限公司
印　　刷　北京瑞达方舟印务有限公司
开　　本　700 毫米 ×1000 毫米　1/16
印　　张　18.75
字　　数　247 千字
版　　次　2011 年 3 月第 1 版　2011 年 12 月第 6 次印刷
标准书号　ISBN 978-7-214-06752-4
定　　价　36.00 元
（江苏人民出版社图书凡印装错误可向本社调换）

还原远古高科技真相，揭秘当代新物理学、精神科学、天文学、能量医学、超自然心理学乃至ET技术的奥妙……一本撼动正统科学的大书！

《连线新时代》杂志（*Nexus New Times Magazine*）

如果你对"边缘科学"感兴趣，如果你想以开放的态度看待非传统视野中的宇宙奥妙（如潜在的反重力科技、考古天文学、外星生命形式和ESP等），如果你想看到世界"另一边"的风景，这本书应该成为你最有趣的阅读。

Witchgrove.com网站书评

这本书令人信服：真实的历史，迷人的可能性，都被集中在一大批优秀学者的短小精干的科学散文之中。如果有争议，将是我们对真理的进一步探求。

《灯塔》杂志（*The Beacon*）

充满挑战性的汇编！一切证据表明，另类科学可能正是人类未来文明的中坚。我们曾经遗失了太古时期的遥远工艺，也缅怀过被遮蔽的特斯拉技术，那么，下一步我们是否能重获一种亘古有之的开创性研究？

《光连接》（*The Light Connection*）

任何一个严肃的新时代运动（New Age）图书馆都应收藏并推荐的一本书！

《中西部书评》（*The Midwest Book Review*）

这本书的一个意义在于，对科学感兴趣的读者可以在其中发现科学与伪科学的界限。公众的态度有时会影响一些新思想的发展，而走在时代前面的少数先锋学者则力排众议，其开创意识无远弗届，我们也许会在多年以后才认识到他们工作的重要性。

《选择》杂志（*Choice*）

本书汇集了非常有力的证据，来展示我们过于庸常的教科书所不能容纳的先锋科学知识。这对人类拓展未来而言是至关重要的。该是我们面对真相、改变现状的时候了。

《麦迪逊公共图书馆书评》
（*Madison Public Library Book Reviews*）

中译本总序

　　国内的读者在一开始看到这套丛书时，想必会相当惊讶。这套书的每一本均由多篇文章构成，内容包罗万象，不仅涉及了宗教学、灵魂学、先锋物理学、天文学、考古学、心理学，甚至还有篇章谈到了玄学和魔法、超自然和神秘体验等等。这绝对超出了我们从小接受的"科学"范畴。要真正理解道格拉斯·凯尼恩编辑的这套丛书，我想，读者可能需要先了解以下一些概念。

　　第一个概念是"后现代科学思潮"。西方的后现代科学思潮兴起于上个世纪末，在以玻尔为首的哥本哈根学派对量子力学进行了阐释之后，普里高津又给出了耗散结构理论的解释，库恩则在哲学上提出了"范式"理论——这一切都推动了这股思潮的泛滥。

　　1996年，美国物理学家、纽约大学物理系数学物理学教授索克尔（Alan Sokal）在《社会文本》（*Social Text*）上发表了一篇论文：《跨越边界：通向量子引力的变换解释学》。三周后，他很快就在《交流》（*Lingua Franca*）上发表了另一篇文章《一个物理学家的文化研究实验》，指出他的上一篇论文完全只是一个实验，是一个玩笑，他在论文里有意加入大量常识性错误，比如将量子系统中的"不可对易性"等同于"非线性"，认为圆周率和万有引力常数的数值，也可以随着新的科学发现而变化，等等。这篇胡编乱造的论文几乎没有论证，除了论点就是结论。这个事件引发了后现代思想家与传统科学家之间的大混战。即使仅从这个事件所传递的信息来看，便可断言，西方后现代科学思潮，已经形成了一股与传统科学对抗的强大力量。

　　事实上，我们很难给后现代科学思潮一个明确的定义，一般来说，这个思潮主要包括了科学知识社会学、女权主义科学观、西方后现代主义科学观与极端的环境主义科学观等等。这些研究者通常认为，研究对象并不是客观的，他们更强调研究对象的"社会、制度、性别与历史"的构造；因此，对他们来说，不存在什么客观真理，他们更倾向于用人文科学的方法，即修饰学与解释学的方法去研究科学，认为科学只是一种说服人的艺术。

　　后现代科学研究者对传统科学的权威主义和精英主义非常反感，他们试图推进科学研究的民主化。传统科学之所以成为他们攻击的目标，主要是由于西方社会自文艺复兴以来的自由主义传统。他们一贯反抗权威，否定专制。在文艺复兴时，科学是一种反对宗教权威的力量。但是，从17世纪以后，科学已经形成了一个基于理性科学的信仰体系，成为新的权威力量，并且比之前的宗教更为强大和蛮横。

或者我们可以这么解释，后现代科学思潮反对的主要是唯科学主义。要知道，在西方，科学的概念其实是这样界定的：科学可以为我们提供一种对客观世界的近似描述，这个描述并不一定是绝对正确的，但它对于我们解决实际问题已经足够用了。

而唯科学主义却认为，科学就是绝对真理。它把特定领域的科学扩张为人类各个领域都必须遵循的范型，科学由此而成为人生观与价值本体论；由于科学已经深入到整个权力、生产与信仰之中，并拥有绝对优先权，因此，这种理念借此将科学人生观尊为现代诸多人生观中唯一的、最权威的人生观，从而以科学的名义在现代多元思想文化中，建立起一种强势专制的意识形态话语，并演变为一种拒绝对科学本身进行反思的现代迷信。

斯宾格勒（Oswald Spengler）在《西方的没落》（*The Decline of the West*）一书中对此作出了预言。他说，科学以一种循环的方式前进，由研究自然，发明新理论的浪漫阶段过渡到科学知识逐渐僵化的巩固阶段。而当科学开始僵化成信仰时，社会就会放弃科学，转而信奉宗教原教主义或其它一些非理性的信仰体系。斯宾格勒还认为，不久就会出现科学的没落以及非理性思潮的复活。显然，看看"新时代运动"，我们就知道他是对的。

因此，我们要了解的另一个概念就是"新时代运动"。中国读者和大众传媒界恐怕对"新时代运动"这个词还感到十分陌生。但这一运动对于理解西方文化至关重要。"新时代运动"兴起于20世纪6、70年代的欧美，经过几十年的发展，现在势力已经遍布全球。作为对资本主义工业化和现代性的反拨，它在文化各个重要领域中都有重要的影响。它的前身是欧美反文化性质的嬉皮士运动，现在则发展成了对抗物质主义的超种族、超国界的精神觉醒运动和泛生态运动。这一运动受到后殖民主义的影响，对东方思想和东方宗教推崇备至，希望在基督教之外重新找回人类与自然的和谐状态。

美国学者玛丽娜·托戈尼克（Marianna Torgovnick）写过《原始的激情》（*Primitive Passions*）一书，代表了当今西方学院派对于这个运动的回应。我们可以这么说，不了解新时代运动，就不能真正了解现在的西方文化现象。当我们在影院观赏着《哈利·波特》（*Harry Potter*）、《魔戒》（*The Lord of the Rings*）、《阿凡达》（*Avatar*）等电影，谈论着《暮光之城》（*Twilight*）时，我们并不知道这些流行文化现象背后深层的原因。我们不能理解西方人对东方的禅、易经、老子与道教、太极、武术、星相学、风水，以及各种灵学、元心理学、未来学、外星探索与世界神秘事件探索的热情。或者这样说，这套丛书中的部分篇章基本上就是这个时代运动的产物，如果不能明白这些文章的社会文化背景，我们或许会惊讶于乱力怪神之说，居然也出现在严肃认真的学术探讨中，进而怀疑该书的编辑是否神志不清，错把梦呓当研究了。

其实说到底，无论是后现代科学思潮，还是"新时代运动"，其中最重要的本质就是"自由"和"多元"。后现代科学思潮试图打破科学纯客观性神话，破坏它的专制和权威，"新时代运动"力图吸收各种不同文化的营养，反抗西方的理性主义传统。它们都提出了一种民主的知识态度：你尽可以提出各种各样的科学理论和观点，这些理论可能有的合情合理，有的是奇思妙想，有的荒谬绝伦，但要选择什么是我的事情。我绝对不接受你代替我选择的情况，即使你声称，你选择的是最好的、最权威的。

"自由"地享受科学盛宴，这对国内的读者们来说是非常陌生的。这种自由主义精神和西方人文主义精神源出一处，十八世纪启蒙学者伏尔泰曾说："我不能同意你说的每一句话，但我誓死捍卫你说话的权利。"而我们习惯于接受别人帮我们选好了的东西，无论是现在还在中学物课上讲授的进化论，还是唯物主义，或者其他东西。阅读本书最重要的一点就是，不要把里面的每个观点当做神祇来崇拜（事实上有些作者之间的观点是冲突的），这有违本套丛书各位作者的初衷，你可以选择，可以嗤之以鼻，也可以真心叹服。

本套丛书中，《被禁止的科学》由熊晓霜翻译，《被禁止的神学》由徐冬妲翻译，我负责翻译的是《被禁止的历史》。这本书横跨的学科非常广，从量子物理学到精神分析学，从地质学、工程学到玄学、埃及古物学都有涉及。译者水平有限，错漏之处在所难免，敬请各位读者指正。另外，在翻译《被禁止的历史》的过程中，非常感谢熊晓霜、杨雅婷和龙颖这几位朋友给予我很多帮助，感谢王慧文为我提供了部分外文参考资料来源，还要感谢周斌先生为译稿提供了很多修改意见。

周子玉

2010年9月19日

目录

第三部分
挑战传统物理学

第七部分
超出科学可知范围的可能性

部分作者简介

导言

J. 道格拉斯·凯尼恩

这本书主要探索了学院派科学研究那光鲜亮丽的大厦之下的那些隐蔽的、黑暗的、甚少有人涉足的领域。在这本书里，你会发现不管官方机构怎样宣称，事实的真相远非那么容易就成为大家所接受的定理，或者也不会那么容易就被一笔勾销。在这本书里，你会了解到许多在传统研究中出现过的互相矛盾的概念和争论，是的，它们确实都曾出现在舆论中。但是，不管是金字塔的真实功能，还是西非纳布塔·布那亚的巨石阵，以及伊曼纽尔·维里科夫斯基的天文学发现，太空中的自由能，冷核融合，鲁珀特·谢尔德雷克对心电感应和超感官感觉的研究等等，我们相信你会发现事实的真相几乎完全不同于你过去所被告知的那样。最后，如果等你看完这本书，你问你自己为什么这些知识会被排除在大众的共识之外——的确，为什么对这些知识的讨论实际上都成了"禁忌"？——那么你就问了这本书的作者们同样在问自己的一个难题。

对一个本身就说一种特殊语言的人来说，听到这种语言就明白它的意思是件很容易的事，但是对那些并没有学习过这门语言的人来说，这种语言很有可能就跟噪音一样。我还记得我小的时候，我听到人们用另外一种我不懂的语言来谈话，我以为我只要假装乱说几句，别人就会相信我也会说外语。当然，我的计谋并没有奏效，我记得我的努力只换来了白眼。最终，我明白了一个人的口才对另一个人来说就是胡扯，区别只在于有没有理解。

最近麻省理工学院的几个毕业学生在学术界将语言的错乱发展到了一个新的高度。路透社报道，这些学生成功地用电脑将一系列毫无意义的混乱句子组合成了看上去像是学术论文的文章。他们通过程序设计，由电脑将无意义的句子、图表、简图生成假的学术论文。他们把通过这种方式生产的两篇学术论文发到了在佛罗里达州奥兰多市举办的系统、控制、信息的世界综合大会上去。让他们大吃一惊的是，其中的一篇名为《挖土机：接触点和多余度的典型一致性的方法论》被大会定为了报告文章。

这个故事使我想起了许多年前，当我还是大学里一名年轻教师（这个大学的名称在这里最好匿名）时，我的一次个人经历。当时，我批评我们学校诗歌杂志上所发表的文章质量太差，别人就说既然我这么厉害，我为什么不去发表一些我自己写的东西呢？我说我会的。然后，我写了一些我自己认为很糟糕的诗，但看上去都像是我们学校诗歌杂志会喜欢的样子。我把这些诗寄了出去。

最后，我大吃一惊，我的这些作品不仅被发表了，而且还被印到了杂志的封面上。这是我的亲身经历。

我说这些的目的不仅是想要暗示——当今掌管权威科学城堡的那些所谓的权威人士，他们的评判常常是骗人的；我同时还想指出他们对那些另类科学（它们中的大多数确实是有所发现的）做出的评判，也许，大可不必全信。

这些年来，我注意到那些自称了解另类科学的人，在回应时总是喜欢回避核心的问题，相反，他们总是纠缠在一些毫无意义的琐碎的问题上。所谓的超自然现象怀疑者科学调查委员会（CSICOP），以及类似的组织，似乎都不能理解他们需要去解释的语言。或者就像约翰·安东尼·韦斯特（John Anthony West）喜欢说的那样："他们就是不懂！"这些都显示出了他们自身的无知。

我们担心的另一个问题在于现在的市场环境，许多人在看到这样的书时，首先就将其归入到某种简单地营销策略中去。被书的目录弄糊涂了以后，这些观察者得出结论，只要简单地把教科书编写编写，标上时髦的话语，就能获得成功。这本书所要探究的科学研究的基本合理性和可以展望的未来前景在他们眼里似乎都不重要，他们认为这跟胡说八道是一回事。这些人也许会惊讶地发现你们已经知道了的事实：我们的目标不是钱，而是有意义。我们更想要的是一个持续增长的读者群。

虽然所谓的主流媒体试图说服每一个人，这本书所包含的主题应该全部归属于边缘科学之列。官方科学机构确实经常会把大多数公众更加关心的问题打入到边缘中去。最近一项民意调查显示，实际上，"四个美国人中，有三个都有神秘主义的信仰"。其中最流行的是超感官感觉（ESP）。至少，在这个领域，专家们把我们相信的或不相信的事物都认作是我们自身的感觉所不能决定的。那句古老的广告语"你要相信谁？我？还是你撒谎的眼睛？"看来又一次失败了。我们中的大多数人应该都经历过传统科学所无法解释的一些事。

这个民意调查并不是最近唯一的一个威胁到科学大厦的事件。根据一个名为路易斯·芬克尔斯坦协会（Louis Finkelstein Institute）的社会和宗教信仰调查，有接近百分之六十的医生都反对达尔文主义的"人类的进化是自然选择的，而与超自然的因素无关"。迈克尔·A.格卢克博士（Dr. Michael A. Glueck）和罗伯特·J.西哈克博士（Dr. Robert J. Cihak）为犹太世界评论网站所写的文章中认为，医生知道太多身体具体工作的实际情况，所以不能接受达尔文主义所给出的简单定理。人类的眼睛就是其中一个例证——能够设计出如此复杂精密结构的人类身体系统是完全不能由简单的进化理论来解释的。

然而，我们从明尼苏达州健康合作研究基金会那里得知，这些调查数据在官方科学机构看来也许是最不准确的。但是一篇发表在英国杂志《自然》（Nature）上的文章写道，据匿名调查显示，三个美国科学家中，就有一个承认在最近的三年里都曾有过不遵循那些可以保证他们的研究的真实性的规矩。这样不规范的行为，《明尼阿波利斯星报》说道，包括剽窃他人的研究成果，和根据赞助商的需要篡改研究数据。"我们的调查显示，"这篇文章的作者说道，"美国科学家们的这些行为，所覆盖的范围远远不只是捏造、剽窃和抄袭，这些行为损害了科学的真实性。"

像这样的不诚实的科学研究是否比那些诚实的科学研究还要更多呢？在这背后是否还有政府的政治行为呢？

最近美国联邦法庭在宾夕法尼亚州丹佛市举行了一次关于"智慧设计论"[1]（ID）的审判——裁定"智慧设计论"是否应该进入学校的教学当中，这次审判吸引了整个世界的注意。再次看到为了获得政治影响力而重复上演这类经典的策略，是一件非常有意思的事。这件事又一次告诉我们，的确，阳光底下没有什么新鲜事。

比如，举个例子，"进化"这个词的运用。在当今的"智慧设计论"中并没有什么是可以否定进化论这个事实的。实际上，绝大多数"智慧设计论"的严肃工作都要联系到进化论本身需要些什么样的理论才能建立起自己的功能体系。我们需要一个鸡蛋，才能有一只鸡，同样，我们需要一只鸡，才能有一个鸡蛋，进化论很有可能偶尔会需要些帮助（同样地，智慧设计论也需要），但是这并不是说进化（即人类不断地发展变化）不会发生。正好相反，很明显我们的发展变化是确切无疑的事实，严肃的智慧设计论的支持者们一般都不会反对这一点。

对我们来说——尽管存在着对智慧设计论是反进化和反科学的指责——它看起来可能不只是会给我们提供一条在错误的选择中的启蒙之路。在智慧设计论提出之前，我们要么接受《圣经》里的创世说，要么接受进化论。但是在当前的争论中受到质疑的不是进化论，而是"达尔文主义"——这种主义认为进化只发生于偶然的情况，而且在进化的过程中只有自然环境的作用，而不涉及智力的因素。讽刺的是，那些相信后者的人在现实生活当中往往坚持形而上学的立场，用没有得到证实的信仰来支持它（也就说把它当作信条一样），进而发展了他们自己的宗教，同时却宣称反对其他任何宗教的权威性。

在我们看来，达尔文主义的狂热信徒们，通过暗示达尔文主义并且只有达尔文主义才能提供整个世界追求的答案，从而篡夺了他们表面上推翻了的神职人员的角色。而且自始至终，当他们的真实性受到质疑、权威受到挑战时，他们总是装出一副受到伤害的无辜样子。

尽管，达尔文主义宗教内部较高层次的思想运作方式对于不相信达尔文主义的人们来说是很难理解的，但是我们仍然可以研究他们在较低的、较不明确的、类似基督教教会的那个层次上的影响，然后得出一些有用的意见。举个例，当要求他们对科学的神圣性进行辩护时——就当作智慧设计论影响扩大所产生的威胁——大多数世俗的媒体立马就顺从地退回到城堡里去了。那些刺耳的、

---

1. 智慧设计论是与进化论相对立的学说，智慧设计论认为，进化论解释不了自然界复杂演变的全部内容，这些难以用"进化论"解释的演变是由"智慧力量"设计出来的杰作，即只有一个超越一切的智慧，才能形成地球复杂的生命形式。

甚至是歇斯底里的指责，把智慧设计论说成什么都不是，说成是正统基督教派按《圣经》而来的创世说的幌子和命中注定的宿命论，以及说成是一种向中世纪的倒退——实际上揭示的是这些指责者们的无知。所以，这些人哭喊着宣布科学即将死亡，我们认为，恰好反映了整个达尔文主义的权威正在日渐消失，对它的怀疑正在日益增长。在这种情况下，如果仅仅根据价值来进行评判是相当危险的，我们应当避免。

这本书的作者们——以及其他许多人——发现我们的社会在发现真理的途径上存在着巨大分歧。这一切并非全部是由于一种阴谋，更多的是由于我们文明自身的灵魂分裂。造成的结果是——还可以进一步商榷的——大量的问题：疏离、战争、环境崩溃，等等。这种混乱的一个征兆就是将毫无价值的东西上升到权威的地步，从这出发，他们可以用无穷无尽的努力来保护自己的优势，从而操纵权利的杠杆。一旦某个地方出现堕落的机会时，就不再缺少自愿的堕落者。这种状况正在大力蔓延，变得不能忍受。但是，如果运气好的话，在当下对于智慧设计论的争论中，我们正在见证一个非凡的时刻，那就是系统出于自身平衡的需要而进入的一种自我更正。

如果这真的是现在所发生的状况，我们同样会见证一些顽强的抵抗。

所以，还有什么是新的？

在《芝加哥日报》对最近上映的好莱坞电影《龙骑士》的评论中，电影评论家米里亚姆·迪农西奥（Miraiam Di Nunzio）抱怨说她就是无法明白为什么黑暗法师德萨（Durza）不能简单地挥挥手就收回了邪恶国王和他的仆从们一直在找寻的那块丢失了的蓝色石头。然后，她进一步指责故事的逻辑性，为什么电影中的坏蛋们会很惊奇地发现有一股神秘的力量威胁着那个该杀千刀的坏蛋国王。"为什么德萨不能用魔法预言这一切呢？我完全不能明白，"这就是她那让人恼火的评论。对于迪农西奥的抱怨，也许电影已经用一句台词回答了，那就是由杰瑞米·艾恩斯（Jeremy Irons）扮演的布洛姆（Brom）说的："魔法有它的规矩。"（"规矩"也可以理解为"法律"。）

我们在这里提及这个对于《龙骑士》的争论，并不是因为我们认为这个电影特别值得一看，而是我们认为它说明了一个观点。迪农西奥代表了那些将任何现实生活中没有的特异现象都扔到现实中去进行考量的人。如果按照这种思考方式，任何一个关于魔法的故事，或者关于魔法的小说、电影，其中唯一的规则就是作者所创造的那些规则。换句话说，如果你决定做一个讲故事的人，为什么要让像逻辑性这样的东西打扰你呢？

这种过分简单化的思维方式存在于今天的主流媒体以及其他地方。具有讽刺意味的是，这些人经常使用着"超自然"（supernatural）这个词。对此的公认假设是我们所拥有的是一个我们能够根据基本的物理原理所理解的世界，其他的任何事情则必须是"超"自然——不受自然规律束缚的——当然，也就不是真实的。根据这种思维方式，任何我们不能理解的都是"超自然"的——也就是说，都是想象的。所以，最明显的战线出现在这些人之间：那些宗教信仰者，他们相信"超自然"的存在（例如他们的"上帝"，上帝创造了自然的法律，但是如果他不愿意的话他完全可以不去遵循它）；以及那些激进的现实主义者，他们则不相信"超自然"的存在，而且认为我们现在对现实的科学解释不应该被质疑。只有少数人，还在继续讨论。所有的一切，其实都依靠着我们对"规则"的理解，"规则"不管我们是理解还是不理解，都是最重要的，而那些所有我们不能解释的现象最终告诉我们的都是我们自身理解能力的局限，而不是自然规则的局限。

奇怪的是，那些将我们目前收集到的所有规则保护起来的自我施洗的看护者们（又可以叫作"范例管理者"，他们都是不同教堂的虔诚的信徒），似乎不愿意或者不能接受有存在着超出我们当前理解范围的可能性。这些主流自然科学的"高级神父"们喜欢将那些不接受他们强加于现实的限制的人归类为"超自然"的信徒或者其他更糟糕的。换句话说，他们将对这个世界看法不一样的人不是归入"巫术"，就是看作是无知的，或者是迷信的。

不管怎样，就像阿瑟·C·克拉克（Arthur C. Clarke）的名言："任何足够先进的科技都很难和魔法区分开来"一样。很显然，我们目前所拥有的科学技术在距我们最近的先辈们看来都有可能是魔法，所以也不难理解为什么我们会任由我们的骄傲去阻止我们看清那些我们现在不能理解的事物。如果我们知道的更多一些呢？所以，很多我们确信的假设，以及那些我们现在相信统治着世界的规律，可能需要扩展或者修改。这个建议难道不合理吗？更有可能，那些距离我们非常遥远的祖先们曾经理解的，但是我们现在已经遗忘了的事物，也许有一天，我们能够重新理解？

像这样的时刻是值得纪念的，如果读者允许的话，我们想将两句诗合到一起："现在我们就像透过黑色的玻璃在看一样"，但是"不久以后，我们就会理解更多"。[1]

当那些自称是专家的人在我们所揭示的这些道理面前感到愤怒的时候，他们最应该回答的问题是——到底是什么让他们如此沮丧？如果他们如此确定他们所相信的真理，我们的这些"胡说八道"怎么可能让他们担心呢？我认为他们——其实已经怀疑过他们自己的立场了，只不过他们宁愿不去讨论——反对太多了。

在最近一次网上关于"来世"是否真的存在的讨论中，持怀疑主义立场的反对者对他的对手说："我并不能确定它（来世）一定不存在，同样地，你也不能确定它一定存在。"我们看过对保险杠贴纸的类似的评论。总的来说，这似乎说明了任何人主张超出"怀疑论"的知识都不可能是严肃的，因此，一定是撒谎，除此之外，还可能有居心不良的目的。像这样的出自双方激烈争论的言辞已经成为许多领域的标准陈词——从来世到智慧设计论，从零点能到反重力——而且还伴随着很难忽视的热情。但是，我们怀疑，我们到底能从这样的

1.这两句诗都出自《圣经》。

行为中推断出些什么?

有没有可能,媒体以及大多数公众长期以来对权威机构的这种神秘的敬畏只不过是因为那些善于掩盖错误或盲点的专家们的花言巧语?就像皇帝的新装一样,其实一个孩子也看得清?我们将要把制造阴谋的机会留给其他人,但是很显然的,至少在一个无意识的层面上来看,大多数煞有介事的姿态,如果不是威逼的话,恰好背叛了他们实际的主张,其背后是深藏的不安全感。虽然一些直言不讳的建议认为还原科学唯物主义的基本模式可以减少一些质疑,但是我们仍然怀疑,他们根深蒂固的偏见根本不能看清事实,更不用说去讨论事实了。

让我们换种方式来表达。假设所谓的揭密者和他们的兄弟都是色盲,而他们自己也意识到了相对于那些能够辨别色彩的人来说自己的短处。他们就需要拉平差距,通过否认颜色的实际存在,或者把那些能够感知事物的真实情况(比如分辨交通指示灯是红还是绿)的人标志为骗子,或者标志为其他更糟糕的人——这是可以理解的,但绝不是合理的。这种策略毫无疑问会持续损害我们的世界,直至这些怀疑色彩的人失势。但是如果他们的团队通过制定法律来加强和支持他们的弱点,那么不就是意味着那些能够看见彩虹的人反而成了罪犯?

迄今为止,我们仍然保持了绝对自由,你可以任意地去认识装点了这个世界的许许多多的颜色,虽然他们其中的一些如果不是特意指出是很难看见的。但是像本书这样的作品对那些将这个世界严格地看作黑白两色(或者完全灰色)的人来说可能是种威胁。我们希望他们不会通过法律来保护他们的不安。

换句话说,对那些觉得这样的威胁在我们这个时代越来越强的人们来说,其实还是有很多因素可以鼓舞我们。在这本书里所列举的发现和知识,绝不是为了什么英雄主义,它们为的是给我们展示一条我们一直在寻找的通向自由的道路。当然,如果这条路看上去很崎岖,它也值得我们纪念,因为除此之外别无他路。就像一个伟大的人曾经说过的那样:"所有的变化都是通过戏剧性的方式发生的。"

第一部分
弄虚作假

1. 揭露揭秘者[1]的真相：
所谓的怀疑主义者们是否有一个秘密的日程表呢？
大卫·刘易斯

如果你相信世上有鬼，或者人有来生，那你最好小心一点。警察可能会出现在你家门口——PSI 警察，或者叫作 CSICOP——他们是对鬼神等超自然现象进行科学调查的委员会成员。这些怀疑主义者花了大量的时间和精力来揭秘任何另类科学或超自然的现象。他们孜孜不倦地工作，试图强制执行根本无法执行的法律，这个法律认为没有任何现象可以超出这个纯粹基于物理事实而存在的世界。从语音上说，他们首字母缩写的名字很适合他们，PSI 是科学家们用来称呼超自然现象的别称——所以有了 PSI 警察。他们今天有太多的地方可以下手了，比如那些相当畅销的讨论濒死经验的、讨论天使的和讨论失落的文明的书。

这些"犯罪行为"当前真是有些失去控制了。

最近新出现的"意识科学"[2]和那些探讨宇宙的意识起源的书，让 CSICOP 的主席保罗·库尔茨（Paul Kurtz）不知所措。新近在纽约举行的一次怀疑主义会议上，他论及后现代主义者（新的物理学思潮）否认了有完全科学的知识存在的可能性，这样的结果是"侵蚀我们的认知过程，逐渐消弱民主制"（着重强调了这一点）。听上去他相当的焦虑。

根据库尔茨的观点，承认超自然现象，质疑占统治地位的科学的世界观，这对他的 PSI 警察们来说实在是太惊悚了。在一次 CSICOP 的会议上，重点讨论了哈佛大学的约翰·麦克（John Mack），一个研究被外星人绑架的超自然现象的著名精神病学家（现已故），讨论呈现出了一种审讯的调调。

图1.1. 杰出的 PSI 揭秘者和 CSICOP 主席保罗·库尔茨。

让麦克感到震惊的是，有一个怀疑主义者声称她曾经伪装成被外星人绑架过的人，加入到麦克的调查当中。这个人显然是一个很优秀的 PSI 警察，她认为麦克对她的伪装根本没有察觉，而这降低了麦克调查的可信性。麦克成了那天火力攻击的中心，这毫无疑问是很尴尬的。但是他质疑了 PSI 警察们的愤怒和信条，提醒他们其他的文化一直

1.Debunker：指那些诋毁某种理论，将其揭示为错误的、虚假的人。这个词目前多用于对 U.F.O、超自然现象、阴谋论、另类医学、宗教以及伪科学等其他边缘学科进行的怀疑主义调查，本文通译为"揭秘者"。
2. 用量子物理学或其他物理学的内容来探讨人类意识的科学。

以来都承认"另一种现实、另外的生物、另外的空间……这些都有可能和我们的世界互相交叉"。这些话更加激怒了怀疑主义者们。保罗·库尔茨接着便痛诉道："如果我们认同麦克的这些假设，那么我们就认同了天使和来世，天知道，还有什么是我们要接着认同的？"

毫无疑问，这就像发生在光天化日之下的犯罪。

转世、占星术和通灵在揭秘者们的世界观里是没有位置

图1.2. 约翰·麦克（1929-2004），哈佛医学院教授，精神病学家，是研究外星人绑架经验的主要权威。

的，同样的，顺势疗法[1]、莱纳斯·波林（Linus Pauling）[2]，不被认同的名单还可以无限继续下去。即使是关于暗杀 JFK（约翰·F·肯尼迪）的阴谋论[3]都严重伤害到了揭秘者们的感情。作为弗朗西斯·培根（Francis Bacon）实证主义科学观的忠实捍卫者，任何结论都不能是通过假设，而必须是通过对事实的观察来得出，这些怀疑主义者将他们自己看作是纯粹科学的"神父"。但是他们实际的行为却恰好是他们谴责最多的做法——建立一个科学唯物主义的"信仰体系"。当自由的思想和调查被绝对唯物主义的信条所取代，基于培根的理论而建立的信条实际上是遭到了损害。

一个科学的唯物主义者相信事实是唯一的真理，宇宙当中的任何事物，包括意识，都可以用一种物理的原理来解释——没有超自然的原因，没有目的，没有生命的意义。

简单说来，我们的思想、感情、灵感、个性——宇宙本身——仅仅是高度进化的化学反应。当然，对于科学的唯物主义者来说，我们的灵魂是并不存在的，还有任何超出大脑的意识、任何自然界不可解说的精神现象，他们都轻蔑

---

1. 顺势疗法采用相似治愈的治疗原则，是一种使用经过高度稀释的、能引起与某种特定疾病相似症状的药物来治疗该疾病的治疗方法。顺势疗法的治疗理论和方法与传统西医的对抗疗法完全相反，所以 100 多年前曾一度被当时传统西医学会排挤，但在 20 世纪 60 年代初期，陆续被有远见的医界人士接纳、采用及推广。此疗法争议很大，尽管在西方追捧者无数，但至今仍找不到任何可靠的科学根据。
2. Linus Pauling：美国著名化学家，获过两次诺贝尔化学奖。
3. Conspiracy theories：阴谋论最初是种委婉的说法，用来描述任何犯罪的或政治的阴谋。但是，现在这个词被广泛地运用于称呼一种边缘理论，这种边缘理论认为历史上的或当前的某个事件是某种秘密的阴谋的结果，而这种秘密的阴谋往往是超自然的力量，带有贬义。

地称之为："迷信"。这种愤世嫉俗已经延伸到了当前可能挑战主流学术研究的任何一个领域，包括先进的失落文明、另类医学，以及超自然现象。举个例来说，由波士顿大学的罗伯特·肖赫（Robert Schoch）和作家约翰·安东尼·韦斯特（John Anthony West）通过对水的腐蚀效果进行调查而得出的结论——斯芬克斯比我们所认知的实际上要古老得多。这一理论遭到了猛烈的攻击，不仅仅是在科学的领域，主要是它所包含的信息已经威胁到了当前主流学术界对史前史的假设。对先进的失落文明的事实调查和新的理论迫使我们重新评判我们的起源，但是揭秘者们声称这都是胡扯。尽管所有的证据都指向反面，但他们仍然坚持这样的理论都是骗人的，都是胡扯。他们认为这样的理论因为有预先的假设从而违反了培根思想的最重要的原则。他们始终主张知识的纯粹为最高原则。

"周六夜现场"[1]的韦恩（Wayne）和加斯（Garth）怎么看待这一切呢？"我们不值得……我们不值得。"

为了壮大他们的声势，PSI 警察联合了像卡尔·萨根（Carl Sagan），一个从前的魔法师现在的揭秘者詹姆斯·兰迪（James Randi）、喜剧演员斯蒂夫·艾伦（Steve Allen）这样的人，以及一群和他们一样持有极端怀疑思想的各式各样的学者。他们的目的是劝说那些"迷信"的人除了具体的唯物主义之外的其他任何信仰都是空话，从而用我们的良知来拯救我们自己和民主。他们的怀疑主义是绝对的，当然，也是毫无证据的，但是却被越来越多的学者和科学团体当作事实来接受了。这种绝对的怀疑主义是那些揭秘者在任何情况都要采用的隐蔽的前提，更不用说面对那些使人不安的问题，比如："宇宙大爆炸的能力最初又是来自什么地方呢？"

"问题的关键在于他们的怀疑主义的立场。"约翰·贝洛夫（John Beloff），爱丁堡大学的一个苏格兰心理学家这样说道。难能可贵的是，库尔茨发表了一篇贝洛夫为 CSICOP 的杂志《怀疑调查者》撰写的文章。众所周知的是，贝洛夫的主要研究领域是通灵学，对那样一份杂志来说，这很显然是极其不寻常的事。在这篇文章中，贝洛夫讨论了怀疑主义的立场，揭示出一个先入为主的信仰不包括那些不符合我们已知的知识、假设、自然规律的有效现象——那就是说 PSI 警察一开始就是自相矛盾的。贝洛夫总结了他们的怀疑主义立场，说道："通灵学的发现（对库尔茨来说）可能……虽然现在通灵学被接受的只是其表面价值，但是长期的默契关系终将会使它融入物理主义的世界观的。"贝洛夫继续说道："所以，他（库尔茨）特别反对那些暗示着任何一种心灵的、精神的，或者理想主义的层面的异常现象。"贝洛夫博士还告诉我们，库尔茨的"绝对怀疑主义"的立场一点也不奇怪。在一定程度上，这种立场被广泛地应用于学术研究和科学组织。但是，现在它遇到了麻烦。

具有讽刺意味的是，医学领域的进步已经为我们提供了大量的证据，

---

1. 是一个每周六深夜播出的 90 多分钟的美国综艺节目，以纽约市为拍摄地。

证实着我们的意识在我们死后依然存在。雷蒙德·穆迪博士（Dr. Raymond Moody）在他的著作《死后的生活》（*Life after Life*）中收集了数百人的相似的证词，证实了超出身体局限的真实性。许许多多的在临床诊断上已经死亡的病人在医院的急救室里又重新活了过来，这些现象都迫使怀疑主义者用一种新的、有创造力的方式来改变他们的唯物主义的看法。怀疑主义者骄傲地将那些回复意识的病人贬损为精神的短暂失常，说他们是由于神经传递素的影响，或者是出现了幻觉，或者就是骗人而已。那些记录人类的濒死记录的电视节目也许可以让他们再认真考虑考虑，人类的大脑确实就是意识唯一的来源。虽然数量不多，但是这些怀疑主义者确实经常出现在媒体当中。为了反对那些反对他们的观点，怀疑主义者通常忽略那些可以驳斥他们的证据，比如在急救室里去世的病人，后来又活过来了，这些在临床上已经死亡的病人回忆的他们在接待室的谈话等等。

肯尼思·林博士（Dr. Kenneth Ring）的《垂死的生命：对濒死经验的一项科学调查》（*Life at Death: A Scientific Investigation of the Near Death Experience*）指向了一个承认意识在现实生活中是占首要地位的思维模式的转变。他的结论打击到了科学唯物论和绝对怀疑主义者的心脏，挖了 PSI 警察的墙角。"现代物理学的世界和精神的世界似乎都只反映了一种现实，"他强调说。他还认为唯物主义科学有其自身的局限，我们对绝对知识的追求同样存在于宗教、哲学、灵性的领域。实际上，他的观点并不新。神秘主义者、知识分子和重要的科学家们都表达过同样的观点。阿尔伯特·爱因斯坦（Albert Einstein）用的是一种诗意的方式来表达："我们所能经历的最美好的事是神秘，它是所有真正的艺术和科学的源泉。谁要是体验不到它，谁要是不再有好奇心也不再有惊讶的感觉，他就无异于行尸走肉，他的眼睛是闭上的……我们认识到有某种为我们所不能洞察的东西存在，感觉到那种只能以其最原始的形式为我们感受到的最深奥的理性和最灿烂的美——正是这种认识和这种感情构成了真正的宗教情感。"

尽管科学唯物论恼人的声音反映了我们自身对直觉和灵感的不信任，但我们还是应该将我们自身上升到更接近于爱因斯坦的高度，去寻找生命中的神秘性。同时，我们也不应该忽视怀疑主义者向我们贡献的：在面对倾向于迷信和骗术的领域时，他们所使用的严密的批判性思维方式。科学的方法如果恰当的理解的话是可以为我们所用的，并且会非常有用。科学帮助我们走出了中世纪的黑暗，进入了现在的太空时代，治愈了小儿麻痹症等等（虽然科学的发现常常都是出于意外）。但是有时科学唯物主义会和攻击与传统体系相悖的任何思想的人结成同盟。当前这种对绝对唯物主义的狂热已经入侵到了我们的生活、学校和法庭，我们正冒着丧失个性解放和自由思想的危险，这是对民主的真正威胁。以科学的名义，似乎也得到了科学团体的许可，揭秘者、怀疑主义者，以及一些所谓的"专家"们突然间就戴上了权威的帽子。

《怀疑调查者》（*Skeptical Inquirer*）1995 年 1 月到 2 月的那一期告诉

了我们什么是所谓的"专家"。在那一期当中，约瑟夫·西姆哈特（Joseph Szimhart）以非常轻蔑的态度批评了詹姆斯·莱德菲尔德（James Redfield）的畅销小说《塞莱斯廷预言》（The Celestine Prophecy）。不知道出于什么原因，在西姆哈特的眼里，这本书好像就不是小说一样。西姆哈特只是单纯的不喜欢这本小说吗？还是他觉得这本书的内容没有什么好说的。当我们认识到在西姆哈特的背后是《怀疑调查者》这本杂志时，我们也就没什么好说的了。但是西姆哈特毫无根据地指责莱德菲尔德笔下的人物，认为作者讲这个故事的唯一动机是为了赚钱。他同时还攻击了宗教和神秘信仰的传统，以及这些传统的领导者，包括玛哈里希·玛赫西·优济（Maharishi Mahesh Yogi）[1]、贝尔德·斯波尔丁（Barid Spalding）[2]、盖·巴拉德（Guy Ballard）[3]和卡罗斯·卡斯塔尼达（Carlos Castaneda）[4]。就像他对莱德菲尔德的评价一样，他认为他们的唯一目的也是为了钱。他认为尼古拉斯·诺德维奇（Nicholas Notavitch）所描述的耶稣在印度的事迹纯属虚构，诽谤了这个在西方已经存在了两千多的历史事实，虽然它近来才被西方学者们发现。然后，他将全球流行的伟大著作《奇迹课程》（A Course in Miracles）[5]描述为"反对派的……独裁专横的巨书"。

放轻松点，乔伊！

但是西姆哈克智力上的偏见并不是他唯一的问题。作为一个自成一派的"解洗脑专家"[6]，他的个人背景其实包含了很深的含义。他对"新时代[7]信仰体系"曾经有过非常疯狂的反对行为，强行用拘留和胁迫的方式对待那些信仰这个被一些学者称之为"新的宗教运动"的人们。在美国爱达荷州的一个刑事案件中，西姆哈特被指控为绑架，险些被定罪，但是他的同伴们没有这么幸运。所以，后来我们从他以前的同伙们那里得知了他那些疯狂的行为。根据雪城大学的一项研究表明，那些被他胁迫或绑架过的人们可能会遭受到严重的精神创伤，所受到的伤害远比他不去"帮助"他们，让他们自生自灭来得严重。

---

1. 印度宗教大师，20世纪将静坐、冥想、瑜伽传入西方，2008年去世。

2. 美国著名作家，著有一系列描写通灵的书。

3. 神智学者，宣称他见过传说中的圣日耳曼伯爵，并出版了一系列他与伯爵交流的书。

4. 出生于南美洲，后移民美国，是一名现代巫术师。

5. 哥伦比亚大学医学心理教授海伦·舒曼所著的一部举世闻名的心理治疗教材，此书结合基督教和佛教，将东西方的传统智慧转化为心理治疗方法，主张透过宽恕来转化自我，创造奇迹。

6.Deprogrammer: 指那些采用过激行为，如暴力绑架和胁迫等，企图迫使一个人放弃其原有的某种宗教信仰；或者迫使其退出其原来所属的某一政治或社会团体。

7.New Age: 指的是宝瓶座时代。西方神秘学认为现在是一个转型期，正准备从双鱼座时代进入宝瓶座时代。宝瓶座象征人道主义，将演进到注重"心灵"、"精神"层面的探索。这在20世纪的西方曾经掀起了一股追求灵知、内心的神秘主义运动——新时代运动。

根据检查局所摘录的他的日记显示，他参与绑架的一个动机是：钱。他在《怀疑调查者》上发表的文章则揭示了另一个动机：他对任何类似于"唤醒内心的真实，或者灵知[1]"（他自己的话）的由衷的反感和厌恶。他的这种偏执和不能容忍为他赢得了一个头衔"反新宗教专家"，并且被加到了他发表的文章的脚注里。《怀疑调查者》的编辑也许是认为这个头衔让他的怀疑主义显得更专业。

幸运的是，只有极少数的怀疑主义者像西姆哈特这样的狂热。西姆哈特不是科学家，也许真正的怀疑论者一开始就会奇怪为什么他的文章能出现在《怀疑调查者》当中。此外，许多科学家，尤其是那些也自称为怀疑论者的，往往是用真正的客观性原则来对待超自然现象。其他人则积极地调查那些神秘的、异常的、超验的现象。将意识看作现实的基础这种理论和依据吸引了许多优秀的科学家和专家的关注，比如前面提到的哈佛大学的约翰·麦克，以及诺贝尔奖获得者物理学家布莱恩·约瑟夫森（Brian Josephson），后者写了《未来的大联盟：物理和灵知》（*The Next Grand Union, Physics and Spirituality*）。

当优秀的专业人士们也进入到这一被禁止的勘探领域后，那些怀疑主义者们可能会觉得更加不安。约翰·麦克大胆地去调查了那些声称被外星人绑架的人，他们不仅声称自己被外星人绑架，而且还声称自己经历了类似心电感应的实验，这些奇奇怪怪的讲述显示了潜意识和物理现实相融合的状况。在穷尽了各种可能的解释后，麦克通过在催眠状态下的回忆来收集证据，并最终得出结论：现实一定不只是我们所看到的这个样子。结果，麦克在哈佛大学的终身职位受到了调查，他的很多同事都谴责他的主张，当然也有另外一些同事认为他的勇气值得称道。

布莱恩·约瑟夫森在年仅 22 岁的时候就在剑桥大学发现了一个神奇的量子属性，现在被称作为约瑟夫森效应（电子能通过两块超导体之间薄绝缘层的量子隧道效应），在此之后他转入到了意识领域的研究，这让他的很多同学大吃了一惊。之后，他在剑桥大学具有传奇色彩的卡文迪什实验室[2]接受了终身教职。那是在 1972 年。一年以后，他获得了诺贝尔奖。此后，他放弃了正统科学的世界，转而追求神秘的理解。在他转入这一"被禁止的领域"之前，他

1.Gnosis：希腊文，意思是灵知。如果指教派，则指古代宗教信仰者灵知派，音译为诺斯替教，是西元初期的一个基督教激进神学的分支，其代表人物之一就是瓦伦丁。
2.Cavendish Laboratory：世界著名的研究机构，对现代物理学和生物学都有重要的影响。卡文迪什实验室由著名物理学家麦克斯韦在 1871 年负责筹建，至 1874 年建成。卡文迪什这一名字的由来是为了纪念卡文迪什家族的一位赫赫有名的大物理学家亨利·卡文迪什，他最著名的工作是测量了万有引力常数。到 2006 年为止，卡文迪什实验室先后共有 29 位科学家获得诺贝尔奖，是英国科学传统的象征，有"诺贝尔奖摇篮"的称号。

图1.3. 物理学家和诺贝尔获奖者布莱恩·约瑟夫森，英国剑桥卡文迪什实验室心灵—物质联合实验项目的主管。

一直被科学界看作是"天才"。其实，他的这种倾向早就有了迹象，在他还是研究生的时候，他就表达了他对那些不可见的现实的感激。他对"约瑟夫森效应"的发现就来自，他认为电子隧道能够通过两块超导体之间的薄绝缘层，就和电影里那些幽灵能穿过墙一样。

以他对量子力学的理解，对宇宙内部运动的规律的理解为基础，他假设在这样的电路中，电波实际上是同时向两个相反的方向运动，从而产生了一种对磁铁和电力都特别敏感的驻波[1]。贝尔实验室后来证实了约瑟夫森的发现，进一步提升了约瑟夫森已经拥有的天才和创新家的声名。在他最近发表于《科学美国人》上的一篇文章里，他说道量子力学允许导致超自然现象出现的"同步性"。如果我们对其进行解码的话，这句话的意思是说：把意识看作物理现实的基础是另一条道路。他说道，当他在卡文迪什实验室作演讲的时候，他的观点被大多数人接受了。就在这篇文章里，他还说到如果一个科学家要提高自己的能力的话可以多进行冥想的锻炼。

我们也许会说那些不知变通的怀疑主义者欠缺约瑟夫森的敏锐的头脑。但是并不是说所有的怀疑主义者都拒绝承认约瑟夫森代表的思想。正好相反，有的人会执着地追求真理，不管这种追求会将他引向何方，比如迈克尔·伊普斯顿博士（Dr. Michael Epstein）——一个化学家以及一个怀疑主义者组织的副主席。伊普斯顿在最近出版的一期《美国科学探索协会》中评论道："揭秘者经常自称为怀疑主义者。然而，一个真正的怀疑主义者是那些愿意批判地看待所有异常现象的人，而这也是美国科学探索协会（SSE）要做的。"

最近，这个协会和一群科学家、学者在加利福尼亚的亨廷顿海滩举办了一次聚会活动。聚会的讨论话题从濒死经历（NDEs）到轮回转世的具体例子，任何一个都足以震颤 PSI 警察。其他话题则涉及：能够预测地震的生理反应；月球对人类行为的影响；火星上的人工痕迹；斯芬克斯的年龄；神的立场和神的科学；原始祭祀场所的听觉装置；考古天文学；另类能源；航天器的惯量损失；心灵感应以及精神致动学。协会的成员们并非一定要赞成某种立场。他们更愿意用一种科学的既非否定的，也非接受的标准来看待那些不能掌握的理论知识。举个例，劳伦斯·弗里德里克（Lawrence Frederick）教授——协会的秘书和前美国天文协会秘书，他反对那些用于收集火星上人工建筑的证据的方法，

1.Standing wave：振动频率、振幅和传播速度相同而传播方向相反的两列波叠加时，就产生驻波。驻波形成时，空间各处的介质点或物理量只在原位置附近做振动，波停驻不前，而没有行波的感觉，所以称为驻波。

但是并不完全排斥这一理论。他率直地谈到了火星上有一个博物馆的理论："我并不能证明它是错误的，但是它听上去挺愚蠢的。"他说道，如果不通过双盲实验法[1]，仅仅用火星上的一个地理位置来反对另一个位置的人工几何建筑，这样是不能得出任何科学的结论的。

到了今天，弗里德里克和其他协会成员都用一种其他揭秘者没有的开放心态来开展调查研究。他们自由奔放的调查涉及了范围很广的理论和现象，不管它们有多么奇怪。在他们的声音里，我们可以听到怀疑主义与魅力的融合，也许还有科学的严谨与人类的猜疑的结合。在对一个需要匿名的成员的评价当中，弗里德里克形容他是"博学的、可爱的人"。这个人在一个重点理工院校任教，他需要保持匿名的原因是：虽然在大多数的问题上他和 PSI 警察保持了一致，但是他却证实了尼斯湖水怪确实存在……因此，老实说，他的立场相当古怪。这也许会让你们怀疑：

民主将会是什么样的？

图1.4. 与今天的揭秘者战斗并不像与龙战斗一样——但是会有更多的"烟"（即不明确的状态）需要处理。

1.Double-blind test："双盲实验法"是实验研究中为了有效消除主试—被试间不恰当的相互作用，由此保证试验内部效度的通用手段。换言之，主试者和被试者都不知道实验的具体目的，从而可以最大程度地避免主试者的暗示和被试者的顺从。

2. 受审判的"巫术科学"[1]：
反对创建另类科学的袋鼠法庭
尤金·马洛威博士

出版于 2000 年的《巫术科学》（*Voodoo Science*）一书，也许在未来的科学史家们看来，就好像是 20 世纪晚期物理学死灰里的余烬。这本书痛快地抨击了所谓的"万能理论"，它自身很快就拥有数不清的疑点，不过它都很高兴地忽视了它们。作者罗伯特·L.帕克（Robert L. Park），是马里兰大学的物理学教授，近些年来可谓意气风发。自从他在 1982 年开始担任美国物理学协会（APS）的首席代表以来，他就是媒体们需要新鲜评论时的最爱。

不论是批评载人航天技术、反导防御雷达、另类医学治疗、超感应知觉研究、宇宙飞船探索，还是他最爱抨击的主题——冷核融合，罗伯特·帕克的名字都可以在《纽约时报》、《华盛顿邮报》以及其他报纸的非编辑部成员观点页的首栏里被找到。他在科学网络专栏（www.opa.org/WN）上的每周政治评论，太过于出色了，以至于美国物理学协会都不敢承认。因此帕克以简直不能忍受的放肆在每个专栏的后面都加上了一个假的免责声明："这些观点都是属于作者个人的，并一定是 APS 认可的观点，当然，他们应该认可。"这就是帕克，他希望所有的读者都能通过他和他的许多傲慢无礼的物理学同事所持有的科学确定性滤镜来看待这个世界。

帕克将他无与伦比的"智慧"融进了他最近写的一本小书里，这本书宣称发现了一种新形式的科学——巫术科学。他对巫术科学的定义体现在这本书的副标题里："从愚蠢到欺诈的道路。"他认为，在科学研究中存在着从"无心的错误"到"自欺欺人"，再到骗人的过程。因此，他进一步详细地定义了"巫术科学"："愚蠢和欺诈之间的界限是很难划清的，因为我们很难说清楚什么时候这个界限被跨越了，我使用的'巫术科学'这个词包含了以下的所有概念：病态科学、垃圾科学、伪科学和欺诈科学。"

帕克说他是在为 APS 处理公共事务的过程当中"发现"了巫术科学，他"经常遇到一些科学的观点，但他认为它们完全的、无可置疑的、彻彻底底的是错误的"。他是那么的确定，不惜使用了三个副词来强调他命名为"巫术科学"的那些对象不可能是对的。在大多数情况下，他都是从传统的、神圣的基础理论中得出的结论。而正是在这个方面导致了帕克和他的物理协会的同事们的致命错误：他们抛弃了在他们从事科学事业之初所拥有的对科学实验的好奇心。他们攻击那些一眼看上去就好像和理论相冲突的实验，并从中得出了一两点结

1.Voodoo science：是一个新近才出现的词，主要用来指那些缺乏科学依据和实验方法的研究。这个词通过罗伯特·帕克的著作《巫术科学：从愚蠢到欺诈的道路》而开始闻名，这本书主要批判了顺势疗法、冷聚变，以及国际空间站。

图2.1. 物理学教授和作家罗伯特·帕克，冷核融合的对手，以及自封的传统科学思想的守门人。

论：1）理论不可能会出现根本性改变，从而使那些现象得以出现，或者2）根本不存在允许那些现象出现的理论。这需要特殊的傲慢自大才能如此肯定地得出以上两种观点，尤其是当这些奇特现象的理论和实验都是针对怀疑主义者时，比如说对冷核融合的研究就是一个很好的例子。

帕克以为他知道他和他的物理协会在干什么，但是实际上他根本不清楚。他写道："……不管一个理论看上去有多么可信，最后能够说话的还是实验。"但是对帕克来说，理论掌控着什么样的实验能进入他的视线。帕克显示了他对科学范式转变引发的斗争的完全无知（在某种意义来说，他在阻碍的那场斗争），他宣称："当我们有更好的有用信息时，科学教科书的重新编写绝不会有任何的迟疑。"

在《巫术科学》中，帕克第一次提及"冷核融合"时，就充满了鄙夷。他说道："前些年斯坦利·庞斯（Stanley Pons）和马丁·弗莱契曼（Martin Fleischmann）发现的可耻的冷核融合[1]。"他提到每年都有一群支持者聚集在某个奢华的国际度假村，试图复苏冷核融合。他感到不解："为什么这小部分人会如此执着于一个若干年前科学界就因为其太过于幻想而拒绝承认的东西呢？"随后，他自己推测道："可能是这些科学家的无聊在冷核融合中得到了解脱。"

帕克在整本书里都情绪激动地谈到冷核融合，并告诉了我们他对冷核融合的真实想法："在 1989 年的 6 月 6 日，即盐湖城发布会的七十五天后，冷核融合很显然已经越过了从愚蠢到欺诈的界限。"他认为弗莱契曼和庞斯"夸大或者伪造了他们的实验数据。"（他仅仅依靠推测冷核融合的研究员——清洁能源技术公司的詹姆斯·帕特森博士 [Dr. James Patterson] 可能会"越过愚蠢到欺诈的界限"。）

帕克根本就没有去研究许多年前的可以证明冷核融合的原始数据，尤其是氦 -4 核灰数据，即使是这个数据已经进入了同类检索文献当中。1989 年 6 月 14 日，在《高等教育纪实报》中，帕克提到："关于这个争论的最让人失望的一点就是它其实几个星期前就该结束了。如果真的在两位科学家所宣称的条件下发生冷核融合，那么氦——融合的最终产物，一定就会出现在钯电极当

1.Cold fusion：1989 年 3 月 23 日，科学家斯坦利·庞斯和马丁·弗莱契曼在盐湖城宣布他们发现了"冷核融合"——在常温常压下，核能会发生反应，从而产生电能。（作者注）cold fusion 也译为"冷聚变"。

图2.2. 斯坦利·庞斯（左一）和马丁·弗莱契曼（右一），1989年发现
冷核融合的电化学家。

中。""当然，如果并没有产生氦的话，那你也就不用担心温度升高了。"
这是在1991年春天时他跟我说的话，我记载在了我的著作《从冰到火》（*Fire from Ice*）中了。除了他错误地忽略了氦可能会存在于冷核融合的表面反应所产生的气体中（这种冷核融合的氦已经在1991年和以后数次被发现），我们还应该注意到帕克从来没有提到过任何已经发表了的冷核融合实验中的氦研究。

至少是从1991年开始，APS的科学家同行们，比如斯科特·夏普博士（Dr. Scott Chubb），就已经告诉了帕克在冷核融合实验的电极和气流中所发现的氦-4。这类独立的实验也已经发表在了美国和日本的同类检索期刊当中。帕克无疑是知道这些的。但是《巫术科学》完全没有提到这类数据，这就是帕克对媒体和对一般公众的令人震惊的欺诈行为。

因此，在冷核融合这个问题上，帕克在他自己的词典里从愚蠢走到了欺诈。他根本没有麻烦自己去找那些可以支持冷核融合的实验数据，荒谬地评论道："在冷核融合被提出十年之后，它所有的证据也并没有比十年之前更有说服力。"他纯粹是以娱乐的荒谬错误来重写了冷核融合的发展历史："我相当怀疑，庞斯和弗莱契曼怎么能够在冷核融合这个问题上工作五年之久，而不去图书馆去查我们早就已经知道的金属氢这个事实？"电化学专家马丁·弗莱契曼，英国皇家学会会员，他会不知道金属氢？即使是对道德标准混乱的帕克来说，也似乎是怀疑得过头了。也许帕克才是那个应该去图书馆的人，那么他就会发现其实就是冷核融合的科学家们，比如弗莱契曼、庞斯他们写的金属氢的教材。弗莱契曼在这一领域的卓著的研究使他获得了在英国皇家学院（可以说是世界上最有声望的科学研究院）的教职。在别的文章里，帕克一直强调他效忠的对象是经典理论和权威机构的专业人士，但是在这件事上，帕克很显然不清楚什么是权威和专业。

如果帕克关于冷核融合的知识不是从科技论文——科学知识的普遍获得渠道——中得到的，那么他是从哪里得到的呢？很显然他是在向反事实批评家道格拉斯·莫瑞斯博士（Dr. Douglas Morrison）学习，后者是欧洲核能研究机构的成员，他在参加国际冷核融合会议时问了很多愚蠢的问题，这证明了，他和帕克一样，根本没有去读冷核融合的那些文章。帕克认为："莫瑞斯替我们其他的人留意着冷核融合。"所以，造成这种的原因无疑是莫瑞斯，正是他提供了主要的关于冷核融合的"病态科学"理论，然后传递了帕克，帕克再用适合华盛顿普通大众的虚假语言将其包装起来。

尽管莫瑞斯是唯一一个发表了文章来反对冷核融合的怀疑主义者，他试图抓住冷核融合里的量热学问题和电化学问题，但是他文章里的每一个段落都含有一个根本的错误。举几个例子来说：他把同一个系数减了两次。他宣称弗莱契曼和庞斯用了"一个复杂的非线性的原始分析"手段，其实他们并没有用。他认为应该用另一种更先进的分析手段来代替，推荐的却正是他们使用的那一种。他混淆了电能（瓦）和能量（焦耳）。他宣称从 0.0044 克钯氢化合物分子里分离出来的氢可以产生 144 瓦的功率和 1.1 兆焦耳的能量。但是教材里所记录的相同情况下可制造的最大功率仅为 0.005 瓦，只用一个简单的计算我们就能得知最大的能量则是 650 焦耳。这就是帕克所依据的"专家"。

但是帕克深知把一个严肃的主题变为一个笑话的新闻价值。在他对早期冷核融合的评论中，他说道："冷核融合正在成为一个笑话。在华盛顿这是很常见的命运。"

在攻击完整个冷核融合研究以后，帕克挑出黑光能源公司[1]的兰德尔·米尔斯博士（Dr. Randell Mills）进行了专门的批评。他说米尔斯并没有提供"任何实验性的数据"来支持他所提出的在形成分数氢（hydrino）的过程中释放出多余能量。帕克没有去讨论米尔斯引用来证明他的理论的其他各种各样的实验性的、天体物理学的数据。帕克掩盖了美国航空航天局（NASA）刘易斯研究中心发表在其官方报告中的关于米尔斯实验数据副本的严肃的、正面的调查结果。帕克主要是从理论的角度来反驳兰德尔的："那些提出分数氢的人严重违背了已经建立的成功的物理学原理。"这个"万事通"先生夸张地反问道："在什么样的几率下兰道尔【原文的拼写错误】·米尔斯会是正确的呢？在一个非常高的准确度来说——几率是零。"

尽管我很期待帕克打破科学的异常，但我还是没料到他对太空飞行以及这项事业的未来是那么的无知。在美国国会支持载人太空飞行计划之前，他在 90 年代初的证词里评论了太空飞行，他回忆道："我那时想要解释为什么人

1.Blacklight Power Inc.：是一家开发无污染新能源的公司。兰德尔·米尔斯是该公司总裁。

类对太空的探索早在二十五年之前就结束了，而且也没有复苏的迹象。"人类的太空事业没有未来？帕克真的是这么认为的吗？他用了两句包含着荒谬意思的诗句来结束了他鼠目寸光的评论："美国的宇航人员被困在了近地轨道里，就像那些被丢在废弃火车站的乘客，等着一辆永远不会开来的火车，科学发展已经绕开了他们。"

业余宇航员帕克接着向我们提供了一个令人惊奇的错误："如果近地轨道里有黄金的话，那我们可以不费什么力气就得到了。"简直太绝了！当他得出这样的或者类似的结论时，很明显，他根本不了解像火箭和航空制动器在离轨飞行时所消耗的小型推动能源这些最基本的概念。在新兴的商业航空运输时代，帕克的离谱批评会被看作是 20 世纪晚期最大的错误，正如 20 世纪早期宇航员西蒙·纽科姆（Simon Newcomb）所认为的：比空气重的飞行看起来还会继续不可能。

在帕克对载人航空飞行的清算中，他还声讨了航空英雄约翰·格伦（John Glenn）："哈姆（Ham，早些时候用于美国太空飞行的一只大猩猩）和格伦最终都会在华盛顿着陆，格伦进了参议院，哈姆进了国家动物园。哈姆不久以后就去世了，再也没有回过太空。"

他攻击"救世主工程师"罗伯特·朱布林（Robert Zubrin），后者在其著作《火星计划》（The Case for Mars）中提出了具体的、经过了仔细研究的改造火星的太空计划。帕克认为朱布林开始了"他自己的狂热崇拜——火星社会"。帕克嘲笑了这个激发了本世纪像罗伯特·戈达德博士（Dr. Robert Goddard）等诸多科学家去热切地研究载人航空飞行的伟人："朱布林已经得到了教训。他的最大问题就是爱做梦。当他的后继者们一脚踏进火星的沙子里时，他们会发现最具有挑战性的技术就是用最简单的方式把沙子扫开。"

在书的护封上，帕克除了冷核融合之外选择了"磁疗"作为"愚蠢的、欺诈的科学发现"的代表。他只用了一个实验来验证他的观点，他选择了所谓的人体磁疗仪，试图用误导的方式来反驳它。他从当地商场里买了一个活动的磁铁，然后把它吸到了一个钢的文件柜上。接着，他在磁铁和文件柜之间塞纸，在塞了十张纸后，磁铁就掉了下来。他很高兴地说道："信用卡和怀孕的妇女们是安全的！这些磁铁的吸附范围很难超过皮肤，更不用穿过我们的肌肉了。"帕克仅仅只是发现了静摩擦力（由磁铁的磁性引起的）不足以使磁铁抵抗住重力。但是就依据这个，他得出了磁场作用力不会穿过皮肤的结论！这简直是大错特错，麻省理工物理学二年级的学生都知道这一点，也许在马里兰大学也一样。帕克靠这个可以得一个 F 等（指最差的）的成绩。帕克还说道："就算它穿过了皮肤，也不会有什么不同。"帕克总是有一种先天的理论洞察力知道为什么有的事是"不可能的"。这个美国物理协会的公共事务部主任也许需要再复习复习科学一百零一问。

依照帕克对冷核融合的无能的评论和他对基础科学方法论的误解，我们也不能期望在其他争议领域会有一个有用的鉴定，比如古典热力学到底有没有漏洞或者说延伸的可能？低级的电磁场会不会影响我们的生理系统？或者"水的记忆能力"？以及另类医学的科学基础？完全没有考虑这些问题的个体差异，帕克以对待冷核融合的相同的无礼全都给予了否定。

当然也不是说不会有人赞同帕克的观点。比如，有些和"更好的世界技术公司"的骗子丹尼斯·李（Dennis Lee）一样的人，都是帕克的同伴，虽然这些人都惊人的无知，而且与严肃的异能现象科学探索毫无关联。帕克说道："并没有足够的科学证据可以证明我们影响了全球的气候。"也许有的科学家会同意这一点，但是我刚好不同意。我赞同那些大气科学家所认为的：现在的计算机还远远不足以模拟出影响气候变化的因素。

从另一方面来说，帕克很容易就原谅了像政府投资的磁约束核聚变（Takamak hot fusion）的这类实验，而后者即使是在和冷核融合完全不相关的人看来也是非常浪费财力的研究计划。他完全没有评价超导超大型加速器（SSC），即使这个项目在还没来得及浪费更多纳税人的钱之前就已经被暂停了。我们没有听到他提及最近惯性约束核聚变（ICF）武器和激光核聚变仿真装置的超支丑闻，即使这个项目是由一个在学术道德上都不诚实的物理学家所主持的。对帕克来说，这样的浪费明显都属于"家庭内部问题"——属于那种政府资助的物理机构，可以随便浪费上流阶级的财产。

这是很有诱惑力的推测：帕克也许具有某种精神上的问题，比如心理投射和认知失调。在某种程度上来说，这个糊涂的男人在经过这么多年的学术研究以后，一定清楚自己已经用完了可以评价冷核融合实验数据的基本知识。他根本不知道那些数据是好是坏。很显然，他只是肤浅地研究了一下冷核融合，但是他却走在了攻击它的最前沿——他走得太远了，以至于根本无法回头。在其他问题上，从载人航天飞行到磁疗，如果承认他犯了错，那又会招来对他的其他许多判断的新的质疑。他希望冷核融合能够在许多年前就销声匿迹，但是它并没有。所以他臆想道，冷核融合领域都是由一帮子"看见他们希望看见的"人组成的。实际上，帕克才是那个"只看见他希望看见"的人——总是在有证据的地方忽视证据！下面这段从《巫术科学》里摘取的话，其实正好可以用来形容他："虽然我从来不低估人类自我欺骗的能力，但是他们必须在某个时候开始意识到，事情并没有像他们所期望的那样发展。"在科学进步的烛照之下，真正的正义会降临到物理学协会里的这类极度的愚蠢和卑劣的批评上，他用来攻击其他人的偏见和谎言正好暴露了他到底是个什么东西。

3."专家"的回击：抛弃证据，
电视学习频道想要消灭亚特兰蒂斯异端思想
弗兰克·约瑟夫

在我们这个时代可以看到人们对亚特兰蒂斯拥有着前所未有的兴趣。2001年夏天迪斯尼公司发行的动画片《亚特兰蒂斯——失落的帝国》无疑就是世界范围内对它的迷恋的反映。从巴哈马群岛和古巴的水域到玻利维亚阿尔托普莱诺和中大西洋，拥有最先进的探测技术的优秀研究者们正在实现重大突破。这本杂志的名字——《崛起的亚特兰蒂斯》直接向我们显示了所有的秘密——亚特兰蒂斯以在现代历史上从未有过的姿势崛起在千万人的注意当中。当然，顺理成章的，亚特兰蒂斯的复苏会激起许多传统学者，就是那些一听到"失落的文明"就会联想到最严重的异端思想的学者们的不满。无疑地，"失落"这个词的流行给他们带来了巨大的打击，尤其是在经过这么多年的在学生们和电视观众们面前试图将其揭穿的努力。谦虚但是不屈服地，"象牙塔"[1]的维护者们在一个电视学习频道反复播出了一个新的特别节目，名叫《揭秘亚特兰蒂斯》。

我在一开始就希望能清楚地表明即使是最狂热的亚特兰蒂斯信徒都不反对其他公众提出相反的观点，而且，我们更希望把相反的观点看作是健康的挑战。我和我的其他研究亚特兰蒂斯的同事们一样，喜欢任何一个可以和那些陈腐守旧的天律不变论者们当面对质我们的事实和观点的机会。哪怕是最强烈的反对都是欢迎的，只要是具有真正的科学的好奇精神。但是当反对派们用公然的谎言和刻意的丑化来针对我们时，那我们一定会进行揭露和谴责。

《揭秘亚特兰蒂斯》这个节目在开始的五分钟就用历史上对沉没的大陆的各种假说来引导观众。他们告诉观众这是由西方世界最伟大的思想家——古希腊哲学家柏拉图首先描绘的。讲述者继续说道，对比原始近东文化和前哥伦比亚[2]美洲文化，意味着存在一个消失了的、大洋中的他们的共同的起源。但是很快的，这个和谐的观点就随着在中央康涅狄格州立大学任教的肯尼斯·费德尔博士（Dr. Kenneth Feder）的出场恶化成了专横的否定。

费德尔博士很震惊地发现他的学生中有五分之四的人都对亚特兰蒂斯确实曾经存在过的可能性感兴趣，所以他决定采用一种特别的防范措施来针对这种不能容忍的开放思想。电视节目拍摄了在进入基础的考古学学习之前，费德尔通常会让他的学生去参加一个反亚特兰蒂斯的灌输式教育课程。"失落的文明"的整个概念被单方面地逐一被否定，根本没有留一个可以争论的余地。费德尔

1.Ivory tower：象牙塔，译自法语 la tour d'ivoire，最初是法国 19 世纪文艺批评家圣佩韦批评本世纪同时代消极浪漫诗人唯尼的话。意指超脱现实社会，远离生活之外，凭主观幻想从事写作活动。现在也普遍用来指学校等与社会脱节的地方。
2.Pre-Columbian：指在哥伦布发现美洲之前美洲的史前史。

博士激动地表示道："如果真的存在着这么一个地方，那一定是令人震惊的，但是在柏拉图之前没有人提到过亚特兰蒂斯。"电视节目的画外音空洞的继续说道："在柏拉图死后亚特兰蒂斯被遗忘了差不多两千年的时间。第一个提到这个名字，或者第一个发明这个名字的人也许就是柏拉图。"

实际上，早于柏拉图几个世纪之前，各种各样的亚特兰蒂斯的历史传说就出现在了全世界数十个，甚至上百个不同的民族当中。在许多土著文化中，亚特兰蒂斯有自己的名称，或者反映在当地文化当中，比如阿兹特兰（Aztlan），就是最早登陆墨西哥东海岸的阿兹特克人[1]的祖先们在口头上所说的"在太阳升起的海面上"的"白色岛屿"。在印度伟大的史诗《摩诃婆罗多》和《往世书》[2]中也描述了另一个"白色岛屿"——阿塔拉（Attala），是在印度之外的另一个世界，是"西方的海"上的一个拥有强大力量和高度文明的山的国度。在《毗湿奴往世书》中，提到阿塔拉位于"第七层"[3]，大概是北纬24—28度，与加那利群岛在一条线上。加那利群岛的古安切居民把亚特兰蒂斯称为阿塔拉（Atara），与之相关的另一个名字是阿特玛特（Atemet），它是一个引发大洪水的古埃及女神居住的地方。

在美国的古印第安民族切诺基（Cherokee）的传说中，阿塔利（Atali）是他们的祖先在一次灾难性的大洪水后被迫离开的地方。在玛雅人的故事中，阿特蒂兰（Atitlan）是玛雅人最早的祖先生活的地方，后来用于命名危地马拉西南地区中央高地的索洛拉省的一块消失的地区，就是在那里基切玛雅人达到了他们文明的辉煌顶峰。在巴斯克语当中，也就是巴斯克人[4]使用的语言中，阿特兰因蒂卡（Atlaintika）是他们的祖先在比斯开湾登陆时发现的一个被淹没了的王国。阿特兰托娜（Atlatonan）是"阿特兰洛克（Atlaloc）的女儿"，是一个蓝眼睛的处女，用来祭祀阿兹特克的雨神而被淹死。她的命运和她的名字都与亚特兰蒂斯相似，她的名字从字面上来看，意思是"阿特拉斯（Atlas）的女儿"，简直是惊人的相似，以至于不可能只是巧合。

和《揭秘亚特兰蒂斯》所讲述的内容相反，在柏拉图之后失落的文明并非被遗忘了两千年之久。在古典时期，它是希腊罗马世界里那些最重要的思想家

1.Aztec：美洲三大古文明之一。阿兹特克族本是北方狩猎民族，后来侵入墨西哥谷地，征服了原有的居民托尔特克人。在16世纪西班牙入侵之前，阿兹特克人自身拥有辉煌的文明，但最后毁于西班牙殖民者之手，它的历史从此被拦腰截断。

2.Puranas：是一类古印度文献的总称，这类文献覆盖的内容非常广泛，包括宇宙论、神谱、帝王世系和宗教活动。往世书共有18部，篇幅长短不一，包括毗湿奴往世书，薄伽梵往世书，那罗陀往世书，大鹏往世书等，许多往世书都包含丰富的宗教和哲学理论。

3.The seventh zone：印度古时候认为每个宇宙都由十四个世界组成，七层在地球之上，七层在地球之下。阿塔拉是地球之下的七层中的第一层。

4.Basque：一个西南欧民族。西班牙语称瓦斯科人（Vasco），或称瓦斯康加多人（Vascongado），巴斯克语称 Euskaldunak 或 Euskotarak。主要分布在西班牙比利牛斯山脉西段和比斯开湾南岸，其余分布在法国及拉丁美洲各国。

们最常讨论的主题之一，包括亚里士多德、斯特雷波[1]、波赛东尼奥[2]、普罗克洛斯[3]、普卢塔克[4]、西西里的狄奥多罗斯[5]等，他们中的大多数，都相信亚特兰蒂斯的历史是真实的。同样地，17世纪德国的阿塔纳斯·珂雪[6]和瑞典的奥洛夫·鲁德贝克[7]也谈到过亚特兰蒂斯。节目的叙述者问道："考古学家们对亚特兰蒂斯是怎么看的呢？"许多考古学家刻薄地回答了这个问题，他们一个接一个地出现在镜头里，说道"垃圾"、"阴险的"、"幻想"、"骗人的"、"可笑的"等等。实际上，这样的评价恰好准确地描绘了学习频道自己的"伪纪录片"。确实，当节目出现自封的"揭秘者"时，叙述是相当可笑的："肯·费德尔已经成为确认那些可以证明亚特兰蒂斯是否是所有文明的来源的证据的专家。"费德尔教授随即在节目里展示了他在殖民地发现的众多陶器碎片中的美国原住民的陶器。因为他不能在他的小型的、非正式的、表层的挖掘中发现类似于亚特兰蒂斯人入侵的证据，他得出结论：在康涅狄格州的土地上并没有任何证据可以证明曾经有"失落的大陆"上的人来过。悲哀的是，像这种毫无价值的争论根本不足以证明"亚特兰蒂斯是否是所有文明的来源"。

这个节目在揭秘失落的帝国的可悲尝试中，还插叙了支持性的观点：旧大陆和新大陆[8]的金字塔之间明显的相似纯属巧合，二者毫无关系。费德尔武断地表示："金字塔与亚特兰蒂斯毫无联系，我们完全可以不予讨论。"他否认中美洲的金字塔与苏美尔人的金字塔之间有任何的可比性，特别是和早期埃及的阶梯金字塔。但是由法老昭塞尔在沙卡拉建立的第三王朝金字塔[9]在许多细节上都和尤卡坦半岛帕伦克的玛雅人金字塔相似。他们除了非常明显的阶梯金字塔外形相似以外，还都拥有向下的走廊和地下的房间。帕伦克的金字塔掩埋的是叫作帕卡尔的玛雅国王的尸体。他的陪葬物所显示的葬礼的习俗和信仰都和旧大陆我们已知的做法惊人的相似。国王的灵魂要进入地下世界所要经历的八个步骤都和中美洲、埃及的信仰体系完全相同。在后者的信仰当中，第三个

1.Strabo：公元前63？—公元前21？，古希腊地理学家。

2.Poseidonus：公元前135？—公元前50？古希腊斯多葛派哲学家。

3.Proclus：公元412—公元485，新柏拉图主义思想家。

4.Plutarch：公元46？—公元120，古希腊传记作家和历史学家。

5.Diodorus Siculus：活动在公元1世纪左右的古希腊历史学家，生卒年不详。

6.Athanasius Kircher：1602—1680，17世纪德国耶稣会成员和通才。他一生大多数时间在罗马的罗马学院任教和做研究工作，研究领域包括埃及学、地质学、医学、数学和音乐理论。

7.Olof Rudbeck：1660—1740，瑞典乌普萨拉大学医学教授。

8.New world：一般用来指15世纪以后发现的美洲，这里指南美洲的金字塔和非洲的金字塔的相似。

9.Third Dynasty pyramid：第三王朝指公元前2686—前2613年的埃及帝国，此时出现了以沙卡拉的阶梯金字塔建筑群为代表的恢宏壮观的石头建筑。昭塞尔王阶梯金字塔，是埃及历史上第一座金字塔，也是人类第一座大型的石制建筑物，距今已有4700多年。

阶段是由一个叫斯巴克（sibak）的鳄鱼监视的。西帕克（cipak）则是阿兹特克人在葬礼上所使用的短吻鳄皮小船的纳瓦特尔语[1]名字。

在埃及和中美洲的思想当中关于人类灵魂的理解是相似的。在尼罗河流域的寺庙建筑上的"巴"[2]——它的形象是人头鸟身，经常在坟墓上的小洞间飞来飞去。在伊萨帕的玛雅人救济寺庙里也相似地绘制着一个从坟墓洞穴里飞出来的人头鸟。帕伦克的壁画也和埃及的壁画技术惊人的相似。玛雅人的形象和埃及的一样，都是绘成一排一排的，其中大多数贵族的头和脚都画成了平面的侧影。入葬的服饰也和法老们的没有什么区别，帕卡尔王的石棺和他耳朵上的耳钉都写着象形文字，他的脖子上同样戴着一个项链，项链是由许多切割成鲜花或水果形状的珍贵石头做成的。就像法老的翻版一样，帕卡尔王也戴着一个死亡面具。帕卡尔王的石棺底部，也和法老昭塞尔一样，可以使整个石棺直立地放在基座上。帕卡尔王也和其他的法老一样，戴着一个假的络腮胡。

美国勘测家休·小哈勒斯顿（Hugh Harleston Jr.）在1974年时发现帕伦克的记铭神庙[3]并不符合玛雅胡纳布（hunab[4]）测量系统的1.059米度量单位标准。相反地，他发现这一结构完全符合埃及的"腕尺"[5]。它有一个非常大的房间，23英尺高，地面则是13英尺宽、29英尺长，房间顶上有石头做的横梁，这些都和埃及的大金字塔非常相似。发现帕卡尔神殿的墨西哥考古学家阿尔贝托·鲁斯·吕利耶（Alberto Ruz Lhuillier）认为这个房间和埃及的金字塔在很多细节方面都惊人的相似。在帕卡尔精雕细琢的石棺周围摆放了许多太阳神基尼奇—阿赫（Kinich-Ahau）的玉石雕像，也即"太阳眼睛之神"。他们和埃及皇家墓葬里由彩陶做成的小的夏勃梯（Ushabti）人形塑像，或者说"答者"的雕像并没有什么不同。意味深长的是，埃及的太阳神——胡努斯（Horus），也被等同于"太阳眼睛之神"，同时也被奉为王权的神圣化身。

玉石是中美洲最重要的祭祀石头，因为它的颜色象征着传播玛雅文化的祖先在尤卡坦半岛登陆时所看到的大西洋的海水。在阿兹特克人关于大洪水的描述中，与之相伴的最古老的故事是关于夏尔朱伊特（Chalchuitl）公主的，正是她亲自命名了玉石。帕尔卡的玉石雕像，实际上就叫作夏尔朱伊特斯（Chalchuitls）。

比否认新旧大陆之间明显的文化一致性更可怕的是，"揭秘亚特兰蒂斯"的编导试图将任何对亚特兰蒂斯的历史感兴趣的人界定为潜在的大屠杀凶手。

---

1. Nahuatl：纳瓦特尔语，犹他—阿·特克语系（Uto-Aztecan）中阿·特克分支之下的一些语言。

2. 古埃及人认为人的灵魂由卡（ka）和巴（ba）组成，卡是人一出生就具有的，是从父母那里继承的，卡与人长得一模一样。巴则是看不见的灵魂，人死后才出现，巴是人头鸟的形象。

3. Temple of Inscription：记铭神庙，也即前文提到的帕卡尔的墓穴。

4. Hunab Ku：玛雅的"创世之神"。

5. Royal cubits：古埃及度量单位。

在播放希特勒和他的同伙们的画面的同时，画外音叙述道："那些重要的纳粹分子们相信优等民族是从亚特兰蒂斯起源的。其中最有热情的信仰者是海因里希·希姆莱（Heinrich Himmler）——纳粹党卫军的首脑。希姆莱安排德国的科学家去寻找亚特兰蒂斯优秀种族的后裔，寻找范围从安第斯山脉一直到西藏。"为了证明希姆莱所认为的他的雅利安祖先——亚特兰蒂斯人确实存在过，这些科学家认真地考察了当地土著人的身体外形，寻找任何可以支持希姆莱观点的细微证据。这种关于雅利安人是亚特兰蒂斯后裔的主张，无疑支持了纳粹的雅利安民族是优等民族，拥有至高无上的权利的思想。"

说到"幻想"！在这一问题上研究了二十多年，我都没能发现任何一个"重要的纳粹分子们相信优等民族是从亚特兰蒂斯起源"的出处。在所有关于第三帝国的文献中都找不到"亚特兰蒂斯"这个词。不管是在《我的奋斗》中，还是在希特勒其他数以百计的演讲中，都没有出现"亚特兰蒂斯"这个词。在多卷本的《希特勒的饭桌谈话》里，他只有在一次午饭后的闲谈里，在讲到史前传说时提到过一次。希姆莱既不知道也不关心什么亚特兰蒂斯文化。就像任何关于他的传记里所展示的那样，他的注意力完全只专注于德国。阿尔伯特·罗森博格（Alfred Rosenberg），纳粹最重要的哲学家，在他的代表作《20 世纪的神话》（*The Myth of the 20th Century*）里同样没有提到过亚特兰蒂斯。纳粹被指控犯下了许许多多的罪孽，但是至少在用起源于亚特兰蒂斯文化来证明雅利安民族的优越性上，他们确实是无罪的。

在这个纳粹亚特兰蒂斯主义的荒谬说法的基础之上，费德尔解释道："在我们说到像消失的大陆——亚特兰蒂斯这样的问题时，我们最好要清楚文明的发展几乎都是独立的，这样就没有人会说'一些人比另外一些人更好，一个人比另外一些人更聪明'，因为我们知道当我们相信这样的说法后会发生些什么。所以，我不会告诉你相信亚特兰蒂斯必然会是导向种族灭绝和大屠杀的第一步。但是，我要告诉你们，当我们相信幻想时我们会处于一个非常光滑的斜坡，这些幻想会让我们滑向我们根本不想要去的地方。"

换句话说，当我们开始质疑主流的亚特兰蒂斯学说时，"我们就处于一个光滑的斜坡上"，它会将我们导向种族大屠杀。这种针对那些敢不相信官方立场的人的令人讨厌的诽谤，只能产生自那些怀有极度恐惧心理的部分传统学者。他们察觉到了当代亚特兰蒂斯学者们提供的不断壮大的具有威慑力的证据正在威胁着他们陈旧过时的调查，以及他们赖以为生的职业。指责某些人用亚特兰蒂斯来证明"一些人比另外一些人更好，一个人比另外一些人更聪明"简直太荒谬不过了。刚好相反的是，我们的调查者满心期望着能够从世界各地的土著居民的文化传统中找出重要的证据，用来证实和解释亚特兰蒂斯文明。而这些都是正统的官方学者们不予以考虑的，他们总是带着傲慢的笑容称之为"神话"。他们自以为比那些土著居民更了解他们自己的历史，到底谁才是"种族主义者"？

让人恶心的学术界的副产品出现在了一部分人身上，他们在情感上根本无法客观，而是充满了心胸狭窄的傲慢和自我膨胀的无知。《揭秘亚特兰蒂斯》也许没有揭示任何关于失落的文明的内容，但是它确实告诉了我们那些邪恶的人的嘴脸，这些人根本无惧于攻击其他人，从而来保持他们面临危机的教条。然而，当亚特兰蒂斯崛起在世界各地的男男女女的头脑里时，这个让人难以忍受的教条，最终会得到人们的批评。

4. "宗教法庭"——对伊曼纽尔·维里科夫斯基的审判：维里科夫斯基出版旷世巨著《碰撞中的世界》所引发的战争
彼得·布罗斯

40 年代的时候，伊曼纽尔·维里科夫斯基（Immanuel Velikovsky），一个出生在俄国的资深学者和语言学专家，无意中发现了一本原始手稿，这本手稿让他开始相信《圣经》里所提到的瘟疫，在历史中曾经真实发生过。在翻阅了大量的原始文献后，他发现了可能是《圣经》中瘟疫发生的原因——一个巨大的彗星出现在了天空中，就像在原始的苏美尔人的印章里所描绘过的一样，当巨大的彗星经过时他们的确和东方发生了一场战争。维里科夫斯基总结道：这个彗星实际上就是金星，它比较晚才进入太阳系——可能是几千年之前——当它经过太阳系附近时，它把地球和火星挤出了它们自身运行的轨道。维里科夫斯基说道，最终，这个入侵者在水星和地球之间占据了它自己的运行轨道。

维里科夫斯基将这一研究成果出版成了一本专著——《碰撞中的世界》（*Worlds in Collision*）。他非常清楚他的结论违反了牛顿的"天体力学"。如果所有的行星在太阳系形成之时就已经各就各位，那么一个额外的行星加到这个体系中来是根本不可能的，更加不可能的是，这些都发生在五千到一万年以前。这种看法超出了纯粹的假设、理论和理念。它成了实质上的"事实"，比其他大学教授们提出的许许多多不可挑战的具体"事实"还要更加坚固。

这些大学中的一个是位于波士顿的天空之下的哈佛。虽然即使是在 40 年代，波士顿也没有一个非常清澈的天空，但仍然有一些非常优秀的天文学家，比如哈佛大学自己的哈洛·沙普利（Harlow Shapley）在某些时候看见了阳光——当他们的思想被"现实"和"事实"所照亮时，就形成了我们今天已知的许多理论的基础。

维里科夫斯基为他自己的历史发现激动不已，他去找了哈洛·沙普利，因为后者是当时最著名的天文学家。

但是沙普利非常不喜欢读其他人的研究报告，他告诉维里科夫斯基如果有一个他所尊重的第三方将报告交给他，他会考虑读一读。他同意这个第三方是他哈佛大学的同事——优秀的哲学家霍勒斯·卡伦（Horace Kallen）。

沙普利成功地避免了去阅读那些冗长的报告。卡伦在写

图4.1. 争议科学家和作家伊曼纽尔·维里科夫斯基（1895—1979）。

给他的一封信里激动地赞美了维里科夫斯基的工作，他说如果维里科夫斯基能够证明自己的观点是正确的，那么传统的天文学，以及其他的一些传统思想都将被改写，这让沙普利暴跳如雷。

"对伊曼纽尔·维里科夫斯基博士的耸人听闻的宣言，我根本不感兴趣，"他说道，"因为他的结论非常明显的不是来自可靠的数据。"也就是说，因为他的主张与主流理论不一致，因此他的结果不可能是来自事实的。

沙普利继续说道：如果维里科夫斯基的彗星假说是正确的，"那么牛顿的理论就是错误的。换句话说，如果维里科夫斯基博士是对的，那么我们其他的人都疯了"。

我们可以设想下沙普利内心的斗争——将现实和回忆相比较。牛顿的天体力学位于他的整个天文体系的顶峰，他所提供的模板是所有其他现实将要测试的对象。但是一个普普通通的博士——维里科夫斯基——他的学术地位只是具备一个医学上的学位，居然绘制了一幅现实的图画，与沙普利的图画、也与整个世界所热忱信仰的完全不同。反对沙普利已成定式的天体力学图像——一个整齐的、有秩序的太阳系，就像它在之前永久存在着一样，还将继续永远运行下去——维里科夫斯基所绘制的太阳系图像激怒了沙普利的世界。

沙普利表达了他的怒火就像其他许多学者表达他们的怒火一样。

可以这么说，我们中的大多数人都希望能够化解我们自身的怒气，如果我们的怒气是因为现实和对现实的重述之间的矛盾所引起的，这种矛盾又是由某些个体所制造的，那么消灭掉这个个体看上去就是解决问题的最好方式。这是对沙普利其后行为的最善意的解释，但这些优秀的科学家走得实在太远了，我们简直很难想象。

在联系沙普利之前，维里科夫斯基为了出版这本书也费了不少周折。在表达了对这本书的兴趣后，美国麦克米兰出版公司指派了优秀的编辑詹姆斯·普特纳姆（James Putnam）来调查出版这本书的可行性。他不仅进行了对市场的调查研究——这一调查显示这本书具有很好的商机，同时他还联系了这一领域的专家学者，咨询了他们对这本书的评价。后者也显示了有利的结果。美国纽约海登天文馆的馆长认为维里科夫斯基的这本书提供了一个很好的机会去重新评估"现代科学的基础"。

根据这些调查报告，麦克米兰公司和维里科夫斯基签订了一份完全出版合同，就这样，《碰撞中的世界》出版了。作为出版前宣传的一部分，《哈泼斯》[1]的记者艾瑞克·拉腊比（Eric Larrabee）为这本书准备了一篇缩略介绍，这篇文章以《太阳仍然稳固的日子》为名发表在了《哈泼斯》上。《读者文摘》、《科利尔百科全书》，甚至《巴黎竞赛》[2]都从中摘取了片段来发表，这本书的宣传甚至上了《新闻周刊》的封面。

1.Harper's Magazine：创刊于1850年的美国老牌政论杂志。
2.Paris Match：创刊于1949年的法国著名杂志。

沙普利作为回应，给麦克米兰出版公司写了封信，这封信使用的是哈佛大学天文台专用信纸，信里写道：听到有传言说麦克米兰公司将要终止出版维里科夫斯基的著作，这真是太好了。沙普利本人就是这个传言的制造者，他更进一步说道："我跟一部分科学家谈到了这件事，他们都很惊讶伟大的麦克米兰公司……竟然会冒险涉足巫术的领域，"最后还加了句：维里科夫斯基的著作简直是"一派胡言，以我的经验来说"。

这封信实际上是在威胁要抵制麦克米兰公司的这次出版行为，普特纳姆回信写到他不相信出版《碰撞中的世界》这本书，会影响到早就已经声名在外的麦克米兰公司所进行的科学出版业绩。沙普利当天就回信了，他说普特纳姆会被麦克米兰公司开除，如果有一天他在纽约碰见遇到维里科夫斯基，他会"到处看看，看他身边是否有个管理人"。

但是麦克米兰公司的总裁乔治·布勒特（George Brett）被吓坏了，他写信给沙普利表示他将会在出版前，再安排一组独立的学者对这本书进行重新评估。最终这组学者赞同了维里科夫斯基的研究，认为它是诚实的，是符合科学的、公共的、总体的利益的。因此，布勒特授权出版了《碰撞中的世界》。

这样的结果让沙普利和他的哈佛同伙们更加愤怒。作为科学管理机构的主管，沙普利管理着一个叫《科学通讯》的杂志，他在这个杂志上发表了一系列的文章来攻击和诋毁麦克米兰和维里科夫斯基，他甚至花了大量的钱到《纽约时报》上买广告来宣传他写的攻击文章。他告诉所有那些愿意聆听的人，维里科夫斯基是个怪物。他的书"是最成功的骗术，严重误导了美国的出版业"。他把这本书和一直以来很流行的"平面地球"（19世纪的进化论者为了侮辱对手而编造的神话）的文章相比较，抱怨着当下的科学正处于一个"堕落的时代"，同时宣称维里科夫斯基是固执和疯狂的好朋友，他的观点是天文学领域的一场闹剧。他还把维里科夫斯基和参议员麦卡锡（Senator McCathy）相比较，后者把所有的时间都花在了在政府机构里

图4.2.哈佛大学天文学家哈洛·沙普利，牛顿的辩护人和维里科夫斯基的对手。

寻找苏联间谍。这个比较暗示着维里科夫斯基的俄国血统，这更是毫无必要而且相当奇怪的。

沙普利的这些愤怒的行为并没有取得任何效果。《碰撞中的世界》出版于1950年的4月，立即就冲到了畅销榜的顶端。沙普利不可能像中世纪的教会威胁伽利略和其他人的那样，威胁要烧死维里科夫斯基，但是科学——本来应该是公正和开明的——很快就证明它就和最狂热的宗教组织一样独断专横，因为沙普利已经开始宣称他们有能力打击报复这些"变节者"。

第一波的攻击瞄准的是戈登·阿特沃特（Gordon Atwater）——海登天文馆的馆长和美国自然历史博物馆天文学中心的主席。在被要求承认他对维里科夫斯基的忠诚时，阿特沃特非常英勇地回答道："这种科学必须要用非传统的冷静和虚心的科学态度来对待。"他的这一答复招来了他的一个同事和他的老板的指责，他们冲进他的办公室，他的同事当面和他争吵，他的老板则立马宣布开除他，并要求他马上清理好他的办公室。

最后我们得知，沙普利，正是博物馆董事会的董事之一。

除了笼罩着海登博物馆的"可怕恐怖和恐慌"之外，《一周要闻》杂志也迫于压力取消了一篇原定发表的阿特沃特的论文。这一努力成功以后，沙普利开始专注于将关于《碰撞中的世界》的正面书评替换成他的朋友们写的书评，这种策略首次运用于《先驱导报》，然后蔓延到了全国其他的杂志。但是据我们所知，很少有天文学家愿意写评论来指责维里科夫斯基是骗子、是疯子，是对文明持续发展的最大威胁。

在经过七个星期的连续攻击后，麦克米兰的总裁布勒特认输了，他向维里科夫斯基要求停止麦克米兰和他的合同，因为麦克米兰四分之三的生意，都是来自出版教材，而这全部面临着危机。

维里科夫斯基欣然同意了这一要求，并将合同转到了更加大众化的道布尔戴出版公司，这一次他不仅获得了丰厚的报酬，而且还同时出版了他的其他六部著作。麦克米兰公司以为自己所遭受到的惩罚马上就要结束了，但当《纽约时报》发表了关于这件事的难以容忍的详细报道后，他们才发现其实一切才刚刚开始。根本无惧于媒体对这件事的负面报道，沙普利得寸进尺地进一步要求麦克米兰公司"忏悔"，于是詹姆斯·普特纳姆的上司，在辛辛苦苦地为公司工作了二十五年之久后被开除了。

记者们，在目睹了沙普利等人严重损害了美国出版行业的自由后，试图为沙普利的动机和行为找出原因。讽刺的是，他们发现自己也已经身不由己地加入了这个攻击当中，成了这个号称要将人性从真正的灾难中拯救出来的科学团体的蝎子尾巴。比如《纽约客》的文学评论专栏，没有任何幽默感地宣称，《碰撞中的世界》是一本目的在于建立一个新的世界秩序的"可悲的、不详的、迷信的书"。

还有一些评论称这本书是"预言、无知、占卜师"混合成的空话，是伪科学，只有一半是真的，或者，更重要的，"完全的废话"。这些杂志所使用的形容词可谓多姿多彩。"自从哈森普菲尔船长被报道说他带着一船的地铁和自流水井进入了纽约港，P.T.巴纳姆[1]的名人馆再没有过这么好的候选人。"（《基督教科学箴言报》[2]）；"自从印刷机发明以来无聊、愚蠢的思想的最无耻的合集。"（《印第安纳波利斯星报》）；维里科夫斯基应该被指责，他竟然没有把以下的故事放入他的著作中："棉尾兔的传说和小母鸡潘妮、胖矮人，或者是保罗·班杨，以及他的蓝色的斧头[3]，宝贝！"（《多伦多环球邮报》）；"一本不负责任类出版物的光辉典范"（《星期六文学评论》）。

为了夺得优秀的科学舆论的称号，那些"认真"的科学仆人们频繁地使用着不是那么科学的艺术写作手法，因为他们都同样充满了形形色色的形容词和毫无意义的论点，其中的大多数语言都是很糟糕的。

美国科学促进会（AAAS）组织了一个关于出版有责任感的出版物的小组讨论，当然，这是由哈洛·沙普利发起的。在这个讨论会上，麦克米兰的代表坦诚了他们的罪孽，乞求得到宽恕。AAAS的这个会议与科学几乎没有什么联系，它更多的作用是保证所有的科学组织都能够看到他们是怎么处罚那些敢于与主流科学对着干的人。

对维里科夫斯基的反应是正常的对待科学和宗教的"叛变者"的反应，比如在望远镜的时代，那些无法证明一个爆炸产生了物质的愚蠢的宇宙大爆炸理论的科学从业人员，都会被取消掉他们的资格。同样的，持有相同立场的杂志都拒绝打印任何批评主流科学的研究，实际上，只要被认为是超出了限制领域的任何知识全都是不能出版的。

大肆向公众传播实证主义的科学已经是很难容忍的了，但是他们最新的策略则是尽量避免出现像维里科夫斯基这样的不能容忍的例子，所以简单而粗暴地宣称那些所有可能产生矛盾思想的领域全都已经成了定论，不用再讨论了。"我们距离其他星球的距离，"他们说道，"已经测量过了，没有什么值得讨论的。所以我们应该讨论更加有意义的问题，比如测量在大角星的另一边的那个黑洞正在发生些什么变化。"

维里科夫斯基面对这些攻击，调整了齿轮，开始玩起了实证主义科学的游戏。他根据他的理论得出了几个预言，其中最重要的是：木星会发出无线电信号（后来，这个预言被证明是正确的）；他还预言金星上的温度非常高，他所推测的温度后来也被证实为金星的真实温度。这些都是对实证主义科学团体的嘲弄。为了掩盖实证主义的科学对金星的发现落后于维里科夫斯基的理论，在

1.Phineas Taylor Barnum：19世纪美国的一个马戏团经理人，和前文的Captain Hasenpfeffer都代表着喜剧人物。

2.The Christian Science Monitor：美国的一份国际性日报，每周一至周五出版，由基督教科学会创始人玛丽·贝克·埃迪于1908年创立。

3.Cottontail, Henny-Penny, Humpty-Dumpty, Paul Bunyan：都是美国民间故事和童谣里的人物，这里用来比喻《碰撞中的世界》是本幼稚、幻想的著作。

NASA 开始金星探测计划之前，卡尔·萨根被允许写了一篇先发制人的文章。但是这一计划并没有奏效，在 60 年代时，太空计划开始获得了越来越多的公众的注意，维里科夫斯基就变得流行起来。

因此，70 年代初期，AAAS 又开始了一次周期性的"驱魔行动"，他们组织了一场号称"客观公正"的讨论会，名字叫作"维里科夫斯基对科学的挑战"。这次讨论会，维里科夫斯基非常天真地出席了。会议的主席是萨根，虽然并不是他策划的这次会议，但他裁决维里科夫斯基在各个方面都是错误的。会议的结论是：维里科夫斯基是个文人，他所说的任何东西都是非科学的。他的预言，尽管是正确的，但是同样是非"科学的"。这种伎俩会继续使用下去，直到主流科学的终结。让我们看看当下对人工智能设计的讨论吧。

第二部分
我们所不知道的历史

5. 原始人的高科技：
我们是否已经遗忘了我们曾经知晓的秘密？
弗兰克·约瑟夫

德瑞克·J.德·索拉·普赖斯（Derek J. de Solla Price）[1] 经历了一次人生的大震撼，当他正在清洗的一块人工制品终于将它的真实身份显露在他面前时。那个谜一样的东西躺在雅典博物馆里已经将近半个世纪了，它是在 1900 年复活节前后从地中海东部的 120 英尺海底里被打捞上来的。这个东西是由伊利萨·斯达迪阿托斯（Elias Stadiatos）发现的，他是一个采集海绵的潜水师，当时正在克里特附近的一个小岛安提基瑟拉（Antikythera）的海岸上工作，他发现了一艘古罗马失事船只的一部分，这艘船里还载着其他年代的物品，据测定大约是在公元前 80 年失事的。

1902 年 5 月 17 号，希腊考古学家瓦莱诺斯·斯特阿伊斯（Valerios Stais）在检查这艘船只时，他发现了一个齿轮状的东西镶嵌在一块看上去像是岩石的东西里。实际上，那是一个已经严重硬化、并且被腐蚀得非常严重的机器的三个主要部分，以及它的很多小的组成部分。

他把它叫作安提基瑟拉装置，在其后的四十九年里它始终是个秘密。直到耶鲁大学的科学史教授普赖斯发现了它的真实身份：它是一台机械模拟式计算机，它的技术已经远远超出了那个时代。

"那就像是在图坦卡蒙法老墓里发现一台涡轮式发动机一样，"普赖斯在发表在《美国科学》1959 年 6 月的一篇文章里写道，"一台古希腊的计算机。"他指出安提基瑟拉装置所使用的是非常复杂的差动齿轮技术，到了公元 16 世纪中期这种技术才又被重新发明出来。它能够计算月球运转的周期，通过在月球运行所产生的效应中减去太阳运行所产生的效应，从而计算出行星和恒星的运动轨迹。这样的功能使得它比 16 世纪的差动齿轮都要先进得多，像是进入了太空时代。

在经过了几十年的多次检测后，这台先进机器的功能逐渐显露了出来。当把过去或者未来的日期输入它的曲柄后，它能计算出那个时候太阳的位置、月亮的位置，或者告诉我们其他天文学的信息，比如其他星球的位置等。差动齿轮的运用可以使这台机器能够加减角速度[2]。它前面的刻度盘可以通过以埃及日历为基础的黄道十二宫图显示出每年太阳和月亮运行的过程。它前部后方的刻度盘显示了一个四十年的周期，相邻的刻度盘则显示了相等的 235 个月的默

1.Derek J. Solla Price：（1922 年—1983 年），美国著名物理学家、科学史家、科学计量学奠基人和情报科学创始人。

2.Angular velocities：连接运动质点和圆心的半径在单位时间内转过的弧度叫作"角速度"。它是描述物体转动或一质点绕另一质点转动的快慢和转动方向的物理量。

冬[1]日历，这基本等同于十九个阳历太阳年。低一点的刻度盘显示了一个单月的运行日期，同时伴随着一个辅助刻度盘显示了阴历的十二个月。

安提基瑟拉装置的主体由青铜做成，外部配以木质的框架。它有13英寸高，6.75英寸宽，但是只有3.5英寸厚，上面还刻有两千多个字。其中大多数的文字已经模糊了，所以完整的翻译还在继续研究当中。这台复杂的机器目前存放于希腊国家考古博物馆的青铜收藏馆里，但是美国的游客们可以在蒙大拿博兹曼的美国国家计算机博物馆里看到它的一个非常精确的复原品。

安提基瑟拉装置本来的用途应该是作为一件非常实用的航海工具，帮助罗马货船成功地完成从希腊跨越大西洋到美国的路程，这比哥伦比亚要早了十五个世纪。再者，毫无疑问的，安提基瑟拉装置并不是第一件类似的工具，它的产生应该是经过了很长时间的不断发展，远比它在公元前80年沉没于地中海里要早得多。

古罗马演说家西塞罗曾经写道：马赛琉斯（Marcellus）领事从被占领的锡拉库扎城带了两个仪器回到罗马。其中一个仪器在一个球上画上了宇宙的地图，另一个仪器则用来预测太阳、月亮、行星的运行状况。他的描述很像安提基瑟拉装置，更有趣的是，锡拉库扎刚好就是阿基米德抗击罗马侵略的地方。这个古希腊伟大的数学天才曾经用一排镜子将阳光反射到敌人的船上，导致了他们起火燃烧。虽然现代的怀疑主义者们认为这个故事纯属传说，但是麻省理工的一组人员经过研究得出结论：阿基米德的这一军事行为的确是可行的。已经逝去的漫长的时间消除掉了阿基米德的原始"大规模杀伤性武器"的痕迹，像安提基瑟拉装置这样的发现非常罕见。但是他们还是认为，原始时期的科学技术比今天的主流科学家们想让我们相信的程度要发达得多。

在我们的祖先使用的所有先进技术当中，最让人惊讶，同时也得到了最有效的证明的是——潜水艇。关于潜水艇的微弱的记忆一致持续到了中世纪，但是以中世纪的普遍观点来看，这都是不可想象的。十三世纪的时候有一个法语手稿叫作《亚历山大的真实历史》（*La Vrai Histoire d'Alexandre*），这本书描写了亚历山大大帝乘坐一个"玻璃桶"完成的航行，那个玻璃桶让他在他自己的舰队眼皮底下，从希腊的一个港口航行到另一个港口而丝毫没被发现，这件事发生在公元前332年。据说亚历山大大帝对这个潜水艇的表现非常满意，他下令要为他的海军大量生产。如果《亚历山大的真实历史》是我们关于这个故事的唯一来源，那么我们会倾向于认为这就是个中世纪的幻想故事。但是，亚历山大大帝的老师亚里士多德也曾经在一本书里记载过，在抗击泰罗斯的战役里，希腊海军在同一年使用了"可以潜入水中的房子"。当这个潜水艇被偷偷地放置到水下后，它成功地阻碍了对方的进攻。

1.Metonic cycle：公元前5世纪天文学家默冬所发明的历法方式。不同于我们今天按太阳运行一周年来纪年的阳历（solar year）和按月亮运行一周来纪年的阴历（lunar year）。

在薛西斯一世[1]进攻欧洲的时候，一个名叫西斯里斯（Scyllis）的希腊战士，在夜间从波斯国王的舰队中浮出，用刀在码头系船处切断了各个船只。西斯里斯的"潜水艇"使用了一根导管，这个导管是一个中空的、可以呼吸的管子，它仅仅露了一个头在水面上。在搅乱了敌人的舰队后，西斯里斯又航行了九英里回到阿提密西安（Artemisium）海角，在那里他和其他希腊同伴们会合。类似的行动也被其他一些古典时期最优秀的学者们记述过，比如希罗多德（公元前460）和老普林尼[2]（公元77）。

在公元前200年时，中国的史学著作记载了一个类似潜水艇的机器的活动，这个机器成功地将一个人带到了海底，又将他带回到了海面上。

虽然我们迄今为止都没有找到过原始的潜水艇，但是另外一种完全不同的机器给了我们充足的证据去证明原始科学技术远比我们知道的更为先进。在20世纪90年代末，加州大学验光学院的杰伊·伊诺克（Jay Enoch）和密苏里大学验光学院的瓦苏迪万·拉克什米拉瑞亚南（Vasudevan Lakshminaryanan）考察了一个早期王朝的人体雕像上用石英晶体做成的眼睛。他们被自己的发现震惊了：一是这座埃及第四王朝时期制作的拉赫特普王子塑像的石英晶体眼睛那复杂精致的结构；二是一座来自埃及塞加拉第五王朝时期的墓穴的一个抄写员塑像，科学家们正试图用现代光学技术来重塑后者。复制者们发现这些古埃及的晶体切割术对他们来说都太高级了。伊诺克和拉克什米拉瑞亚南得出结论："古埃及人用石英晶体来重新塑造人类的眼部结构，它的表面的美和它的复杂精巧的技术，很难不让人怀疑这不是第一次使用这样的晶体了，虽然这就已经够古老了，都是4600年前的事。"

他们的发现在经过近三十年的进一步调查研究后，终于在2001年出版了。罗伯特·坦普尔（Robert Temple）在名为《澳大利亚的黎明》的杂志中写道："我发现的最早的晶体是水晶的，属于公元前2500年的古埃及第四王朝。它们是在开罗博物馆里发现的，另外有两块是在巴黎的罗浮宫。但是考古学家的证据显示它们在晚期埃及的阿比多斯被发现之前，就已经存在了差不多七百多年的历史了。在前一个王朝的国王墓穴里，还出土了一个象牙刀柄，上面有一个非常微小的雕像，这个雕像只有可能是在放大的情况下才能完成（当然，我们今天想要看见也必须通过放大镜才行）。"

坦普尔把法罗斯灯塔[3]的镜子和金字塔的结构联系了起来："建造金字塔的技术至少可以向后推到公元前3300年，实际上应该更早，因为我们根本无

1.Xerxes I：约前519年—前465年。薛西斯一世是大流士一世与居鲁士大帝之女阿托莎的儿子，又译作泽克西斯一世，是波斯帝国的国王，前485年—前465年在位。

2.Pliny the Elder：老普林尼（23—79），古罗马学者和博物学家，他写了三十七卷的《自然史》。

3.Pharos Lighthouse：位于埃及亚历山大港，是世界七大奇迹之一，已毁于地震。

法判定那个象牙手柄是第一次那样高科技的生产物，而事实上，像这么复杂的工艺，必定是要有一个悠久的传统才能形成的。所以，我们可以推断出放大技术在埃及得到运用，是在公元前 3300 年。金字塔的这一情况接近于地理学上的罗盘，没有人能够搞清楚罗盘到底是怎么发明出来的，因为它的精确程度已经超出了我们迄今所知的古埃及的技术。所以，同样重要的问题是，金字塔如此精确的结构是怎么可能产生的？"

英国著名的埃及学专家弗林德斯·皮特里爵士（Sir Flinders Petrie）惊奇于"埃及金字塔的许多精巧的工艺已经等同于很多现代光学技术"。过了一个世纪之后，当彼得·勒梅热勒（Peter Lemesurier）考察了金字塔外围二十一亩的精致的石灰岩之后，他说道："这些石灰岩都根据现代光学技术中的普通精确性标准来进行过水平测定和打磨。"主流学者至今仍然很难接受，古埃及人自己的文献里已经记载了他们使用的一系列光学反射技术。在埃利奥波利斯[1]的高 60 英尺，重 121 吨的方尖碑，是公元前 1942 年为法老塞索斯特利斯一世的庆典而树立的，它是我们所能见的最早运用这种光学技术的建筑，在它上面有一段象形文字描述了这样一个场景："在巨大的金子做的镜子面前，有 1 万 3000 个祭司在祈祷。"

在《法罗斯灯塔的电子镜》（*The Electric Mirror of the Pharos Lighthouse*）这本书里，作者拉里·布莱恩·拉德卡（Larry Brian Radka）明确地说道，早在法老文明时期，就已经开始使用电了，最明显的例子就是法罗斯灯塔。点亮灯塔所需的大量燃料在埃及的任何地方都不可能找到，如果要依靠进口的话，一个是价钱会非常昂贵，二是即使倾尽国力引进了，也会在第一年里就被全部消耗掉。根据这些，以及其他同样重要的考虑，拉德卡认为法罗斯灯塔形似一种碳弧灯，这种灯的亮光来自两根分别是正极和负极的电棒在接触时所产生的闪耀的电光。他宣称这种能量来自一堆液态的、初级的电池，也就是我们所知的拉兰得电池（Lalande Battery），这种电池后来在 19 世纪被费利克斯·拉兰得（Felix Lalande）和乔治斯·夏普隆（Georges Chaperon）发明或者说是再发明出来。埃及人使用了所有的材料（玻璃、铜、水银、碱液）来制作这种电池的古老的前身。正如拉德卡解释的那样，"几个大型的拉兰得电池按顺序并列地排在一起就能产生足够的电压和电流，足以在他们的原料需要更换之前支持灯塔照亮许多个小时。这种类型的电池不需要任何外部的电能来使它充满活力。在它被消耗完毕以后，它只需要更换内部的两个组件，就能重新具备能量。"

这种电池的存在并不仅仅是一种推测，它还有一种更为小型的，但基本相似的在古近东地区被发现的电池支持它的存在。后一种电池也许更加有名，它

1.Heliopolis：尼罗河三角洲的古城，又名"太阳城"，在今开罗的北部，曾是古埃及太阳神的朝圣中心。

就是所谓的巴格达电池（Baghdad Battery），考古学家威廉·柯尼格（Wilhelm Koening）于 1938 年在德国斯图加特发现了它。巴格达电池是一个陶制的罐子，它的口子用一种沥青样的东西塞住了，瓶塞中插入了一根铁棒，铁棒的底部环绕着一个铜制的圆筒。当向罐子里倒入普通的果汁时，这个设备就会产生两伏特的电力。1940 年时，柯尼格教授发表了一篇科学论文，这篇论文中写道，这个人工设备最初是在巴格达附近的库居拉布（Khujut Rabu）被发现的，它产生的时间大约是公元前 250 年，比亚历桑德罗·伏特（Alesandro Volta）在 19 世纪早期发明正式的电池早了两千多年。第二次世界大战之后，马萨诸塞州皮茨菲尔德市高压电实验室的威拉德·F.M.格雷（Willard F. M. Gray），自己复制了几个巴格达电池，并且进行了实验，他发现所有的这些电池产生的都是同样的的电子功率。另一个德国学者，阿恩·埃格布莱切特（Arne Eggebrecht）则发现他的复制品能电镀特定的物件。电镀的情况发生在用小型的电流来融化一个金属表面时，它可以吸附这个金属的薄膜层，比如金，然后将其转移到另一种金属的表面上去，比如银。根据他自己的实验结果，埃格布莱切特认为很多我们认为是纯金的古雕像或其他物品，其实更有可能是镀金的。

　　巴格达电池的存在证明了，即使是在公元前 3 世纪文化相对闭塞的库居拉布地区，远古居民至少已经理解并运用了基本的电能知识。那时候的伊朗处于帕提亚帝国的统治之下，这个帝国采用的是军事专政，并非因为其成熟的科学技术而闻名。无论如何，在这里所发现的电池证明了即使之前没有，但是那时已经存在着电力知识了。通过一个具有揭示性的比较，我们可以发现，与其说巴格达电池代表着科技的开端，不如说它更有可能是以遥远历史为根基的发展的终结。法罗斯灯塔高达 280 腕尺，或者说 481 英尺，和金字塔一样高。这种非常明显的联系并不是巧合，它显示了这两种结构，虽然有着几千年的建造差异，但都是根据同样的几何原理来修建的。

　　这种有组织的统一开始于吉萨高原的三座金字塔[1]，它们根据黄金分割率联系起来。黄金分割率是由莱昂纳多·达·芬奇发现并命名的，这是一种古代几何学规则下的曲线，用于神像的设计绘制。黄金分割因为表现了自然形成的模式，因此被评价为最完美、和谐的形式。它包括了宇宙的星云形状、行星运行轨道的比率、动物的号角、海洋软体动物、人类婴儿的形成、孟德尔遗传规律、向日性（花儿依据太阳的方向转向）、水的漩涡等等，以及其他成千上万种我们在自然界中观察得到的例子。鹦鹉螺的外壳也呈现了黄金分割的特点，它从外到内都呈螺旋式。这就是玛雅人的库库尔坎（Kukulcan）和阿兹特克人

---

1. 埃及吉萨高原的 10 座金字塔是古代七大奇迹之一，其中 3 座最大、保存最完好的金字塔是由第四王朝的 3 位皇帝胡夫（Khufu）、海夫拉（Khafra）和门卡乌拉（Menkaura）在公元前 2600 年—公元前 2500 年建造的。金字塔都是正方位的，但互以对角线相接，造成建筑群参差的轮廓。

的奎兹尔科亚特尔 Quetzalcoatl)，也就是"羽蛇神"[1]所佩带的个人标志——"风宝"（wind jewel），传说他在很多很多年之前将文明的法令从已没落的王国穿过大西洋带到了墨西哥。

坦普尔第一个注意到了："在 11 月 21 日傍晚时，第二座金字塔，也就是海夫拉金字塔会投射一道阴影到第一座金字塔——胡夫金字塔上……如果再截取胡夫金字塔南面中间垂直下来的线，就会形成一个金三角。经由皮特里检测发现，在金字塔的这一面上有一个有意凿就的几英寸的凹口。几何学家把这条垂直的线称为'箴言'，它所形成的角度将冬至的阴影转化成了一个完美的金三角。"每年冬至的时候，海夫拉金字塔都会往胡夫金字塔上投射出阴影，从而形成"完美的金三角"，这很难被看作是巧合。实际上，还有更多的模拟图像可以显示这三座金字塔都是根据一个统一的计划同时开始修建的。

证据是很明显的：在很多实例上，我们都可以看到原始人类所掌握的技术等同于，或者有时还比我们现代人自以为是的科技更加高明。

1.feathered serpent：羽蛇神是一个在中部美洲文明中被普遍信奉的神祇，一般被描绘为长羽毛的蛇形象。最早见于奥尔梅克文明，后来被阿兹特克人称为"奎兹尔科亚特尔"（Quetzalcoatl），玛雅人称作"库库尔坎"（Kukulcan）。按照传说，羽蛇神主宰着晨星、发明了书籍、立法，而且给人类带来了玉米。羽蛇神还代表着死亡和重生，是祭司们的保护神。

6. 一个科学家眼中的大金字塔[1]：
曾经因为重新界定斯芬克斯的日期而震惊世界的地质学家
在新的著作中将注意力转移到了另一个相近的难题上
罗伯特·M.肖赫博士

　　顺着几个绑在一起的快要散架的木头架子往上爬，我必须亲眼看一看用来证明胡夫金字塔仅仅是法老胡夫（希腊名：基奥普斯）的墓穴的"明确的证据"。沿着金字塔南面的大走廊（the grand gallery）底部的上坡通道爬了接近三十英尺后，我手脚并用地钻进了一个只有两英尺宽的入口，这个入口通向一个水平的大约二十英尺长地隧道，穿过这个隧道后，我爬上了一组小型的梯子，尽量设法让那些可怕的灰尘不要进入我的眼睛和肺里。

　　我现在正顺着一条通道笔直地往前爬，这个通道是 1837 年时一个替英国探险家霍华德·维斯上校（Howard Vyse）工作的人用火药炸出来的。我爬过了一个天花板非常低的房间，这个房间非常的小，仅仅够一个人蹲坐。然后我爬过了另一个类似的房间，然后是第三个、第四个，最终抵达了第五个"密室"，这一个房间也被维斯上校命名为"坎贝尔的房间"。它的房顶像其他几个房间一样，既低又不平。但是在这里，你还是可以在一个角落里直立起来，舒展一下身体，毕竟挤压着你的胃部、像蛇一样地爬过维斯用炸药炸开的这些狭窄的通道不是一件舒适的事。

　　为什么我要到这里来？并不是单纯因为无聊的好奇心，虽然确实大多数的埃及古物学者都没有看到过这些房间。我是在寻找金字塔意义的真相、存在的原因（法语：the raison d'être）。这些简单的"结构屋"（chambers of construction）或者说"减压屋"(relief chambers）是否就是用来支撑重量巨大的所谓的"国王殡室"(king's chamber) 呢？如果是的话，那么为什么在"王后殡室"(Queen's chamber) 或者大走廊的下面没有这些屋子呢？原因到底是什么呢？后面这两个部分因为处于金字塔更低的部位，承受的重量更加巨大。或者这些是回声房间，金字塔是一个大的机器，而这些回声房间是它的一个组成部分？或者是像 1895 年时 W·马萨姆·亚当斯 (W. Marsham Adams) 所推测的，以及其他许多原始古老文献里所描绘的一样，是用来代表阿曼尼大厅（Halls of Amenti），也就是"隐蔽的神"（Hidden God）的隐蔽的居住地？

　　霍华德·维斯据说发现了在这些房间的最顶部都用花饰潦草的刻着国王的名字——即"胡夫"，这些字是被一些古时的人用红色的墨水非常简单地画在天花板上的。胡夫这个皇室名字的发现，成为更加确凿的许多古埃及古物学者

1.The Great Pyramid：大金字塔，即胡夫金字塔。本文中提到金字塔如果没有特别注明，都是指大金字塔。

一直以来就希望能证明的金字塔的真实用途的证据——金字塔就是一个在公元前 2550 年为极端专政的第四王朝法老胡夫所修建的巨大的陵墓。我用一个维斯亲手画的线路图为向导，沿着不平整的砖块铺成的坎贝尔房间的地板里四处寻找，终于在一个黑暗的角落发现了我一直苦苦寻找的花饰刻字，这个刻字被极其难看的 19 世纪和 20 世纪的涂鸦围绕着，但是这个花饰刻字确实是在那里，并且可以肯定的是，它确实是"胡夫"。所以这一切都是真的了？我的探险结束啦？传统的古埃及古物学家们所宣称的金字塔就是法老胡夫的一个巨大的陵墓是正确的啦？也许不是。实际上，在看到这些花饰刻字后，我知道这仅仅只是我的探险的开始。

很奇怪的是，这些特别的花饰刻字是在坎贝尔的房间尽头的地方发现的。很快，我发现在其他房间里也有很多这样的红色的刻字，只不过其他房间的有些刻字方向是完全颠倒的。这是怎么回事？是的，当金字塔完工以后，通向这些房间的通道都被关闭了，这些刻字并不是为了给什么人看到的。维斯推测这些刻字都是一些"石场的记号"，是那些挖掘、搬运、放置石头的工人们画上去的。但是维斯是否是完全诚实的呢？会不会是那些帮维斯炸开并凿出通道的人他们自己画的这些粗糙的古埃及语的字呢？这些字是否是伪造的呢？我仔细查看了这些字，它们确实看上去挺古老的。我能够看见后来形成的天然水晶沉淀在其上，这个过程需要几个世纪，甚至上千年才能形成，这些刻字仍然静静地躺在砖块上面。但是在这些房间里并不是只有胡夫这一种字样。

我继续进行着我的工作，浑身都是汗和污垢，我最后检查了旁边尽头的一个房间——"阿巴斯罗特女士房间"（Lady Arbuthnot's chamber）。这里有

图6.1. 罗伯特·肖赫博士正在测量大金塔里的所谓的"库夫"花饰。这个花饰最初是由霍华德·维斯发现的。

最多的，也许并不是保存得最好的刻字，而且其中没有一个写着"胡夫"，相反的，在这里我发现了另外两种完全不同的刻字。

其中一个完整的刻字，我可以读到："库努姆—库夫"（Khnum-Khuf），其中"库夫"（Khuf）或者胡夫(Khufu)的意思是"他保护我"，而"库努姆"这是神的名字，所以这整个词的意思应该理解为："库努姆神保护我。"但究竟是保护谁或者保护什么呢？是法老胡夫吗？或者说是库努姆神实际上在保护着金字塔？另外一个刻字的意思可以简单地解释为神的名字——库努姆。

谁是库努姆—库夫？或者什么是库努姆—库夫？早期的埃及古物学专家弗林德斯·皮特里爵士在 1883 年时推测也许胡夫和库努姆—库夫是当时埃及王位的联合执政者。更为彻底的是，还有的推测认为这些刻字既不是一个人或者几个人的名字，也不是一个神的不同名字或者几个不同的神的名字。探险家威廉姆·菲克斯（William Fix）假设道[1]：根据不同的神各自的属性、他们的象征意义以及他们词源上的相似性，那么"库努姆、库劳姆（Khoum）、库夫、索菲斯(Souphis)、库劳毕斯（Khnoubis）、库劳菲斯(Chnouphis)、托特(Tehuti)、托德 (Thoth)、墨丘利（Mercury）、以诺（Enoch）、赫尔墨斯（Hermes），甚至是奎斯托（Christos）都是同一个形象的不同名称而已"。

是否就如马萨姆·亚当斯（Marsham Adams）所主张的那样，金字塔就是一本用石头来做的纪念托特神的书呢？最初进入金字塔的那些志愿者和后继者们是否接受了对身体和灵魂的审判？最终走向了死亡、重生和启示？金字塔的这些密室是否最初就是给祭祀的人们使用的呢？就像丹德拉哈索尔[2]神庙（Temple of Hathor at Dendera）的地下室和通道一样？或者就像几千年后的奥西里斯[3]的神庙（Temple of Osiris）一样？

我离开了金字塔的隐蔽的高度，决定去探究它最深的深度。我要去的地方是金字塔地底的，深埋在岩石下的房间。

首先，我还是要再一次地经过神秘的大走廊。在埃及的其他金字塔里都没有发现过类似的结构，当然世界上的其他建筑也都没有。许多探险家都为大走廊提出过假设，以及金字塔内部复杂的几何结构。它是一个古老的动力装置吗？或者是一个巨大的水泵？或者所有的这些设计都是在制造一个机器，这个机器可以用来连接或者说转化法老们从生到死，再到永恒的死后世界的整个过程？或者金字塔是古代埃及人重视天文的产物？或者这是在望远镜发明之前的一个

---

1. 作者注：在他的著作《金字塔漫游》里。《金字塔漫游》（Pyramid Odyssey），纽约：五月花出版社（Mayflower Books），1978 年。
2. 哈索尔·迪特拉是古埃及女神，她是爱神、富裕之神、舞蹈之神和音乐之神。在不同的传说中，她是太阳神拉的女儿，荷鲁斯的妻子，或者是拉的妻子，荷鲁斯的母亲。对哈索尔的崇拜最早在公元前 27 世纪便已开始，她的形象是奶牛、牛头人身女子或长有牛耳的女人。哈索尔的祭祀中心就在丹德拉。
3. 埃及神话里的奥西里斯原为生育之神，是女神伊希斯的丈夫，被其兄弟塞特所杀之后又复生，最后成为冥王，管理地府。

天文装置？大走廊所在的地方是否曾经在过去的某个时刻是作为一个巨大的天文装置用来观察夜晚的星空的？或者它就是一个陈列着神和法老们的画像的走廊？它是不是一个用来评选神职人员的地方呢？

如果我们再考虑到那条狭窄的通道和另外那两个房间，只会更加想不明白。在大走廊的上方和下方各有一个房间，就是过去我们分别称为"国王殡室"和"王后殡室"的地方。国王殡室里的石头全是沿着尼罗河从阿斯旺（Aswan）运过来的花岗岩，所以它在视觉上是非常壮观的，但同时它对我们的耳朵来说也是一次震撼。房间里声音和回音的质量，实际上，整个金字塔在这一方面都是相当突出的。在国王殡室里唱诵和冥想是一次非常有力的内心经验，我可以给大家分享一下拿破仑的经历。据说这个独裁者，曾经把他的副手赶走，自己一个人单独留在了国王的殡室里，他待了整整一个晚上，第二天重新出现时，他既苍白又在颤抖，并且直到去世都不愿意告诉任何人他那一晚上的经历。

在国王殡室的尽头坐落着一个巨大的、光滑的、坚固的花岗岩"石棺"，或者叫"保险箱"。这个东西证实了很多传统埃及学学者们所认为的：这个房间就是存放法老尸体的地方。但是，唯一的问题是：这个金字塔里从来没有发现过任何财宝，以及尸体。游客们可以在国王的殡室里沉思或者谈话，如果有机会，还可以轮流躺在花岗岩的石棺上试试。这样的经历是很难用语言来描绘的。我觉得这个地方比起死亡来说更像是重生，那个花岗岩的盒子更接近于洗礼时的圣水器，而不是石棺。

在国王殡室的北面和南面的墙上有一些小的洞口，这些洞口连接着狭窄的向上的隧道，穿过这些隧道就来到了金字塔的外面。有时因为这些隧道很像通风管道或者空气流通的烟囱，所以长期以来它们都被简单地认为是将新鲜空气带入到室内来的通道。但是如果这就是一个墓穴的话，为什么死了的人会需要新鲜的空气呢？那么这些房间是否实际上居住的是活人呢？——也许是为了宗教入会或者其他的仪式？但是为什么这些管道要如此精确地、完美地正对着北方和南方的天空呢？四千五百年前，北面的通道正对着天龙星座，而南面的通道则正对着猎户座的腰带（古埃及人认为这个星座与奥西里斯有联系）。

接着我向下穿过大走廊，来到王后殡室，它比国王殡室小一些，也更奇怪。王后殡室有一个尖顶、山形的墙，在一面墙上有一个壁龛，这个壁龛非常神秘，好像在反射着大走廊的横截面。在金字塔的这个中心位置是否放置着一尊雕像或者是一个木乃伊呢？它是否是用来放置摆钟，一个在嘀嗒嘀嗒的声音中流逝着永恒瞬间的摆钟呢？或者它就是空的，就像佛教的佛塔一样，仅仅是用来强调它的神圣，强调它既是全部又什么都不是，完全超出任何普通人的理解范畴？在王后殡室的北面和南面的墙上有两个通道，南面墙上的通道明显地指向远古时期天空中的天狼星（古埃及人认为这个星座代表着女神伊西斯），而北面的通道则指向我们称之为小熊座的星座。就王后殡室的情况来说，毫无疑问地，这些通道从来没有被当作普通的通风管道来使用过。这些通道在1872年以前都没有被发现，它们深藏在墙的里面。20世纪90年代的时候，人们将带有摄像头的机器人放进这些通道里，它们探测到了一道小门堵住了通道。后来一个机器人打穿了这道门，但是却发现前面还有另外一道门。

然后我又向下爬行了几百英尺，穿过下降通道（Descending Passage），来到混乱的地下室（Chaotic Subterranean Chamber）。这个地下室镶嵌在金字塔的地基底下，看起来真的挺混乱的。一进到地下室里，面前就会出现一大堆巨大的石头，同时在房间的尽头同样有着一个奇怪的"井"，或者说是"坑"。许多传统的埃及学专家认为这个地下室是没有修完的墓室，或者是说被放弃了的墓室。但是为什么一个没有完成的墓室有着全世界都很难再找到的最为精确和工整的建筑结构？我在这个地下室里感觉到一股很奇怪的力量。其他人也在这个房间里感觉到了强有力的能量，就好像是一架无生命的机器一样。

从 1979 年开始，普林斯顿大学的奇异工程研究实验室就开始了一系列很严肃的实验，这些实验针对的都是某些人眼中不正常的事物，比如超感知觉和意识与物质的相互作用。精密的、尖端的、高灵敏度的和精心校准的电子随机事件发生器（REGs）——通过机器选择出不正常的非随机的倾向——可以测量出我们的心灵对物质的影响，也就是人的意志力和意识反应对物质的作用。罗杰·纳尔逊博士（Dr. Roger Nelson），是使用这种电子随机事件发生器的专家，他在 20 世纪 90 年代的时候将这种机器带了一个去埃及，结果他在很多各种各样的古代寺庙的密室里都发现了异常的反应。他也参观了大金字塔。在国王殡室和王后殡室里，纳尔逊博士都发现了一些小的异动，但是在地下室里，这个机器变得非常"兴奋"。

有些研究认为大金字塔是共济会[1]或者蔷薇十字会[2]的圣殿。也许入会的仪式"小死亡"就发生在这个地下室了，入会的人要在三天时间里不吃不喝待在完全的黑暗当中，经历另类的精神体验。纳尔逊博士令人吃惊的 REG 实验既在某一方面符合这个假设，在另一方面也符合罗伯特·鲍瓦尔（Robert Bauval）的主张。罗伯特·鲍瓦尔的看法我也曾经不约而同地想到过。那就是：也许地下室和它里面的那个天然石头堆——现在这个石头堆在金字塔里被单独地封闭和保护起来了——比大金字塔本身的历史要更加久远。它有没有可能在大金字塔被建造的几千年前就已经被看作是神圣的了？

1.Freemasonic：是世界上最大的神秘组织，其起源目前并没有确定的说法，组织名称字面之意为"自由的石匠"（Free-Mason）。根据其公式文献《共济会宪章》第一部《历史篇》的解释，共济会起源于公元前 4000 年，他们自称为该隐的后人，通晓天地自然以及宇宙的奥秘。近代共济会运动则开始于 18 世纪，组织成员多为"思想性的石匠"，包括许多名人，如伏尔泰、歌德等。

2.Rosicrucian：相传是由一位德国人克里逊·罗桑库鲁斯（Christian Rosenkreuz）在公元 1484 年创建的一个神秘组织，其传统符号是十字架中间有一朵玫瑰花（Rosy Cross）。据说，这个组织里有其代代密传的教义与修行方法，在 17、18 世纪时曾流行一时。蔷薇十字会跟西方神秘学有很大的渊源，涉及巫术、炼金术、塔罗牌、占星术、卡巴拉密教等。

时间已经很晚了，金字塔的管理员希望我能够离开大金字塔。于是我向上穿过下降通道，来到了金字塔外面的黑夜当中。这是一个清凉的夜晚，远处能依稀看见开罗的灯火。我的脑海里充满了各种各样的幻想，于是我重新开始想到我第一次来到金字塔脚下的那个下午。在进入金字塔内部之前，我仔细查看了金字塔曾经美丽、光滑、接缝精美的外部遗迹。金字塔的四面都以一种非常精确的方式指向了同一个基点，即使是在今天也几乎不可能按照同样的精确度来重建这么庞大的建筑。许多人可能没有注意到，但是金字塔的四面并不是完全平整的，实际上，它们中部都有轻微的凹陷，这只有在特殊的光线条件下才能被发现。这些凹陷可能是古埃及人用来测定二分点（春分和秋分）和二至点（夏至和冬至）的精确时间的，他们通过观察大金字塔表面上阴影的变化来进行推测。对于一个占地十三英亩、高四百五十英尺的巨型建筑来说，这种精确度和高度复杂的测量方式简直太令人吃惊了。

第二天在从开罗飞往纽约的旅程当中，我的脑海里一直缠绕着古老的梦，我想着我的埃及朋友埃米尔·沙克尔（Emil Shaker）告诉我的话。看一看埃及的地图，你会发现整个埃及的轮廓看起来像是一个人，更具体来说像是复活的奥西里斯，他伸展着双臂。奥西里斯的头就是大金字塔，他的身体和腿是从北到南的尼罗河，而三角洲则是他伸向代表着天空的地中海的手臂。奥西里斯伸展的双臂既欢迎着，同时又拥抱着他的孩子们。大金字塔则召唤着世人。埃及吸引着每一个人，探寻之路早已开始。

一个不算结尾的结尾：我以前去过埃及，自从我在上文中描述过的这次旅行后，我又去过埃及许多次。我的探索还没有结束。经过许多严肃认真的研究后，我得出结论：金字塔的建造时间比我们普遍认为的还要早，对那个遥远的时间来说，我们还缺乏相应的知识。但是从许多方面来说，追溯金字塔的历史和它建造的意义是我们理解人类文明起源的关键。大金字塔不仅是一堆静止的远古石头，它更是人类灵魂的象征，它对于我们今天来说仍然具有相当重要的意义。

7. 岁差的悖论：牛顿错了吗？
一本惊人的新书的作者重新调查了证据
沃尔特·克鲁特顿

　　遍布全世界各地的远古神话和民间传说都充满了关于"分点岁差"[1]的故事。在具有革命创新意识的著作《哈姆雷特的石磨》（*Hamlet's Mill*）中，作者乔治·德·桑提拉纳（Giorgio di Santillana）——麻省理工的前科学史教授和赫莎·范·戴程德（Hertha von Dechend）——法兰克福沃尔夫冈·歌德大学的教授详细分析了古代神话关于"分点岁差"的描述。这是一项非常彻底的研究，它显示出史前时期的人类不仅仅是追踪了天体划过天空的运动，而且还将这种运动和年岁的起落流逝联系了起来。即使是伊萨克·牛顿爵士也写过一本有名的小书——《古代王国修正编年》（*The Chronology of Ancient Kingdoms*），在这本书里他试图重新编排西方重大历史事件的发生时间和顺序。为什么我们的前辈们都如此着迷于这样一个很难看清的天文学运动？今天，只有一少部分的天体物理学专家还在试图弄清楚岁差的理论和动态过程，而他们得出的结论完全不同于任何神话和民间传说的解释。

　　"分点岁差"指的是一个非常古老的现象：春分点所在的位置会以每年接近 55 角秒[2]的速度沿着黄道带十二宫向后运动（也就是每 72 年一度）。这意味着如果一个观察者站在春分点的位置（一年当中白天和黑夜等长的那一日），仔细地观察天空，他会发现后一年星星们所在的位置和前一年并不完全相同。因为春分的确切时间很难确定，再加上春分点向后移动的速度非常微小，所以在很短的时间里很难发现，但是如果根据一个非常长的时间来测量，则是显而易见的。

　　哥白尼在 1543 年时试图解释这一神秘的运动，以及其他两种运动，因为他认为地球同时有三种运动。首先，他认为太阳每天在我们的头顶上像是从东到西运动，实际上并不是太阳在动，而是我们地球在自转。其次，地球围绕着太阳公转时（在以太阳为中心的系统中）不仅改变了季节，同时改变了日夜的长短和吸收太阳光的数量。但是他需要第三种运动来解释"分点岁差"的现象。他假设地球在水平摆动或者"晃动"。他认为正是这种晃动改变了地轴的角度，然后引起了春分点的移动或者迫使它靠近恒星。但是他从来没有解释过为什么地球会晃动。

1.Precession of Equinox：牛顿认为地球绕着一条通过地球中心而又垂直于黄道面的轴线作缓慢圆锥运动，周期为 26000 年，由太阳、月球和其他行星对地球赤道隆起物的吸引力所造成；结果是春分点逐渐向西移动。
2.Arc seconds：测量角度的单位。1 度（degree）=60 角分 (arc minutes)=3600 角秒 (arc seconds)。

一百年以后，牛顿才解释道——他刚刚确定了他的万有引力定律——唯一有足够的力量或者说足够大到引起地球晃动的只有月球和太阳。从这里开始他的"日月岁差"理论（Lunisolar Theory），他用这个理论来解释了"分点岁差"的现象。

日月理论的疑问

"日月"理论认为地球向着恒星改变运动方向（即分点岁差的首要现象），主要是由月球（月）和太阳（日）对地球赤道隆起部分（地球中部最大的一个圆）的引力导致的。这两个物体被认为制造了足够大的反作用力和扭转力缓慢地改变了地球按顺时针方向运动的自转轴。所以在经过了一个接近于 25,770 年（按现代的纪年方式）的周期后，地球会在它自己的轴心上完成一个逆向运动——形成一个逆行轨道。在这个理论当中，地球被认为是在做圆锥运动。

这是一个观察得到的事实：地球的自转轴，以及春分点，确实改变了与恒星的距离。几千年来人们注意到春分点在黄道十二宫之间移动，这就是为什么我们说现在是"宝瓶座的开始"。在春天的第一天里，我们会发现春分点现在正在离开双鱼座，进入宝瓶座。在我们以恒星为背景观察时，这个关于春分点移动的理论无疑是正确的。

但是新的问题又出现了：没有明显的证据可以证明地球轴线的这个运动与太阳、月球、金星或者其他任何太阳系里的星球有关。关于地球轴线的位置与这些星球的关系的研究，最近才刚刚结束，它无疑证明了这一点。但是地球的运动如果与太阳系的物质都没关的话，那么它又怎么会和太阳系外的物质有关呢？这就是"岁差"的悖论。

还记得哥白尼告诉我们地球在晃动，但是却没有给我们一个解释吗？是牛顿假定地球的这一运动和太阳系以内或者太阳系以外的物质有关，但是他却根本没有办法证明这一点。

正如我们所知的一样，牛顿的力学公式计算出的数据并不吻合我们观察得知的进动率，所以后来让·莱霍德·达朗贝尔（Jean le Rond d'Alembert, 1717—1783）就像其他许多科学家一样继续试图将牛顿的公式运用于观察得到的数据。讽刺的是，他也没有质疑过牛顿最基本的假设（在科学界里，人们一般不会质疑牛顿）。所以也没有人重新去考虑也许地球的"晃动"可能只是一个明显的运动（不用我们太阳系的坐标系统去衡量）。到了今天，天体物理学专家们继续在根据岁差运动来修改数据，现在已经包含了许多超出"日月理论"的因素（包括其他行星，小行星，以及地球软心轴可能的椭圆形运动等等），这些努力都更好地预测了岁差率。对我来说，这些努力看起来都很可疑，像是"填坑"一样，用新的或不同的数据来回答事先已经确定了的问题。在岁差公式里，目前的答案是地球每年以大约 50.29 角秒的速度向惯性空间运动，这是可以测量估算的。因此，科学家输入了大量的新的因素用来符合这个答案。但是所有的这些"填坑"永远都不太符合答案，如果答案是由别的原因引起的话。

使用力学方式（严格的运用万有引力力学）来考虑岁差的最大错误在于：它假设了地球的轴心晃动是由太阳系内或太阳系外的物体所引起的。这是一个历史性的错误，它不仅模糊了我们对岁差的理解，也模糊了我们对地球运动的理解。幸运的是，最新的一些研究，如金星凌日[1]的时间、月球的自转和地球的运转与太阳系其他物体的关系（比如英仙座的流星雨）等，都显示了地球的运转与太阳系的物体无关。

尽管有这些依据，但是牛顿关于岁差的解释仍然广泛传播，并且被广为接受，以至于当我提到地球并非因为太阳系的物体的引力而运转或晃动时，大家都以为我疯了。这就像是在托勒密的时代告诉人们太阳并不是围绕着地球转的一样：他们抬头看看天，发现太阳是围绕地球转的，于是说你大错特错。但是实际上，这种所谓的"晃动"主要是由于一种还不知名的运动所造成的几何效应。这里有一个未能加以说明的坐标体系——太阳系在宇宙中曲速移动——产生了我们叫作岁差的可见现象。

重新审视

在双星研究所[2]里，我们发现月球的自转并不支持日月理论，地球与周围物体的关系也不支持这一理论。就以我们当前所遭遇的最大的流星雨来做例子吧。

就像你可能知道的那样，一年当中最固定会出现的流星雨就是英仙座的流星雨。它由斯威夫特·塔特尔彗星引起，当这颗彗星的运行轨道和地球的运行轨道相交时，它遗留在轨道里的残留碎片就会被地球重力吸引，进入地球，所以每年8月11号至12号（根据最近的一个闰年来调整时间）它都会出现。很早以前，英仙座的流星雨就成了一个标志，标志着它与绕日运行的地球轨道的相交。历史上记载英仙座流星雨的记录至少可以追溯到1582年格里高利历改革[3]——就是从这时开始我们有了高度准确的日历系统（每320年才会出现一天的错误）。

但是这里有个问题：根据日月理论，在一个回归年（tropical year）或者分至年（equinoctial year），地球绕日的旋转不足360度——它还缺少55角秒的

1.Venus transits：金星轨道在地球轨道内侧，某些特殊时刻，地球、金星、太阳会在一条直线上，这时从地球上可以看到金星就像一个小黑点一样在太阳表面缓慢移动，天文学称之为"金星凌日"。

2.Binary Research Institute：成立于2001年的美国洛杉矶某研究机构。他们的主要目的证明太阳也属于双星系统，他们认为如果太阳和地球形成双重轨道，可以更好地解释地球的"岁差"现象。

3.罗马教皇格里高利十三世（Pope Gregory XIII）正式颁布其所制新历，史称格里高利历（the Gregorian calendar），就是我们现在使用的阳历。

距离，因为这就是我们可以根据遥远的恒星推算出的岁差。因为回归年与普通的日历年非常接近，太空中的物体看起来就好像在以每72年一天的速率缓慢地划过日历。如果岁差是由近地物体引起的，那么我们可以推测英仙座的可测速率会同地球相对于太阳系以外的恒星运动的速率一样的发生变化。也就是说就像黄道十二宫的位置相对于春分点每72年移动一天或者说一度——自从格里高利历以来已经移动了整整一个星期——英仙座（它也绕日转动）也应该发生同样的变化（相对于地球的晃动来说）。这意味着今年的英仙座流星雨应该发生在8月5号或者更早。但是事实却是，在过去的整整423年里英仙座都很少有变化。这个流星雨甚至被称作"圣劳伦斯的眼泪"，因为它总是发生在圣劳伦斯节的后一天。为什么它不像太阳系以内的其他所有物体一样发生改变？

也有可能是这个彗星的残骸以和岁差、月球自转、金星凌日相同的速度朝一个相反的方向飘浮，这种解释同样在某种程度上是错误的，但是我不这么认为。一个更加具有逻辑性的解释是：我们不能只在太阳系内部来测量岁差，因为岁差（观察得到的岁差显示地球是向着惯性空间改变方向）并不主要是由近地物体的作用导致的。当然，近地物体确实对地球的晃动产生了一些小的影响，比如钱德勒颤动[1]，或者类似的；但是我们所经历的岁差这种主要的方向改变（至少是与恒星相对来说），则不可能是由大的物体的引力摇晃了地轴。实际上，更有可能是整个太阳系（它本身就是一个移动的组织）在太空的曲速运动而导致的。它在完全不需要主要行星的引力下制造了岁差现象。这是我能够想到可以解释为什么地球会不根据太阳系内部的行星来改变方向，但是却根据太阳系外的恒星系统改变超过每年55角秒的唯一方法。

除了英仙座流星雨的例子外，我们还发现岁差现象更像是一个符合开普勒定律[2]（在一个椭圆的轨道上）的加速运动，而不是一个正在减速的旋转的陀螺。而且，至少还有六个旁证显示了岁差并不是一个由太阳系物体的引力引起的现象。

我们不是唯一在做这些实验的人。许多完全独立的组织，包括加拿大天狼星研究小组的卡尔·海因茨（Karl Heinz）和乌维·霍曼（Uwe Homann）也得出了类似的结论：日月理论解释不通岁差现象。他们对金星凌日现象的研究

1.Chandler movement：指地球自转轴发生的"颤动"，由美国天文学家塞里·卡洛·钱德勒（Seth Carlo Chandler）在19世纪晚期发现。

2.Kepler's law：也统称"开普勒行星运动三定律"，是指行星在宇宙空间绕太阳公转所遵循的定律。是由德国天文学家开普勒根据丹麦天文学家第谷·布拉赫等人的观测资料和星表，通过他本人的观测和分析后，于1609—1619年先后早归纳提出的。开普勒第一定律（轨道定律）：所有行星绕太阳运动的轨道都是椭圆，太阳处在椭圆的一个焦点上。开普勒第二定律（面积定律）：对于任何一个行星来说，它与太阳的连线在相等的时间扫过的面积相等。开普勒第三定律（周期定律）：所有的行星的轨道的半长轴的三次方跟公转周期的二次方的比值都相等。

表明，不仅金星的运动并不刚好符合岁差的速度（一个不太可能的推测），而且地球的晃动也与金星无关。地球与月球运动的关系的研究同样显示了类似的结果——地球的岁差现象与月球无关。

如果这是一个很容易就能理解的问题，那么我相信它早就已经被修正了。但是试图去测量地球运转方向的任何变化与太阳系其他星球之间的关系，这的确是一件极端困难的事，因为地球周围的所有物体都具有这么高的相对运动——所有的东西都在动！这就是为什么天文学家在测量地球运转的方向（岁差）时都用其他星系的类星体为参照的缘故。但是像这样的测量永远不会显示地球的自轴线的改变到底在多大程度上与太阳系的星体有关——所以一直以来只是假设所有的变化都是一样的。这就是问题的所在：这个假设是错误的。

如果岁差现象是由于太阳系在太空的曲速运动而导致的，而不是一个太阳系内部的轴线运动，那么，另一个大问题是：是什么导致了太阳或者说太阳系在太空中的曲速运动？

双星假设

如果我们的太阳属于某一个双星（或者说聚星）系统，那么它会和一个伴星相互吸引，这会造成太阳围绕着一个共同的引力中心在太空作曲速运动。这就是我们已知的双星系统的运行模式：两颗星互相吸引，它们围绕着一个共同的引力中心或质量中心相互环绕运动。

这种运动，由一个扁圆的球体和一个比它还要小的距离较近的球体构成（二者之间的引力效果类似于日月引力作用于一个较小的范围内），它会导致这个球体，与它的双子星以相等的运动在惯性空间里持续的再定位。所以，如果双星运动导致太阳在 24,000 年里围绕着一个质量中心运动，那么地球地轴在同样的周期里也会重新调整自己到惯性空间去中（再加上或减去任何纯粹的近地星球的作用力）。这个原理有效的原因是双星运动对于本地运动的限制导致了双星运动可以改变任何本地运动产生的效果。在这种情况下，岁差现象就可能主要是由于太阳系自身在太空中（围绕着双星系统的引力中心）的曲速运动而产生的几何效应。在这里，太阳系表现得像一个遥远的坐标系统，它包含了行星和它们的卫星的所有运动，同时轮流保持了它们自身的引力关系，就像一个在惯性空间里作统一的螺旋运动的系统，类似于一个星系在惯性空间里像是一个整体在运动一样。

简单来说，这意味着至少在太阳系的坐标系统里，其实地球并没有怎么晃动。它只是同太阳系以外的恒星相比看起来像是在晃动，但其实这是由于整个太阳系都在动——另一个坐标系统在起作用。

到处可见的双星系统

我们必须指出：在提出当前的日月模式之前，西方很少、或者说几乎没有关于双星系统的知识。即使在我还是小孩子的 50 年代和 60 年代，双星系统都被认为是少数的例外，而不是普遍存在的。但是，现在的研究表明，有超过百分之八十的星体可能属于一个双星或者聚星系统。很显然，星星们就和人类一样喜欢相伴相随。再加上我们现在知道有很多星体类型，比如黑洞、中子星、褐矮星（甚至银河中心的红矮星）等都不可能用肉眼看见，而且通常也很难用仪器发现。所以聚星系统的数量可能远远高于我们对可见星体进行的统计。所以，如果外面的那些星球都有一个伴星，那么我们孤单的太阳和它的太阳系就会看起来像个异类——当然，如果太阳真的是一个孤单的星球，而不是一个聚星系统里的一个组成部分的话。

假设我们处于一个双星系统，牛顿的理论既适用于太阳系内部，也适用于太阳系外部，那么这个太阳的伴星很有可能是一个暗物质，比如一个褐矮星，或者理论上的老中子星，甚至是一些大型的同样具有一个非常长的轨道周期的类星物质（这让我们很难去发现它的存在）。当然，它也可能是一个并非很遥远的黑洞，它还没有开始吞噬物质，因此很难被发现，不过，最后这种情况还是具有高度的可疑性。

另一种可能性是牛顿引力动力学修正理论（MOND）[1] 或者是一些本地的引力动力学变化在银河系之外远距离发挥作用。当然，这就增加了太阳有一个可见的伴星的可能性（同时也可以解决大多数暗物质的疑问）。当然如果没有更进一步的重大研究发现，我们不能对这种可能性进行详细地描述，但是，我们同样也不能完全排除它，因为目前已经有越来越多的证据显示有一种比任何银河系的运动都更加紧密的力量把太阳系放到了一个椭圆形的模型中。我有一种大胆的感觉，那就是我们对于万有引力和引力潮都还需要进一步的了解。目前，有很多非常有趣的新研究正在进行中，它们可以进一步地扩大我们双星系统的可能性。

所以，牛顿错了吗？

哥白尼和牛顿都是伟大的科学家，而且远远超出了他们所处的时代。如果

1.Modified Newtonian Dynamics. 20世纪80年代，物理学家莫迪凯·米尔格罗姆（Mordecai Milgrom）指出，暗物质可能并不存在。他认为在涉及星系运动时，牛顿第二运动定律这一物理学基本定律需要重新进行探讨。米尔格罗姆提出了对牛顿第二运动定律的修正，称为 MOND，这一修正理论为牛顿第二运动定律增加了一个新的数学常数。

考虑到他们工作的时代，连日心说的接受都还很成问题，那么他们不能发现地球的第三种运动其实是很可以理解的。如果让哥白尼先说太阳在地球的第一种运动中是不动的，然后再说太阳制造了地球的第三种运动，这似乎是要求太高了。同样的，如果让牛顿去推测整个太阳系都在太空中作曲速运动，同时意味着推测太阳在动，这在他还没有接受任何恒星都可动之前，完全是一种妄想。而且，在那个年代，任何人都不知道双星系统的普遍存在，以及各种形式的恒星动力学。所以，牛顿不应该被指责。

但是对我们今天的天体物理学家来说，继续去假设地球以太阳系的物体为参照系来说没有改变方向，和以太阳系以外的物体为参照系来说改变了方向并没有什么不同，这就是不能接受的了。我们现在已经有工具去做区别了，而且也是时候去进一步研究地球的运动和所有其他物体之间的关系。

远古时期人在他们的神话和民间传说中暗示了一颗失落的星星，他们认为正是这颗星星决定了时间的流逝。如果我们确实发现我们处于一个双星系统中，正受到另一个星星阴阳消长的影响，谁知道呢，说不定我们刚好证实了古人的正确。

8. 物理学家多贡人：
这些神秘的非洲人的符号是否显示了理论物理学的知识呢？
莱尔德·斯克兰顿

自从罗伯特·K.G.坦普尔（Robert K.G.Temple）发表了他的著作《天狼星的秘密》（*The Sirius Mystery*）的这几十年里，关于马里多贡人部落宇宙观的争议就一直没有停过。这种争议的关键集中在这个原始部落对天狼星系统看上去很不正常的详细知识——有的人认为这种知识显示了这个部落曾与外星人接触过，但是另一些人则认为这充其量只是证明了他们从一些更先进的外来者那里获得了这些知识。试图去否认多贡人与外星人的联系的努力现在越来越激烈，很多人甚至产生了对法国人类学家马赛尔·格里奥列（Marcel Griaule）和乔迈·狄泰伦(Germaine Dieterlen)在20世纪40年代所采用的研究方法的质疑，这两位人类学家已经研究多贡人部落长达数十年了，正是他们的研究激起了坦普尔对这个部落的最初的兴趣。

多贡人部落还有其他的一些特征造成了天狼星问题的持续热门。比如，包括尼古拉斯·格里马尔（Nicholas Grimal）在内的许多学者都注意到了：多贡人的神话包含了大量的符号和故事，这些符号和故事与古埃及人的宗教具有强烈的相似性。同时，多贡人的宗教仪式还包含了许多早期犹太教的外部特征，比如施行割礼和每隔五十年举行一次大赦年庆祝的传统。这种相似性使得一部人开始怀疑：多贡人的知识是否可以解释为一种非常古老的知识传统流传下来的遗迹？或者仅仅是一种更为先进的知识入侵的结果？

现在，可以用来解释坦普尔秘密的答案，已经不能再在天狼星自身的特征中去合理地推论了，因为对天狼星系统的争论已经成功地让坦普尔的大多数主张成为质疑的焦点。但是，对很多研究者来说，天狼星的光芒使得他们忽略了多贡人宗教和宇宙观的许多其他有意思的部分。这些部分中最有研究价值的是多贡人用来理解事物的结构的符号。

多贡人的神话，就像许多其他古老的神话一样，把宇宙最初的形成想象为一个包含着所有物质的种子或者符号的巨大的蛋。这种描述很像经典科学对大爆炸之前的宇宙的最初形态的描述。多贡人认为一种不断旋转的力量使得这个蛋打开了，释放出旋风，并最终产生了在银河系中不断旋转的行星和恒星。这个风本身就是多

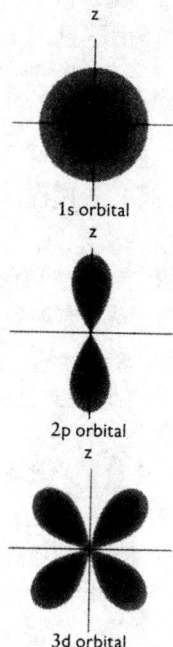

z

1s orbital

z

2p orbital

z

3d orbital

图8.1. 组成"波"的舍那种子的不同形状；它的结构非常类似于一个电子的结构。

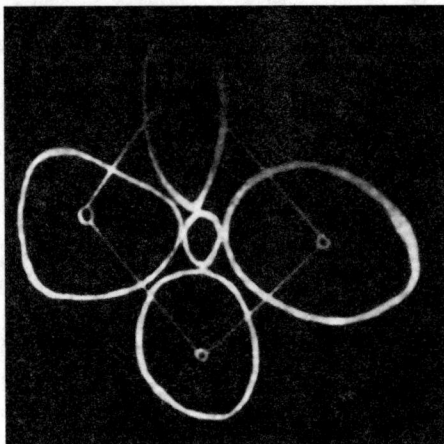

图8.2. 这个图形表现了舍那的萌芽，它非常接近于量子自旋的四种类型。

贡人的真正的神——阿玛（Amma）。阿玛所完成的第一个创造物是一个非常小的叫作"波"（PO）的种子。多贡人描述这颗种子的很多特征都让人联想到原子——他们认为阿玛创造所有的事物都从相似元素的积累开始，而所有的一切都起源于"波"。

多贡人认为组成波的成分是一种叫作舍那（sene）的种子。多贡人所描述的舍那令人联想到质子、电子和中子。这些舍那在波的中间聚合到一起，就像是质子和中子在原子核里，然后再围绕着这个核从各个方向交叉穿过，从而形成波，使得波可见，这个过程则类似于电子围绕着原子核旋转。多贡人用了一个图形来描述舍那，那图形看上去像是一朵花的四个椭圆形的花瓣组合在一起，共同构成了一个 X 的形状。这个图形的一个很有趣的地方是，它很接近于电子围绕着原子作轨道运动时的一个最常见的形状。

多贡人探讨了舍那自己的形成——舍那的发芽——多贡人用另一个图形来反映了这一过程。这个图形由四个基本的圆圈所构成，每个圆圈上都有不同数量的"旋"（spines）突出在外面。一个圈上有四个旋，一个有三个，另一个有两个——这些旋都呈对称状。最后一个圈则包含了一些随便组合在一起、并没有形成任何特别形状的旋。要理解这个图形，我们首先得对量子粒有一些基本的了解——量子粒是电子、质子、中子的组成部分——以及了解现代科学是怎样对量子粒进行分类的。每一个量子粒都有一种特性叫作"自旋"（spin），这个特性可以告诉我们量子粒从不同的方向去观察时的形状。科学家根据量子粒的自旋，把它们分成了四种类型。第一种类型的粒子不管从哪个角度去看都是一样的，就像是一个圆球形。第二种类型的粒子看起来像是一个箭头，它只有旋转 360 度时才能看起来是一样的。第三种类型的粒子像是一个双箭头，它们必须旋转 180 度才

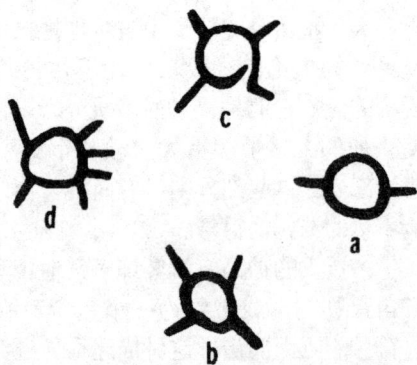

图8.3. 这些多贡符号有没有可能代表了四种基本力？

能看起来一样。第四种类型的粒子是最难去归纳的。与逻辑相反，它们必须旋转两次才能看起来一样。显然地，多贡人所画的舍那发芽的形状非常接近于粒子的四种自旋形式。

因为大多数现代量子科学还停留在假设阶段，还在实验证明的过程当中，因此没有人敢明确地肯定到底有多少数量的量子粒可能存在。但是，一个比较科学的估计是有超过两百种的基本粒子存在。相对来说，多贡人的神话则反映了一个更加精确的理解：他们界定了 266 种基本的种子或者说符号。

要理解量子粒的内部结构，我们还必须先了解弦理论科学。弦理论在 20 世纪 80 年代时走在了科学研究的最前沿。弦理论认为物质的最小组成部分是一些微小的一维闭合圈，即闭弦，这些闭弦像橡皮筋一样按不同速度在振动。这些振动反过来就形成了不同类型的量子力和基本粒子。直到现在，弦理论仍然没有得到证实。这主要是因为这些闭弦比现在的科学技术能够观察到的最小的粒子都还要小很多倍。

根据弦理论，能量弦的一个功能就是产生粒子的四种基本作用力——重力、电磁力、强作用力和弱作用力。在某些情况下，科学家也认为这些一维的弦可以聚合在一起形成更大的二维的"膜"。

在每年一次的宗教仪式上，多贡人会在地上画一个图形用来代表阿玛神的266 个种子或者符号。这个图形由一个大圈和大圈里面的一个小圈所构成。在这两个圈之间的空间里画满了一系列的曲线。但这个图形被画好的时候，多贡人就说种子已经得到了。这个完成的图形和现代科学所画的量子弦的一种典型的振动模式图非常相似。

对多贡人来说，这 266 个基本的符号是舍那的工作的蜘蛛，它们吐出来的线——很像弦理论的弦——据说这些线用符号"编织了语言"。与弦理论的闭

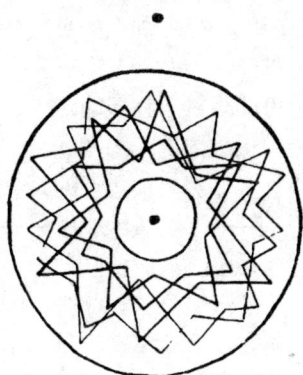

图8.4. 宗教祭祀时，多贡人在地上画的图形，它代表了阿玛的 266 个种子或者符号。

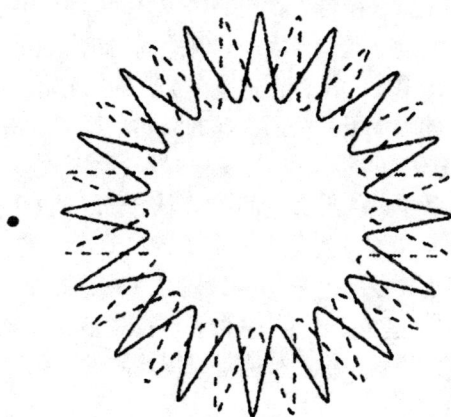

图8.5. 量子自旋的一个典型的震动模式。

合弦不同的是，多贡人认为这些线都是一圈绕着一圈的，就像一个不停旋转的星星。多贡人也同样认为这些线能够形成一个薄的皮肤或者说膜——多贡人自己比喻说就像大脑外面所覆盖的那层薄膜一样。这个线也同样会产生四种不同的种子，这与粒子的四种不同的作用力类似，它们在多贡人的语言里的意思分别是："拉拢到一起"（重力）；"颠簸的"（电磁力）；"强壮的"（强作用力）和"低头"（弱作用力）。

大体上，多贡人的宗教神话看上去准确地描述了物质真实的潜在结构；用了恰当的序列来组织它；正确地用图形来表达了它，而且还赋予了它的每个组成部分以正确的属性。因为这些符号都属于一个表面上看起来非常古老的非洲部落的神话，所以过去也没有一个人类学家会去把一个简单的部落涂鸦和神秘的科学图表进行比较。但是当这样的比较一旦发生，我们就会发现二者令人惊奇的相似。

讨论多贡人的符号和物质结构之间的关系比起那些对天狼星的研究要简单得多。只因为一点：我们可以将这些符号与一个已经确定的标准相比较——它们要么符合科学的物质结构，要么不符合。而且，这里也没有是否是植入知识的疑问，因为大部分能够理解多贡人图形的深度科学在 20 世纪 80 年代之前都甚至还没有进入现代科学的意识当中，所以当然不可能是几十年之前由格里奥列和狄泰伦传播到这个部落里去的。

对多贡人神话的仔细研究，与马赛尔·格里奥列和乔迈·狄泰伦的人类学研究都提供了丰富的洞察力，可以洞察多贡人可能存在的潜在智慧，他们的表述大多数都具有完全的科学意义。当我们更进一步地熟悉了这些表述以后，我们会发现多贡人的创世故事实际上是一个系统的思想体系和符号体系，它表现了宇宙的产生、生命的产生，以及文明的产生。我们不应该用假设的外星人接触的原因去理解它，也不应该用任何植入知识的想法去解释它。更进一步地说，正如多贡人符号和物质的构成之间的相似性是可能的一样，那么多贡人符号与遗传结构之间、与人类复制之间的相似性也同样可能。

最重要的是，在这些多贡人的符号和故事里可能隐藏了许多的暗示，它们很好的暗示了一些最古老的原始宗教符号和原始神话故事的起源和意义，因为它们是如此的相似。比如这种平行线就可以划在许多多贡人最重要的概念和埃及宗教早期的形式之间。举个例子，"波"这个词——多贡人的原子——听起来非常像埃及的象形文字"波"（Pau，埃及的一个自己创造自己的神），也很接近埃及的另一个字"波提"（Pau-t），"波提"的意思是"事物或者物质"。所有的这些都支持了一种观点：对多贡文化的进一步研究可能会提供一个非常重要的模板，供我们去理解现在品种繁多的现代人类学、考古学、科学，以及宗教。

9. 纳布塔·布那亚的天文学家们
——新的发现揭示了令人震惊的史前知识
马克·H.加夫尼

　　根据大多数专家的说法，西方文明起源于公元前 4000 年，最早开始的是伊拉克南部突然繁荣起来的苏美尔文明，和不久以后埃及的法老文明。在我还是个大学生的时候，教我的老师都是这么说的。但是，逐渐地，这种观点开始遭到质疑。近来的一些发现推翻了我们以前所知的几乎所有的人类历史。1973 年，一队考古学家在穿越埃及南部一个十分偏远的地区时，得到了一个重大的发现。他们当时正靠着指南针在一个名为纳布塔·布那亚的人迹罕至的荒野里行驶，当他们停下来喝水休息的时候，他们在自己的脚下发现了一些碎的陶器片。频繁出现的陶器碎片暗示着这是一个值得挖掘的考古对象，所以不久以后这个考古队就回来重新开始调查。在经过了几年的挖掘后，他们最终意识到纳布塔·布那亚并非仅仅是另一个新石器时代的居住场所。突破性的发现来自他们看到了一个好像是露出地表的岩石，但是最终证明那其实是一个挺立的巨石建筑。

　　他们还发现了绕成一个圈的小一些的石头，在照片里这些石头看起来像是荒废的岩石。在这些岩石的不远处，就是庞大的巨石建筑群，它们挺立在一个非常开阔的平地上。这个被狂风吹袭的地方在今天已经是荒无人烟了，但是在

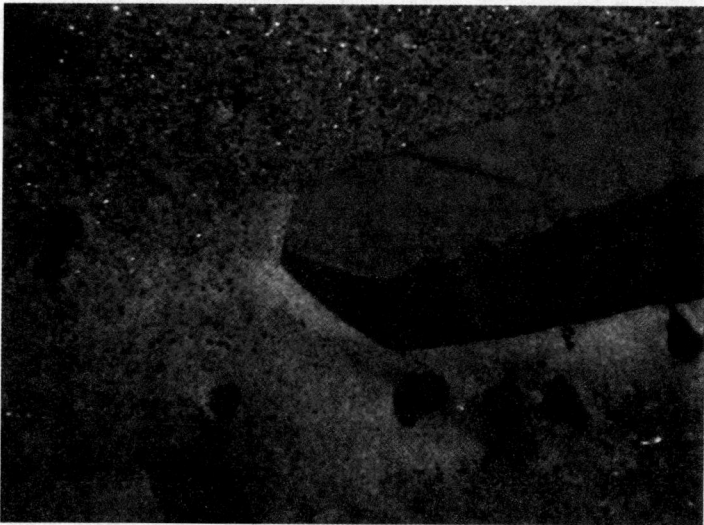

图9.1.一个露在外面的被仔细处理过的"日历圈"石头（大约有两英尺长）。
它看上去非常坚硬，像燧石，并没有多少被风化的痕迹
（图片所有权：托马斯·布罗菲）。

图9.2. 上一个图片中的"日历圈"石头的另一个头（图片所有权：托
马斯·布罗菲）。

几千年之前，这里水源充足，绿茵满地，四季分明，至少，应该有很多人曾生
活在这里。

今天我们只知道纳布塔·布那亚的巨石阵是一堆胡乱摆放的石头。很久以
前，有些人把它们从我们仍然不知道的采石场里搬到这里来——但目的是什么
呢？由弗莱德·温多夫（Fred Wendorf）——纳布塔·布那亚的发现者之一，
同时也是一个经验丰富的考古学家——领导的考古小组后来发现了非常多的工
艺品，这些工艺品都可以根据其中碳的放射情况来得知它们出产的年代。它
们有的出产在公元前一万年，有的是公元前三千年，但是大多数集中在公元前
六千年，那时候的天气比现在要湿润很多。纳布塔·布那亚是一个盆地，现在
它布满了季节性的湖泊。通过对沉淀物以下八到十二英尺的地方进行挖掘表明，
有些巨石可能是故意被掩埋的。考古队还发现在沉淀物之下的床岩上有一些奇
怪的雕刻——这是伟大的古老历史的证据。

考古学家利用地图和全球位置测定系统（GPS）测定了一个包含了二十五
个独立巨石的地区。其他的巨石阵还在继续的测定当中。幸运的是，这个地
区的偏远性保护了它，使得它没有受到人为的破坏。虽然测绘的数据暗含了
一定的天文学特征，但是温多夫小队还是在寻找可以解密这个区域的关键问
题上一无所获。2001年的时候，他们在一本书里发表了他们的研究结果，这
本书是由温多夫编辑的，名为《埃及撒哈拉沙漠的全新世[1]沉降》（*Holocene*

1.Holocene：全新世（11500年前至现在）是最年轻的地质时期（地质时代）。这一时
期形成的地层称为全新统，它覆盖于所有地层之上。全新世是1850年P·热尔韦提出
来的，并为1885年国际地质大会正式通过。全新世时间短，沉积物厚度小，但分布范
围广。

Settlement of the Egyptian Sahara）。这本书长达两卷的研究内容读起来都很有趣，但是它的作者却很少能给出答案。

然而，就在温多夫的书还在审稿的时候，一个前美国 NASA 的物理学家托马斯·布罗菲（Thomas Brophy）就悄悄地开始了他自己对纳布塔·布那亚的天文学研究。布罗菲已经查阅了 1998 年在《自然》[1] 杂志上发表的比较贫乏的数据，等到温多夫更加翔实丰富的数据出版以后，他那还不太成熟的理论就开始成形了。2002 年，布罗菲将他的发现发表在了《原始地图》（*The Origin Map*）一书中。因为现有的天文学软件不理想，布罗菲还特意订制了一个他所需要的专门软件。通过这样的方式，他追踪了纳布塔·布那亚上千年的天体运行情况，而且成功地解密了巨石阵附近的那些石头圆圈。这个"日历圈"有一条内置的经线和一条可视线——二者都非常明显——这让布罗菲意识到这个圆圈是古人观察星象时使用的一个简陋的观测台。它的设计是如此的简单，甚至是一个新手也可以使用它。一个公元前 6400 年到公元前 4900 年的夜晚观察台屹立在子午线轴的北部尽头，使得他可以将他脚下的三块石头按头顶上猎户座的样子排列起来。地上和天上的呼应是一目了然的：这三块石头和它们外部的圈摆放的形式，反映了夏至前猎户星座那条著名的腰带上的星体的准确位置。一旦熟悉了这种对应模式，一切就都很明了了。

在他的著作的另一个部分里，布罗菲认为罗伯特·鲍瓦尔（Robert Bauval）和阿德里安·吉尔伯特（Adrian Gilbert）在他们 1992 年的著作《猎户座之谜》（*The Orion Mystery*）里，至少有部分结论是正确的。这两位学者认为在吉萨有着类似的建筑设计。鲍瓦尔和吉尔伯特认为吉萨的金字塔群建筑就反映了天空，它们同样在地面上反映了猎户座腰带上的那三颗星星。

因此，在纳布塔·布那亚这里，这些证据证明了一个常见的令我们吃惊的天文学问题，那就是天文学其实已经存在很久很久了。先给你一些参考数据：现代天文学大约有五百年的历史，而吉萨和纳布塔·布那亚都具有的天文学传统则至少有 6000 年到 7000 年的历史，也许还更长。它们二者之间相似的天文学同时也暗示了一种相似的文化传统。实际上，温多夫的考古队已经积累了大量的证据，可以证明纳布塔的新石器文明和很久以后当金字塔的建造达到顶峰时期的埃及古王国的法老文明有很多重叠之处。更有趣的是，一个多世纪之前，埃及古物学的奠基人之一——弗林德斯·皮德尔也得出了一个类似的结论。他发现谜一样的斯芬克斯根本就不是一个埃及的雕像，它更有可能起源于埃塞俄比亚。

布罗菲的发现也支持了地质学家罗伯特·肖赫的研究工作，肖赫最近发现了一些非常惊人的证据——关于斯芬克斯神像上被水侵蚀的痕迹，他认为这些

1.《自然》周刊是世界上最著名的科技期刊之一，自 1869 年创刊以来，始终如一地报道和评论全球科技领域里最重要的突破，其办刊宗旨是"将科学发现的重要结果介绍给公众…，让公众尽早知道全世界自然知识的每一分支中取得的所有进展。"

图9.3. 在巨石"A-O"旁边的物理学家托马斯·布罗菲（图片所有权：托马斯·布罗菲）。

证据显示了这个世界上最神秘的塑像产生的时间可以追溯到与纳布塔的工艺品产生时同样的早期湿润天气，或者还要更早。肖赫的分析直面了主流埃及学专家的观点，后者坚持认为斯芬克斯产生于一个晚得多的时期。吉萨和纳布塔·布那亚之间确切的联系可以终止那些因为纳布塔的偏远而怀疑它与埃及文化的相关性的声音。实际上，纳布塔·布那亚不仅不可能与埃及的文化传统割裂开来，甚至有可能在过去的某个时候，它就是整个埃及文化的中心。

虽然所有的这一切解释都是非凡的，但布罗菲对附近其他巨石分布的研究结论则更让人吃惊。布罗菲认为其他的巨石可能是一个天体地图，创造这个天体地图所需要的天文学知识与我们今天的天文学知识相比都不相上下，而且还有可能超过了我们。当然，布罗菲的这一观点是非常可疑的，但是他的研究工作仍然值得我们去密切关注，因为如果他是对的，那么意味着我们根本不了解我们的过去。

所以，在经过了几千年的沉默之后，纳布塔·布那亚的巨石到底告诉了我们什么呢？它们的设计师把它们放在了一个接受同一个中心辐射的直线上。这个设计拥有一个简单的星体坐标系统，这个系统给每颗星星安排了两块石头。一个石头对应这颗星星本身，它标记了星星在春分时偕日[1]出现在地平线上（也即，在春天的第一天里和太阳一起升起）。另一块石头则对应了这颗星星的参考星，在这里是织女星，从而确定了前一颗星在历史上的一个具体日子里的升起状况。在考古天文学中，只用一个石头来标记星星被认为是很可疑的，因为这些星星在所给定的任意一个时间里出现在地平线上或者地平线前后几度的位置上，它都只能用一个单一的符号来标记。但是隔了一段时间以后，许多其他的星星也会出现在这个位置上。纳布塔·布那亚的设计者利用织女星和春分时偕日出的特殊排除了这种不确定性，尤其是后一种情况通常一颗星在26,000年里才会出现一次。通过这样的方式就确定了星星的升起时间。织女星是一个非常合理的选择，因为它在这个早期阶段里是天空中第五颗最亮的星，而且主

1h.helical rising：主要指天体（如恒星）在凌晨前见于东方天空，且不淹没于阳光中。观察恒星的偕日出和偕日没，也就是观测黄道附近的恒星在日出前或日没后瞬间的出没。比如古埃及著名的对天狼星的偕日观测。

宰着北方的天空。布罗菲还发现其中的六块巨石呼应了猎户星座的六颗主要的恒星（参宿一、参宿二、参宿三、参宿四、参宿五和觜宿一），这个发现也证实了他对附近的"日历圈"的猜测。这些石头的放置标记着这些恒星在春分时的偕日出，这发生在大约公元前 6300 年的二十年间。第二组的参考石头则标记了织女星偕日出，它们发生在秋分的时候。因此，在公元前 7 世纪，纳布塔平原是一个很繁忙的地方。

一颗星星的偕日出发生在它和早上的太阳一起升起在地平线上时。春分偕日出则是同样的情况发生在春分这一天里，因此后者要少见得多。通过采用一个保守的统计方式，布罗菲计算出纳布塔的巨石阵是随机形成的概率只有一百万分之二。因此，他写道："这比我们通常接受一个科学假设为确定事实时所采用的三个标准偏差值要高了一千倍。"所以唯一合理的解释是：纳布塔·布那亚的天体巨石阵是经过精心策划的，而不是一个偶然。

但是先别忙着下结论，因为正是从这里开始，布罗菲的"冒险之旅"似乎已经走得太远了。他被纳布塔的巨石们与中心点的距离并不是统一的这一事实迷惑了，他写道："如果这些不同的距离没有一个目的，大家可能会期望熟练的纳布塔·布那亚设计师们使用了一个更加赏心悦目的安排……这些距离的安排肯定具有某些特殊的意义。"吉萨高原的学生们经常会说著名的金字塔的每一个细节都不是偶然。每一个角度、每一种关系、每一个朝向，都有一个确定的目的。布罗菲的观点无疑就是认为纳布塔·布那亚也一样。那么，这些巨石和中心点的不同距离到底代表着什么呢？再考虑了许许多多的选择后，仅仅是出于一种乐趣，布罗菲得出结论：有没有可能地上的这些距离在比例上都符合那些星星与地球之间实际的距离？当他查看了目前最好的测量结果后——由依巴谷空间天文学卫星[1] 测量——布罗菲大吃了一惊。他们每一组都在一个标准偏差值内相一致。二者之间的比例是在纳布塔地上的一米恰好等于 799 光年。这种吻合正如布罗菲所写到的"比惊奇更惊奇"，因为即使是运用现代科学技术去测量天体之间的距离都是一件非常复杂，而且还不太完善的事。目前最好的测量结果我们都只能看成是大约或者接近。布罗菲对此的结论重复了他之前的观点："如果纳布塔·布那亚地图上的那些距离的目的就是反映天体之间的距离，而且这并不是一种巧合的话，那么我们之前认为我们所知道的史前人类文明就必须推翻，重新审视。"

布罗菲相信恒星的相对距离和它们的聚合情况等信息，都被纳布塔·布那亚人编码在了巨石阵里。他还认为在某些巨石的基石旁边的那些小的石头代表了伴星，或者甚至是组成了行星系。不幸的是，在我们目前对宇宙的接触当中，现代的天文学还不能完全观察到像地球一样大小的行星。但是，这样的研究目前正在加速发展当中。很多像木星一样大小的巨星已经被发现了，我们解决问

1.Hipparcos：依巴谷卫星全称为"依巴谷高精视差测量卫星"（High Precision Parallax Collecting Satellite），是欧洲航天局发射的第一颗天体测量卫星。

题的能力还在继续进步当中，也许很快我们就能知道布罗菲的推测是否正确了。

一个星系地图

纳布塔·布那亚还有其他令我们吃惊的地方。最初吸引温多夫小组注意的是摆放在星系地图中央点上的一个结构复杂的巨石。一个巨大的石头刚好矗立在中央点上，周围环绕着其他的巨石。还有大量的其他石头堆也在附近。它们看上去就好像坟堆一样，考古队挖开了其中的两个，他们本来期望能在里面发现一些尸骨遗骸。然而，他们在全新世地层中挖了十二英尺，一直向下挖到了岩基，只发现了一些奇怪的雕刻图像。他们从来没有对这个发现进行过解释。

后来，布罗菲根据他对星系地图的破译结果对这些图像进行了重新的检视，他又一次被震惊了。他意识到不管是谁创造了纳布塔·布那亚，这些创造者一定都拥有关于银河星系的先进知识。这些岩基上的雕刻从外部看上去就像是一幅按比例绘制的银河地图，而且，是从北银极[1]的视角进行绘制的。这个地图正确的标记了方位、范围、太阳的方向、螺旋臂[2]的位置、银心，甚至是人马矮星系——它在 1994 年才被发现。尽管温多夫在挖掘地下雕像的过程中损害了地表上面的石头，但是布罗菲还是能够从温多夫精确的图表／地图中确定中央点正好在其上方——这当然代表了银河地图中我们的太阳的正确位置。

布罗菲接着得出了另一个关键的发现：其中一条巨石照准线代表了银心。它的直线标记了大约公元前 17,700 年时银心在春季时的一次偕日升。令人惊奇的是，雕像里银道面的方向都与这个日期一致。因此，布罗菲得出结论，这个石头雕像是一幅以北银极为观察点的银河地图。接着，他把他的注意力转到了温多夫小组挖出的第二个石堆，同样地，在这个石堆里他们也没有发现任何尸体。这个石堆里的尺寸和摆放位置显示了它是一幅仙女座星系地图——我们的姐妹星系。统计显示它的尺寸——是银河系的两倍——以及它的位置都与我们已知的仙女座星系的尺寸和位置相一致。

至于纳布塔·布那亚的其他几个石头堆，它们还没有被挖掘……

吉萨：一个岁差日历？

布罗菲同时也对吉萨进行了独立的研究，在这里他也发现了证据，证明吉

1.galactic pole：银道坐标系是以太阳为中心，并且以银河系明显排列群星的平面为基准的天球坐标系统。银极是天球银道坐标系的基本点。天球上距银道90°的点称为银极，在北的称北银极，在南的称南银极。北银极是天体银道坐标系的基本点。
2. 银河系是一个相当大的螺旋状星系，它有三个主要组成部分：包含旋臂的银盘，中央突起的银心和晕轮部分。螺旋臂是由星系的核心延伸出来的漩涡和棒涡组成的区域。这些长且薄的区域类似漩涡，螺旋状星系也因此而得名。

萨的设计者们也知道银心。布罗菲那个强大的软件使他可以提炼罗伯特·鲍瓦尔估算的大金字塔的相关日期。他同意著名的星光通道作为标记，可以通过一个狭小的窗口来确定日期。当布罗菲对吉萨的天空进行研究后，他发现这里出现过的最好的轴对齐大约是在公元前 2360 年——比鲍瓦尔确定的日期大约晚了半个世纪。鲍瓦尔认为金字塔在修建的时候，国王殡室南面墙上的通道对准的是猎户星座。但是布罗菲发现猎户座腰带上的最后一颗恒星参宿一（猎户座 ζ 星），在一个多世纪以前对准了南通道。在金字塔建造时南面星光通道对准的是银心，也支持了他在纳布塔·布那亚的发现。

假设吉萨高地上的建筑是猎户座星系的一面镜子，那么这到底是什么时候发生的？鲍瓦尔推测的日期是公元前 10,500 年，这时猎户座三星在 26,000 年的岁差周期里到达了正南方，这比金字塔实际建造的时间要早得多。当布罗菲测试这个观点时，他发现了这个复杂问题的另一个层面。他发现吉萨地面反映的是在两个时间点上的天空：公元前 11,772 年和公元前 9420 年。布罗菲认为金字塔的建造并不是如鲍瓦尔推测的那样反映的是猎户座三星正南的时候，而是包含了这一现象形成的整个过程。这两个日期同时也囊括了另一个重要的事件——大约公元前 11,000 年时银心正北。换句话说，吉萨被建造成了一个黄道带的时钟，在石头和地面中反映了岁差周期。这支持了那种认为这个地点的天文学远比金字塔的实际建造时间要早的观点。

布罗菲完全清楚他的观点所具有的革命性，因此他很明智地没有在书里作最后的结论。他仅仅只是把自己的发现看作是一种假设，然后建议其他人开展进一步的研究。幸运的是，他的大多数观点是可测试的。到目前为止，通过全球卫星定位系统也只有二十五个纳布塔·布那亚巨石被确定了，而且在至少三十个石头堆中，只有两个被挖掘过。无疑时间会告诉我们更多……

第三部分
挑战传统物理学

10. 特斯拉，三个世纪的传奇：
我们亏欠这位伟大的克罗地亚发明家的债务还在不断地增长
尤金·马洛威博士

在克罗地亚临近波塞尼亚的地方，1856 年 6 月 9 日到 10 日的夜里，尼古拉·特斯拉（Nikola Tesla）出生在了一个塞尔维亚家庭里。这个地方几个世纪以来一直处于混乱当中。就是在这样一个穷困的地方诞生了一个"被埋没的天才"——这个称呼名副其实，它是玛格丽特·切尼（Margaret Cheney）在 1981 年时为特斯拉所写的传记的标题。从这个婴儿成长成的男人，将会是引导 19 世纪电力学和磁力学发生科学革命的先锋。他在电力方面的创造完全改变了整个 20 世纪的面貌——他对电力学的贡献主宰了我们充满"以太波"[1] 联系的社会，以及我们生活的各个方面，比如广播、电视等。特斯拉的传奇还没有完全为我们所知，但是 21 世纪的今天它一定可以不一样，因为（我们期望）21 世纪会和 20 世纪完全不同，就正如 20 世纪和 19 世纪完全不同一样。

特斯拉在 1884 年时带着一封查尔斯·巴切勒（Charles Batchelor）写给托马斯·爱迪生（Thomas Edison）的推荐信来到美国——查尔斯·巴切勒是英国人，当时主管着欧洲大陆爱迪生公司。其后，特斯拉和爱迪生这两位伟大的人在美国共同工作了非常短的一段时间，很快他们不同的礼节、个性，以及他们生产和传送商业化电流的不同方法导致了他们戏剧性的分裂。爱迪生仍然坚持他有问题的直流电传输模式，而特斯拉发明了交流电，在他对交流电进行了深入研究后，他认为交流电比直流电更有前途。当然，最后特斯拉赢了，然后他却在 1943 年时死于纽约的一个小旅馆，身无分文，负债累累。他是一个充满想象力的科学天才，而不是一个会算计的、阴险的商人。直到今天，特斯拉仍然没有得到他应有的荣誉。他是无线电交流技术的真正发明者（在特斯拉死后，这项荣誉才由美国最高法院正式裁定给他），而在这之前，这项荣誉属于马可尼（Marconi），后者盗用了特斯拉的发明。特斯拉在当时就知道了这件事，但他只是笑了笑，他完全被他的其他的能源和交流的研究计划占据了所有的注意力。

我们现在距离特斯拉的 19 世纪和 20 世纪初期已经很遥远了，那时实验和基于实验的具体高科技设备是检验真理的最终方式。而我们当前的科学则完全是以假设为根本的。在现今的世界上，即便已经有确凿的实验证据，但是很多理论仍然可以被扔进一个所谓的"失败科学"的废物篮子里，举个例来说，尽管数以百计的实验已经显示了低能核反应（LENR/ 冷核融合）存在的无可反

1.Etheric wave："以太"属于希腊语，最早由笛卡尔引入科学研究中，后来泛指充满在空气中的媒介物质，无所不在，没有质量，绝对静止。光波、电磁波、红外线、紫外线、X 射线、γ 射线等都是以太为传播介质的，统称为以太波。

驳的证据，但是它们仍然待在废物篮子里。在特斯拉工作的时代，物理学界讨论的一个非常重要的议题是：宇宙的另一种非同小可的组成部分——以太（乙醚）。这个假设的微小物质结构必须存在，要不然我们就没法解释为什么光波会在一个什么都没有的绝对虚空的空间里传播。

传统科学认为宇宙仅由以下几个部分组成：物质（具体化为基本粒子，比如电子、质子、中子和其他各种反物质粒子），电磁辐射（可见光、无线电波、紫外线、红外线、X 光线、伽马射线等）。所有的这些"事物"都处于一个时空空间中，它们大约是在 150 亿年（《纽约时报》2003 年 12 月的一期报告了一个确定的时间：137 亿年前后的两亿年）前的宇宙时[1]的一瞬间从之前的不存在到存在。出于某些原因，宇宙时是可以谈论的，它有别于我们根据爱因斯坦的相对论得知的我们受困的这个时空空间。我们被告知，我们不能将时间和空间分开；我们每一个人所处的时间也与那些相对于我们运动的其他人不同。

在传统科学中，宇宙的所有"事物"都是处于一个宇宙真空当中，这个真空并不是什么都没有，而是一个量子真空，在这个量子真空里电磁力会在一个非常小的亚原子的幅度里上下波动——就会产生所谓的"零点能"（Zero-point energy）。同时虚粒子不时地、随机地、无序地产生或者消失——有时符合，有时不符合质能守恒。近来，传统科学对这个宇宙图像进行了更深入的探讨。看起来，很需要用还没有被认可的"暗物质"、"暗能量"、"第五元素"等概念来扩大我们对宇宙的理解，就像广义相对论制造的那个看似永无休止的寓言圈一样，这个人类假想的寓言圈用宇宙的基本结构、时空弯曲来帮助解释大爆炸。爱因斯坦的这个理论本来应该可以"解释"万有引力，但是实际上它并没有做到这一点。

最近，权威科学机构非常喜爱"暗物质"这个概念，它据说能够加速我们假设的宇宙膨胀。他们认为宇宙膨胀主要依赖于宇宙中天体光谱的红移[2]，这是近来非常重大的科学发现——这个发现不是观察测定了一个星系或者一个类星体的位置可与之比拟的（意思是说红移是目前最重要的、最新的物理学发现）。

近代提出第一个电磁学理论方程式的科学家——詹姆斯·克拉克·马克斯韦尔（James Clerk Maxwell），他就相信以太的存在——他认为以太是静止的，导光的，可以传播光。他在第九版的大英百科全书（出版于 1875 年左右）里写道："以太这个概念延续下来的唯一渠道，是惠更斯[3]通过它来解释了光的

1.Cosmic time：全宇宙都适用的统一时间，也称宇宙标准时或普适时。它用演化着的宇宙本身作为时计来计量。

2.Redshifts：一个天体的光谱向长波（红）端的位移。天体的光或其他电磁辐射可能由于运动、引力效应等被拉伸而使波长变长。因为红光的波长比蓝光的长，所以这种拉伸对光学波段光谱特征的影响是将它们移向光谱的红端，于是这些过程被称为红移。

3.Huygens：1629 年 04 月 14 日—1695 年 07 月 08 日，荷兰物理学家、天文学家、数学家，他是介于伽利略与牛顿之间一位重要的物理学先驱，是历史上最著名的物理学家之一，他对力学的发展和光学的研究都有杰出的贡献。

传播。伴随着我们不断发现光和其他各种射线，作为附加现象，传播光的以太的存在证据也越来越多。通过这种方式，从光当中推导出来的以太，我们后来被发现它正是我们所需要的，我们可以用它来解释电磁现象。"到了大英百科全书的第十一版（1910 年），以太这个概念还是比较重要——整整用了五页非常小的字体，以及各种数字符号详细地讨论了以太的概念，以及与以太相关的实验问题，甚至包括了在 19 世纪 80 年代由 A.A. 迈克尔森（A.A.Michelson）得出的静态以太的零干扰数据。在第十一版的前面还对动态（运动）的以太存在的可能性进行了开放性的思考。这篇文章最后保证对以太的进一步的研究还在继续进行当中。"这些结果给现代的或者电力学的以太理论造成了深远的影响，推动了它的发展，虽然我们现在还很难预测这个发展究竟会走到哪一步。"是的，即使是电流——原来未知的"以太流"——也是随着近来对电子的新发现才渐渐地被认可。我们对原子转换的认识才刚刚开始起步。

到了 2003 年，权威科学机构已经很久不谈以太，并且也不再进行关于以太的实验了。但是以太的"幽灵"却又回来了。尼古拉·特斯拉的精神还活着，对于物理学来说，还有太多太多未完成的事业。一个不断发展的、完美的所谓的现代物理学可能正准备建立一个真正健全的，以实验为基础的宇宙观。就此而言，特斯拉又是怎么考虑"电流"的呢？我们必须记住，在特斯拉工作的 19 世纪，以太除了被看作是传播光的媒介，以及另一种赫兹电磁波以外，它还无法摆脱与电流这个概念的联系。关于"带电的粒子"——后来发现的，并被命名为"电子"的东西——当时还没有流行起来。那时的电流被看作是某种神秘的像液体一样流动的东西——也就是"以太"字面上的意思。在美国电力工程师协会（AIEE）还叫作哥伦比亚学院时，1891 年 5 月的纽约，特斯拉在这个地方发表了讲话，他说道："在自然界的所有永远存在的、持续变化的、众多普遍的能量当中，电流和磁性也许是最最让人惊叹的，就像一个灵魂在驱动着我们固有的宇宙一样……我们都知道电流就像一个永远不间断的河流在流动着，因此自然界当中一定有大量的、持续的电流存在，它们既不能被创造，也不能被消灭……电流和以太的现象其实就是一回事。"特斯拉就此认为到处都存在着动态的、变化的以太，对以太的使用可能会拯救人类，他说道："……从以太当中获得力量，就像不花费力气就得到各种各样的能量一样，就像从一个永远不会枯竭的商店里拿东西一样，人类一定会飞速向前发展。""人类成功地利用自然力成为'自动机器'，实际上，这只是一个时间问题而已。"

当然，在特斯拉的时代，以太还没有被人类利用起来。后来以太，无论是静止的还是动态的，都成了不时髦的话题。爱因斯坦的相对论则在 20 世纪 20年代和 30 年代里将以太从物理学词典中一笔勾销了。1931 年 6 月 10 日，为了庆祝特斯拉 75 岁的生日，《时代》周刊用特斯拉的肖像做了封面，杂志描述的特斯拉的工作是"开发一种全新的、难以想象的资源"，这是在指以太吗？也许吧。

特斯拉一直期望能够将良性的和无限的资源，比如通过水力所生产的电力提供给全世界的每一个人。这种电力能够通过地球自身的共振空腔传播给每一个人，供亿万人使用。这种能量不会像我们通常认为的那样，通过电磁辐射来传播（电子振荡和电磁波的横向传播），而是以一种与空气中纵向的压强更相似的纵向波传播，就像声波的传播一样。特斯拉进行了一系列的实验，似乎证明了这种非电磁辐射的能量传播方式是可能的。确实，特斯拉在很远的距离里点亮了灯泡。但是这真的就是能量传播的新形式吗？当然，现在这已经不是一个问题了。

让我们再来看看特斯拉的特殊的发电线圈，也就是今天我们所说的"特斯拉线圈"。假设在线圈中流通的，或者环绕着线圈的都是现代物理学所说的、或者说希望是的——构成电流的电子，这些电子存在于线圈的金属线里，然后通过这些线圈产生电磁波。我们每个人都知道电磁波是一种横向的波（从一端到另一端，垂直于电的纵向传播方向），这种现象存在于什么都没有的"真空"的时空当中，对吗？

在很长一段时间里以来，许多优秀的实验者都想要能找出特斯拉线圈工作的原理。的确，特斯拉的线圈看起来制造力惊人，似乎暗示了动态以太的自身结构。近来的一些实验涉足了以太的深度领域，以及它和电流的两个基本形式之间的关系，其中一个形式是被普遍认可的——电流的极大弹性（massbound），但是另一个还没有被传统科学所接受：极低密度（massfree），后一种电流形式也可以进入，并环绕着线圈，特斯拉的实验通过气体媒介和真空，使得电流的产生穿过了极大弹性和极低密度的介质（详情请登录 www.aetherometry.com，查看里面相关科学著作）。电流的低密度形式可以被称之为："冷电"（cold electricity）。

这又回到了一个根本性的问题上，那就是一些非标准的生物能源的本质——这在今天仍然是被嘲笑的话题之一，而且一般都假设这样的生物能源根本不存在。但我认为如果我们要讨论以太的本质的话，这些生物物理学的能源是不可或缺的。20 世纪把有机体看作单纯的生物化学系统，把一个非化学的、远程的信号穿过一个有机体解释为神经元的通电去极化，如果我们追溯这种思想的起源，会发现它来自 18 世纪晚期因为 L.伽伐尼 [1]（L.Galvani）和 A.伏打 [2]（A.Volta）的争论所引起的关于"生机论"[3] 和"动物电"的论战。在伏打根

1.Luigi Galvani：1737—1798，意大利著名生物学家。伽伐尼对物理学的贡献是发现了伽伐尼电流。他认为动物体身上本来就存在着电，他把这种电叫作"动物电"。

2.Alessandro Volta：1745—1827，意大利著名物理学家、化学家。伏达反对伽伐尼的实验，他用能够导电的盐水液体代替动物组织进行试验，并因此发现了电池的原理，做出了著名的伏达电堆与伏达电池。

3.Vitalism：也称"活力论"，从古希腊时期到 18 世纪，一直在欧洲盛行。"生机论"认为生命由躯体和灵魂两部分组成的。具体说来，生命是由没有生命的物质加上一种超自然的神秘力量而获得的。这种神秘力量被称为"活力"，正是因为它存在于生物体内，从而把生物与非生物区别开来。

据伽伐尼的"动物电"的理念进行的电池实验当中，其实大多数伽伐尼的重要观点已经被抛弃了，这也导致了后来对伽伐尼的边缘化，并主宰了我们今天对电的理解。在特斯拉的第三个世纪里，我们接受特斯拉的观点实际上就是向伽伐尼回溯的过程。就像其他的以太理论家一样，比如开尔文爵士[1]，特斯拉对生命能源的电子构成非常感兴趣。这就是我们为什么亏欠特斯拉很多的原因，不仅仅是由于他发明了今天主宰我们世界的电力技术，还包括在未来将要终结碳氢化合物燃料时代的新的能源，以及融合西医和中医的未来生物医学。然而当前神经质的权威科学机构总是忽略以上所有的这些新发现，幸而最终我们总是可以通过实验室的实验得到证明。权威科学机构的这种做法，是否定了自己的历史，亵渎了科学史上最伟大的一位贡献者。

1.Lord Kelvin：1824 —1907，19 世纪英国著名物理学家、发明家。

11. 汤姆·比尔登为科学革命而战：
一个新的能源先锋为即将到来的发现所进行的准备工作
威廉·P.艾格斯

每一次的革命，都会有一个带头的理论家。这样的理论家会试图建立符合逻辑的、前后一致的新的概念和规则，用于解释具有颠覆性和革命意义的现象或者新发明，使其合理化。即使在这些具有重大历史意义的转折点出现的时候，他们还不在那里，但是他们也会很快地加入进来，用他们积极的实际行动来创造历史。今天，替代能源和这一科技相关的领域开始获得了更多的公共关注，在这个革命性的转折当中，已经退休的陆军中校托马斯·比尔登（Thomas Bearden）很快就会被看作是那些早先相信并积极支持替代能源的众多科学家和工程师中的一个小的代表。

在科罗拉多丹佛市举行的关于新能源的国际讨论会上，我有机会遇见了比尔登，那时他刚刚发表了他关于超一体（overunity）电磁装置的电流聚合和分散的论文。

雄心勃勃、爽直、热情、精力旺盛，这是比尔登在80年代出版他的专著《王者之剑概要》（*Excalibur Briefing*），第一次出现在公众面前时所给我们的印象。在这本书里他为许多超自然现象提供了理论性的解释，并且还讨论了美国和苏联运用于军事当中的各种各样的作用于人的精神的武器，这些武器都得益于对人的精神性能量的研究。他的许多观点都充满了争议，其中之一是他声称美国海军的核潜艇长尾鲨号于1963年中沉没于大西洋，全员失事这件事是由于苏联先进的精神武器所造成的。然而，到了90年代初，他却回避了所有关于精神性武器和神秘现象的话题，他宣称如果一个人想要"保持健康"的话，最谨慎的做法就是沉默。这样的考虑同样使得他回避了任何关于反重力推进系统的工作，这个工作自他80年代开始为已故发明家弗洛伊德·"火花"·斯威特（Floyd "Sparky" Sweet）担任顾问以来，他已经是非常熟悉的了。这样看来，对能源研究特定领域的调查，需要冒更大、更多的风险，因为虽然大多数原因是秘密的，但是我们很容易能推导出来，这肯定与政治和经济上的力量有关，以及与那些在我们的世界中专注于掌控这些力量的人有关。

但是，比尔登所谈论的，以

图11.1. 托马斯·E·比尔登是一个核动力学家，一个军事战略家，他长于对战争和武器的分析研究。

及这些日子来占据了他的所有精力与时间的，是关于能够合理地输出大于输入能量的电磁系统（也就是"超一体"装置）的工作，他试图完善这一系统的基础科学理论，以及最终为其建立一个可行的模型。建立这个系统的目的是为了利用存在于"真空"空间当中的任意的电磁波，也就是各种各样的"自由能"、"空间能"，或者"零点能"。比尔登曾经在佐治亚州科技研究所获得过理学硕士学位，并且长期从事航天航空工业的工作，因此在这个领域上，他已经非常深入地进行了超过二十年的研究了。目前，他在阿拉巴马汉茨维尔市建立了一个他自己的研究和发展公司——CTEC 有限公司，并亲自担任总裁。

比尔登的工作首先开始于对经典电力学理论的重新理解和评估，他按照现代量子力学和粒子物理学的思路，更好地去思考了为什么电流会存在于电路中、能量究竟是从什么地方产生的、有没有什么办法可以使其增加呢？这些工作使得他发现了19世纪的科学家詹姆斯·克拉克·马克斯韦尔和亨德里克·洛伦兹（Hendrik Lorentz）所建立的范式的缺陷，这两位科学家的方程式和运算对象仅仅是在电路中流动的可测电流所产生的电能，以及与这些电路连接的设备。就像让一个固定在河里的水轮不断转动的水流，和让一个风车转动的风，比尔登发现空间自由能被这些科学家当作可以产生电能的便利方式而被故意忽视了。所以，这些经典理论都需要根据20世纪的新发现进行更新。

在比尔登看来，前人所犯的最重要的错误有两个。首先，过去用来表达马克斯韦尔的原始方程式的代数已经改变了，换一种更容易理解的方式来说，是从非常复杂的符合、甚至规定了超一体电磁系统的四元数，到简单得多的、并不符合超一体电磁系统的动力张量分析。其次，洛伦兹的运算限制了马克斯韦尔的方程式的适用范围和应用程度，洛伦兹将其限制在了只在物理的电路里流动的能量，并且也只利用它们。按比尔登的说法，从整体效果上来看，早期的理论家错误的解释了他们自己的原始方程式和计算方式，无意中便忽略了一个事实，那就是大多数的能源是通过提取得到的——实际上，是通过确切的物理系统，在真空中提取的。所以对比尔登来说，中心的问题就成了：一个人要怎样才能重新设计这个系统，使得这个系统能以新的方式从空间的河流中获取并利用这些过剩的能量？这些能量无疑是存在于我们周围的环境当中的，而且非常便于利用。接下来的问题是：一个人要怎样才能维持这个新的系统，使得它不会因为过度开采了宇宙中的无限能源而自我毁灭？

比尔登假设空间能量反复的聚合和分散可以使量子能量得到多次的反复利用，在每一次的重新散射中都执行一次量子的工作。这样的重复的回射和多次的重聚可以增加收集的能量的密度，以及增加通过自由电荷和真空的相互作用而产生在空间中的偶极子辐射源的局部电位和强度。比尔登将这个过程命名为"不对称测量"（asymmetric regauging），他认为这个过程使存在于真空交换当中的偶极电子产生出的能量得到了增强。他同时相信由帕特森·鲍尔·塞尔（Patterson Power Cell）发明的一个全新的、最近才上市的可以展示超一体能量输出的设备已经实验性地证明了这一点。

　　比尔登的工作清楚地显示了电磁能量领域的两种基本组成波的本质和特性——横波和纵波。虽然本质不同，但是效果是相似的，为了便于理解，比尔登将横波比喻成了我们在海面上可以观察到的缓慢的波浪，将纵波比喻为在海面下快速移动的压力波，海面下的压力波不会干扰海面上的波浪，同时也是不能被现有的科学技术所测量的。通过科学家唐纳利（Donnelly）和佐伊科夫斯基（Ziolkowski）的研究，比尔登发现今天的科学家们还是选择利用横波来推动传统的电力设备，纵波在某种程度上好像完全不存在，这无疑阻碍了我们对纵波的开采利用。使用横波进行传统的信号传输时，有限的速度一直是它的一个缺陷，而纵波潜藏着比横波更强大的能量，它传输的速度是光速的许多倍。在理论上来说，纵波可以在范围广大的空间里，实现真正意义上的即时信号交流。因此，比尔登将注意力集中于要怎样刺激纵波，运用纵波，同时停止横波或者不在第一时间里生产制造它。

　　比尔登说，他正准备为他的一个初始应用设备申请专利，他称之为"超光速交流系统"，这个系统使用的就是纵波，它能够以比光速更快的速度来传播信号。他声称关于这个系统的基本观念已经得到了理论的证明，并且也通过其他研究人员用波导在微小的环境中做了实验。他的小组具体的打算是通过在直流电压中传输视频信号，但是不使用任何横波信号的帮忙，以此来显示如何形成纵波，然后再在没有声音在场的情况下检索信号。

　　到目前为止，在比尔登从事的电路领域，他已经有三项专利正在申请当中。所有这些工作的目标都是在能量输出与传统物理学理论的绝对一致的基础上获得超一体。但是，他迄今还没有正式宣称在他的实验室里已经发明了任何一个成功的超一体装置。比尔登确实说过他的实验结果很乐观，不过早在1990年的时候，他的小组就在开发过剩的空间能量时炸掉了电路。很显然，在他们当时使用的半导体序列中，这种能量是不好控制的，这会导致能量自身前后撞击，直到它们拥挤在一个序列里，最后形成超载。

　　比尔登半遮半掩地说道，他的小组已经知道了要怎样控制能量流，但是因为资金短缺，他们的实验陷入了困境。这个虚构的困难已经阻止了另一种控制能量流的实验方法的开展，这一种方法是使用一种特殊的、很难生产的金属物质，他开玩笑地称这种金属物质为："不可得元素"（unattainium）。然而，他在工作中仍然继续开发多种形式的能源，通过电路回射反复采集，因此还是为能源的新的开采方式保留了希望。

　　比尔登的工作在最后这一点上得益于他在80年代做顾问时的同事——家庭发明家"火花"斯威特。斯威特发明了一个由线圈和钡铁氧体磁铁组成的装置，这个装置可以从空间中提取能量，只需要输入很少量的能量，就能生产出六瓦特的可用能。比尔登复制了这个"真空三极管放大器"（VAT），据说这个复制品能够生产500瓦特的输出能量，呈现出比输入能量水平高150万倍以上的功率。比尔登认为斯威特的装置激活了磁场中的钡原子核，使得它和围绕着它的真空一起自激振荡，使得这个特殊条件下的"动力"磁场在一个较高的水平上震动。

比尔登劝说斯威特对他的装置进行改造，使得这个装置可以进行一次反重力特性的实验。斯威特后来用电话向比尔登报告，在他的装置里加入更大的电荷可以增加输出的能量，他还能够减轻真空三极管放大器的重量，通过测量，他说可以减轻百分之九十。因为考虑到电磁爆炸的可能性，斯威特并没有完全按照这个程度来减轻真空三极管放大器的重量。不幸的是，斯威特怎么激活磁铁，怎样得到他的实验结果，这都成为秘密，因为在1995年他本人去世后，这些都不再为外人所知了。之后，比尔登只好在没有实验支持的情况下，独自继续进行他的理论研究。

我和比尔登一起讨论了他的两本专著。根据比尔登的描述，其中的一本《从真空中来的能量》（*Energy from the Vacuum*）包含了"世界上第一个超一体电磁发动机、电路和装置的合理的理论"，同时还含有一些最终能够建立它们的"小的必须的秘密"。另外一本书主要是关于比尔登关注的另一个相关的领域——"普里奥雷装置"[1]（Priore device），这个装置的研究在60年代和70年代时得到了法国政府的资助。

比尔登报告说普里奥雷装置在实验阶段治好了一个动物的晚期肿瘤，它能够通过一个特殊的称作"相位共轭"（Phase conjugation）或"脱分化"（Dedifferentiation）[2]的电动过程治愈任何疾病，包括动脉硬化和癌症。这一过程看上去非常神奇，据说它可以将病变的细胞恢复到它之前健康的状态，字面上来说，就是一个针对疾病的时间机器。比尔登宣称这个发明直接得益于美国诺贝尔奖提名者罗伯特·贝克尔博士（Dr. Robert Becker）的工作，贝克尔证明了用小型的直流电可以通过刺激新骨头的生长，从而治疗顽固性的骨折。这种小的电流很明显会引起红细胞的血红蛋白层脱落，重新生成新的细胞核，使细胞变形成为脱分化之前的更早、更原始的形态。这些细胞接着会进行新的脱分化，成为骨折恢复所需的骨头细胞，它们聚集在骨折点上，然后使得骨折的骨头重新聚合到一起。比尔登宣称这就是他们用来治疗传染性和晚期疾病的基本依据，包括使艾滋病患者重建健康的免疫系统。比尔登还宣称普里奥雷装置治疗一个病人，只需花费短短的几分钟。

在展望普里奥雷装置和超一体电磁装置的未来时，比尔登认为实现它们的最大障碍在于现有的提供科研经费的机构以及他们所服务的正统科学团体的僵化的思维方式。资金的流动有效地控制了在大学里工作的科学家和商业化的科研机构进行什么样的科学研究。这种僵化的思维方式阻碍了通过空间能来提供能源和发展经济的可能性。那些极大地影响了比尔登的早期能源先锋，如尼古拉·特斯拉和托马斯·亨利·莫雷（T. Henry Moray），都曾经面对过同样的

---

1. 由科学家安托万·普里奥雷（Antoine Priore, 1912—1983）发明的一个电磁装置。
2. 脱分化又称去分化。是指分化细胞失去特有的结构和功能变为具有未分化细胞特性的过程。

思维方式，造成的后果是他们的工作被那个时代的权威科学机构所忽视，并最终淹没在了其他各种各样的同时代的科学研究当中。

但是，比尔登仍然很乐观。他相信一旦一个建立在现代量子物理学和热力学基础之上的合乎科学的实验模式被完善了，即明确地具有了一个实验性的证据，那么主流的科学集团将会开始给予永动概念以支持，一个新能源的时代会加速到来。他预测商业化的超一体装置将会在两年内上市，那时候的住宅和汽车都会内置固态电子设备和能源采集卡，同时，随着互联网的发展，通过无处不在的现代通信连接，以及与替代能源技术相关的期刊和报纸的繁衍发展，那些反对科学变革的具有敌意的权威机构，以及他们的支持者都会大大减少。现在，新能源的"妖怪"一旦被放了出来，就很难再像过去那样被重新收回笼子里去。

对于他自己所做的贡献，比尔登是这样描述的："我只是在墙上打了个洞，而不是开了道门。"对于超一体系统来说，他只是个理论家，而不是发明者。他期望那些对此有兴趣的、聪明的毕业生们，以及博士后们能够将这项事业带到一个新的高度。当然，这只有等待时间来验证了。

尽管比尔登遭到了很多的诋毁和排斥，但他无可争辩地是一个深深地相信他所从事的事业的有趣的人，他的热情同时激励了其他人的吸引力和好奇心。如果在你与他的交谈当中，你表露出任何对他的主张的怀疑，比尔登会立即告诉你："这不是汤姆·比尔登在发言，这是科学在发言！只要有人会去读它，以及实验它。"不管赞不赞同他的观点，他的确是一个几乎具有宗教热情的远见者，他的工作帮助我们发展了一种可用的新能源，对整个地球和地球上的所有人民来说，这种能源都更加干净、便宜和安全。毫无疑问，这是一个值得每个人关注的目标！

12. 声聚变：太阳的能量
可以被装进一个瓶子里吗——就像古时的神话一样——
然后提供给我们一个拥有无尽能源的未来？
约翰·凯特勒

你的洗甲水和你的超声波牙刷在一个可能的核聚变突破上有着什么样的共同点呢？你想都不会想到！实际上，这两样东西，丙酮和超声波，都可能成为产生核聚变的新方式，这会使得核聚变不再需要造价昂贵、耗资几百万美元的托卡马克（Tokamak）磁控制容器，以及一个有多条手臂的以印度神"湿婆"命名的高能激光[1]。潜在的核聚变——与太阳的燃烧相同的反应过程——将可以在一个桌面上完成。

另外一个好消息是，如果这个实验的基本原理能被其他科学家成功地重复实验，那么这项新技术一定会得到核研究界的支持——它不像冷核融合，冷核融合因为是化学家们搞出来的，它一直不为物理学界接受——而声聚变则完全属于物理学热核聚变的范畴，它可能会真正地繁荣起来。的确，发表在 2002年 3 月 8 号《科学》杂志上的第一篇声聚变论文——《声波气泡中的核聚变证据》（*Evidence for Nuclear Emissions During Acoustic Cavitation*）——它的两位作者 R.P. 塔利亚克汉（R.P. Taleyarkhan）和 C.D. 韦斯特（C.D. West）都和田纳西州的橡树林有关，橡树林是美国最重要的核研究中心。塔利亚克汉在橡树林国家实验室工作，而韦斯特则在橡树林联合大学工作。这看起来好像是权威科学界的一种认可和赞赏，刚好和 1989 年他们对冷核聚变的攻击相反，但事实上，完全不是这样。这篇文章差一点就没能发表出来，我们后面还会详细叙述这件事。

声聚变的定义

声聚变 (Sonofusion) 是一个新产生的词，它的意思是"从声音中产生的核聚变"。当然，这个词只是部分地概括了事情的真相。声聚变是一个新出现的化学领域——声化学（Sonochemistry）的直接产物，主要来自一个特殊的现象——声致发光（Sonoluminescence）。是的，我们现在又多了两个新名词，但是我们离主题已经越来越近了。

在一定的温度和压力条件下，用超声波轰击一种适当的液体，比如丙酮，就会产生声致发光的现象。声波会导致无数小的气泡产生，就像我们刷牙时，由牙刷产生的那些气泡，不同的是这些气泡含有巨大的能量。当这些气泡破裂

1.Shiva laser：湿婆激光器是首个创造激光聚变的认真尝试，因为它拥有 20 路光速激光器系统，因此它以印度神"湿婆"来命名，在印度神话中，这个神拥有着多条手臂。

时，它们的部分能量会释放成为光——这就是这一现象的名称的由来，声致发光。

声聚变的理念来自在声致发光的过程中，这些气泡的内部会形成非常高的温度和气压，如果再往这个媒介里加入可以发生热核反应的氘元素——一种氢的同位素，接着再用中子脉冲冲击这个已经具有非常强的压力的混合物，这足以引起核聚变反应。总的来说，这就是塔利亚克汉和他的同伴们声称的他们实验的声聚变。不过，这项工作不管是在发表之前，还是在发表之后都充满了争议。

科学：理论对抗现实

科学喜欢把自己描述成对事物本质、结构和功能的不断发展地、开放地和随心所欲地探索，从无限小的事物到无穷大的事物，以及它们彼此之间的相互作用，从最简单的到最复杂的，科学只受到诚实、实验、同行审查，以及可重复性的实验结果的限制。这就是"尊贵的科学家们"所描述的科学工作的标准。

不幸的是，科学的世界却更加像是一间超级监狱和一所精神病院的结合物。

不管在什么时候，科学都是根据一些教条主义的观点来定义的，为了使这个定义确信无疑，那些教条的执行者们进一步地说道：教条无处不在。学校只会用规定的方法来教授真理，我们在这里只列举历史当中的三个例子：地球是平的、托勒密的天文学，或者达尔文主义。天堂会帮助那些威胁了标准模式的人，现在大多数情况下是权威科学机构的自尊心在起作用，过去则常常是外部安全和宗教法庭在做主，有时还会产生致命的后果，比如乔达诺·布鲁诺（Giordano Bruno）。

在当代现实生活中，科学是国家和经济的女仆，它依赖于这两者提供的资金，以及其他类型的支持。他们主宰一切，而科学只能合着他们的旋律跳舞，因为科学的工作需要大量的资本，有时会包括耗资数十亿美元的设备、昂贵的学术和工程技术人才，以及大量昂贵的实验设备和供给。

到目前为止，国家都是科学最大的投资者，国家不仅在无数个机构和实验室里雇用了一大批的科学家，而且国家不仅资助商业化的和工业化的科学技术发展，同时也资助基础理论研究。这样的结果是培养了一大批温顺驯服的科学家，而不是具有自由精神的独立自主的探险者。这些科学家的工作是不犯错、让老板高兴、使他们的组织不受其他非法的势力的损害、发展他们的事业，以及扩大他们的组织。在这许多的职责当中，今天他们还着重了另外一个，那就是从那些纳税者支持的研究那里保护他们的专利权。这样的氛围很显然不利于培养开放的调查精神和知识的共享。诸如安全分级、商业机密、保护专利权等不断加入进来的新的规则无疑把这种氛围变得更糟糕了。

那些反对这个系统的，或者真正提出问题的科学家都要受到这些力量的控制。他们会被取消参加专业会议的权利，或者禁止他们自己举办会议；他们会被否认他们的进步；他们的著作不会被出版，被非正式地封杀，被从科学组织里除名，遭到非难，或者被解雇，甚至更糟。那些最为激进的科学家，总是遭到威胁和恐吓，他们的实验室被非法入侵或者遭到破坏，他们甚至会被暗杀。他们中的一些被关进了监狱，其他人的著作和实验设备则被没收和销毁。

科学发现越是基础，越是具有突破性，它们的威胁就越大，所遭到的轰炸也就越激烈。在这样的攻击当中，媒体、科学团体和大众的力量是最重要的。他们通常都主宰了科学战争到底谁胜谁负，同时也主宰了胜负双方的声誉。这就是为什么控制出版业是如此的重要。这也是关于《声波气泡中的核聚变证据》的真相。

科学论文出版过程概述

如果世界上任何一个地方的一个科学家或者一个科学组织，决定要验证一个特定的科学假设。他们就会小心谨慎地用可操纵的实验来证实这个假设，或者推翻这个假设这个实验的所有数据都会被一丝不苟地记录下来，新的发现、正反两方面的观点也都会呈现在正式的科学论文中。当然，通常情况下，这样的实验得以完成的前提都要经受各种各样的政府机构的内部调查。

然后，这份论文就会被提交给与这个新发现相关的领域的科学杂志的编辑手中。这个编辑接着将论文发给一组相关的科学家，这组科学家对公众来说在通常情况下都是匿名的。这组科学家将对论文进行审查，他们会检查它是否是符合科学的扎实的工作，是否具有正确的结构和实验数据，论文的可识别的倾向和错误是否都经过了说明等等。这组科学家的评论最后会反馈给编辑，然后编辑决定是完全拒绝出版，还是让作者部分进行修改，或者全文发表，最后这个一般只会经过一些标准论文格式的编排。一旦一篇论文得到了发表许可，那么它最后就会发表出来。这就是科学论文发表的整个过程。

发表论文的不同命运

但是以上的这种出版过程很明显不是声聚变的论文所遭遇的。尽管声聚变的论文已经得到了科学家小组的许可，甚至已经安排好了出版时间。但是它仍然遭到了许多其他势力的干扰，这些势力很明显地是想要阻止它的出版，或者，在某种程度上，减少它的出版会对社会造成的冲击。

因为情况很糟糕，所以《科学》杂志在发表这篇论文的同时，还不同寻常地发表了编辑唐纳德·肯尼迪（Donald Kennedy）所写的《出版，还是不出版》，在这篇文章里，肯尼迪描述了他所遇到的阴谋和压力。一开始，橡树林国家实验室的高级科学经理就丧失了信心，他表达了他们对这项发现、以及它的实验方法的保留意见，同时还不断地要求论文发表延期。这引起了另外一组科学家，D.夏皮拉（D.Shapira）和 M.索尔特玛什（M..Saltmarsh），他们都在橡树林工作，加入到了对这个发现的讨论和争执当中，他们都发表了意见。然后，这篇论文的作者修改了他们的原始文章，他们引述了第二组科学家的评论，并在修改后的文章里回应了他们提出的批评——这是多么不正常的程序啊！

唐纳德·肯尼迪当然也不会为这样的事高兴。在《科学》杂志的同一期上，还发表了第三篇相关的文章，它是查尔斯·塞菲（Charles Seife）的《气泡核聚变：烧杯里产生的暴风雨》，这篇文章引述了肯尼迪的一段话，他说："橡树林一直在给我施加压力，要么不发表，要么延期。"他还说道："我烦透了这样的干涉，这样的干涉让我们知道某种讨人厌的事实——没有作者有权利告诉我们，我们能不能发表这篇论文。"

除了上述情况外，《科学》杂志很快收到了普林斯顿大学的物理学家威廉·哈珀（William Happer）和IBM的托马斯·J.沃森（Thomas J. Watson）实验室的理查德·加尔文（Richard Garwin）的来信。编辑在文章里并没有点明这两位绅士的名字，他含蓄地称呼他们为"该领域的杰出科学家"。这两位科学家在信里提出了反对意见，并要求《科学》杂志重新考虑到底要不要发表这篇论文。在《气泡核聚变》的那篇文章里，作者指出哈珀曾经在90年代早期担任了两年的美国能源科学部办公室主任。文章里提到，哈珀的担心主要有两个方面：一方面是为了阻止《科学》杂志自己搬石头砸自己的脚，另一方面是为了避免整个科学界遭到又一次的公开羞辱——"上次冷核融合的时候，我就见过这样的情形了。如果我们不够幸运，那么丹·拉瑟（Dan Rather）[1]会在晚间新闻节目里大肆嘲笑我们，他会做首诗来讽刺说：靠天保佑，我们终于解决了能源问题！我们整个科学界都会被公众当作傻子看待。"

这就是典型的将公众对科学的理解和科学的真实状况截然分开的做法，是压制先进思想的一种思维方式，是政府机构不愿意承担风险的自我保护措施。

不过理查德·加尔文在他的信里至少还是提到一个真实的问题，他认为为了保持恰当的实验条件而不断地调整实验设备，可能会导致实验结果中的无意识的错误。综合以上观点，塞菲先生引述了他的话："……如果《科学》杂志要为这个实验的准确性承担风险，那就太不幸了。"

额外的压力还来自外部，美国物理协会的罗伯特·帕克（Robert Park），在这篇论文还没有发表的时候，他就积极地表达了他的反对意见。

唐纳德·肯尼迪并不确定这篇论文的结果是否是能够重复实验的，这也不是他的工作。在编辑的过程中他说道："……我们的工作是将有趣的、有潜力的重要科学成果介绍给公众，在我们尽我们最大的能力确保了它们的质量之后……重复的实验和重新的审视都可以在其后再进行。科学的世界就是这样的，科学不是存在于一个匿名作者占主导地位的世界当中，在这个世界里谣言迟早会消失，真相一直在里面。"

综上所述，读者们应该已经清楚了，在这篇文章发表的整个过程当中，只

1.CBS电视台著名晚间新闻节目主持人。

有两个方面是公正的：文章的作者和《科学》杂志的编辑——唐纳德·肯尼迪，毫无疑问，他是一个正直的、有勇气的人。

现在我们再回过头来重新看看这个被我过于简单化地描述了的实验，让它丰富一点。

声聚变：对实验的具体补充

想象两间一模一样的小房间，每一间里面都非常小心地放置了脱气洗甲油（丙酮），我们往其中的一间加入氘原子，用它取代丙酮里面原来就有的氢原子。两间房都处于完全的真空状态，温度控制在 0 摄氏度（32 华氏度），然后从一个超声波发生器向这两间房同时发射超强声波，同时再用 1400 万电子伏特的中子波来轰击它，这样就会产生无数个纳米尺寸大小的气泡，这些气泡会迅速膨胀到一个相对巨大的比例，我们肉眼都能看见（大约 1 毫米左右）。我们可以通过一个与墙壁相接触的麦克风来检测这些气泡的爆炸，而在这个阶段所发生的所有声致发光现象都可以通过一个光电倍增管收集起来，光电倍增管是一个特殊的仪器，它能够将少量轻微的光放大到人的肉眼就能察觉的程度，并且将探测到的反应现象全部展示出来。这两个房间的另外一个主要的设备部件是闪烁检测器，它用来检测有没有核反应发生。

塔利亚克汉和他的同事们在论文里宣称有非常奇妙的现象发生。对我们和大多数科学家来说，至少在用声波和中子波来轰击含氘的丙酮时确实如此。为什么这么说呢？因为能探测到氚的形成和 2.45 兆电子伏特的中子。如果这是真的，那么这无疑就证明了在极端的温度和压力条件下，伴随着气泡的聚爆和声致发光，同时会产生氘 - 氘核聚变。

有趣的是，实验观察报告同时包含了氘 - 氘聚变反应中的两个同样可能的结果。其中一个产生出了氦 -3 和 2.45

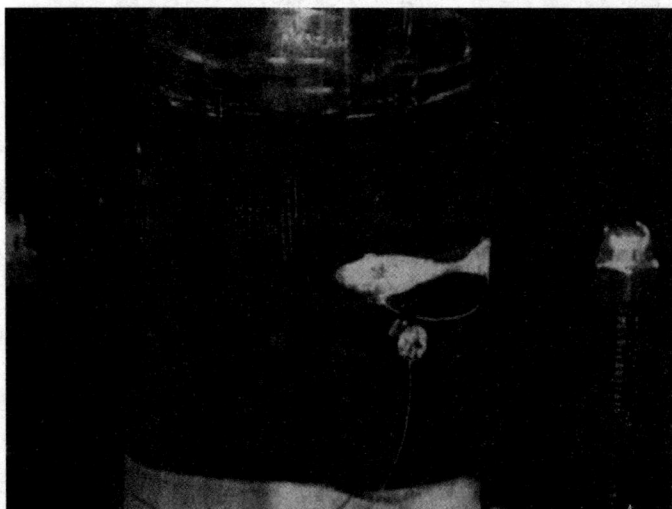

图 12.1. 早期声聚变实验中所使用的设备（图片由橡树林国家实验室提供）。

兆电子伏特的中子，另一个则产生了氘和被丙酮所吸收了的 3.02 兆电子伏特的质子。但是另外一间放置普通丙酮的房间则任何一个结果都没有发生，同样的，当温度改变时含氘丙酮会溶解，也不会发生任何核聚变，或者在关闭超声波发生器时也不会。

接下来会是什么呢？

虽然经历了丑陋的干涉和多次封杀，现在，这篇论文还是发表出来了，它等待着科学界的其他科学家们开始他们自己的实验。有的人希望科学家们能考虑开展他们自己的实验；有的人则认为在上述条件中核聚变是可能会发生的，但是证据还不足；有的人仍然还在质疑这个或那个因素并不算数，比如氘里有污染物，或者中原子的存在有问题。这样的讨论已经变得越来越复杂了。

但是这一切都是理所当然的，因为我们只有在经历了一个完完全全的突破性实验之后，再用其他独立的实验去确认前一个，或者否定前一个，我们最后才能得到真相。当然，这必须假设所有的人都是在规规矩矩地工作。可悲的是，我们并非没有听闻过欺骗的存在，比如实验设备被有意地配置错误，或者实验条件被改变，或者完全篡改实验结果。诽谤诬陷也经常会发生。如果想要独立地重复实验，以上的这些丑陋现象都是我们必须尽我们所能去避免的。这非常重要，尤其是当科学家们所做的后续工作是从属于一个有着巨大的商业利益的经济实体时，它必须面临一系列的投资巨大的竞争。

有组织的行为告诉我们，对一个组织来说，第一个需要优先考虑的问题就是，如何让这个组织生存下去。再者，人的本性就是拒绝那些不熟悉的东西，同时保护个人的利益和社会地位。坚持热核聚变的科学团体吸国家的血已经很多年了，他们获得了数不清的金钱支援，同时他们还有势力强大的、与政治挂钩的供应商提供给他们重要的实验设备。所以，试想一下，如果声聚变真的成功了，如果核聚变真的可以在一个桌面上完成的话，那么政府和商界的众多大企业、总裁、组织都会面临危机。

声聚变能源的时代是否已经临近了呢？我们是否马上就能从大海里提取出无限量的热核燃料呢？看起来很难。正如 R.P.塔利亚克汉在今日物理网站上发表的文章《对气泡核聚变的怀疑主义宣言》里所说的一样："我们离发电还很遥远。"

13. 逃离地心引力:
古老的预言认为人可以离开地球、自由飞翔,
今天,在美国国家航空航天局或者其他地方
还存在着这样的想法吗?
珍妮·曼宁

我们是否生活在一个奇迹与压力并存的时代? 我发现当科学范式(世界观)发生改变的时候,我的敬畏之心和好奇心都很强烈。大多数人都说,他们心灵的开阔不仅仅来自精神性的体验,同时还来自科学突破带来的改变。

当人们发现"不可能的事"变为"可能"的时候,看起来,人们更多地会去思考在这个奇迹背后支持它的原初能量之海。我们可以先来看看科学范式改变的两个例子——美国的一个小的悬浮玩具和挪威的一个永动雕像。在广大的物理学领域里,根据大多数有远见的工程师的说法,我们的集体世界观在不断打破疆界的缘故,是因为我们离星际旅航比我们所相信的要近得多。

星际旅航船? 是的,在不远的未来,反重力科技很快就会真正地起飞。科学家们都在很严肃地讨论着发明太空船"惯性抵消推动器"的可能性。

克服惯性 = 起飞

惯性是指运动中的事物始终保持着同一个运动方向,或者一个休息的人继续呆在沙发里。当你站在一辆公共汽车里,不管这辆公共汽车是突然间起动,或是突然间停下来,惯性都会迫使你摔倒在地上。与这相关的还有"地球引力",它会让一个乘坐加速火箭的人的脸变得扭曲。

因为天空中那些突然出现的外星物体,未来的宇宙飞船必须得到改造,那么重力和惯性就是要克服的对象。包括航空公司的导航员在内的许多观察者,都描述过不明飞行物在不减速的情况下突然急转弯,或者突然间从盘旋的状态加速到高速状态。如果在突然改变行驶状态的情况下,太空飞船里的人要幸存下来,那么惯性是必须要克服的,或者在物体内部、或者在周围操控它。这就是事实上的可控重力领域。

"惯性抵消推动器"已经离我们很近了,因为现在的主流科学家对引起惯性的原因已经有了一个清晰的了解。几年前,在著名的物理学杂志《物理评论》上发表了 B.海斯(B.Haish)、A.鲁达(A.Rueda)和 H.E.普斯沃夫(H.E.Puthoff)的一篇论文,这篇论文论述了惯性理论。他们指出我们过去惯常以为的"空间"其实并不空,整个宇宙都充满着"零点量子起伏"引起的电磁能量。这三位物理学家认为正是这个零点领域的相互作用导致了惯性和重力。

如果我们了解了这种相互作用,我们是否就能驶向星星了呢? 也许,了

图13.1.1936年6月6日的伦敦新闻里所展示的，一个瑜伽大师在空中的飘浮。

解只是第一步吧。最近，这三位科学家中的一位——H·普斯沃夫博士进一步地详细描述了他的观点。在科学杂志《走向太空》（*Ad Astra*）里，他写道：真空空间实际上是一个能量储存器，它所拥有的能量强度可以媲美核能，甚至更强大。如果零点领域（ZPF）能够变成我们实际可以利用的"矿藏"，那么银河系中的每一个点，都可以为我们的宇宙飞船提供能量。

这到底是怎么回事呢？普斯沃夫通过一个现象给了我们提示，这就是卡西米尔效应（Casimir effect），这种效应指的是空间中两块平行滑动的金属板被强烈地吸引到一起。另一个研究者，罗伯特·福沃德（Robert Forward）向我们展示了怎样利用这个效应，从电磁波动中提取出电能。普斯沃夫还提到了一篇由他的合写人洛克希德·马丁公司的海斯和加利福尼亚州立大学的鲁达，以及IBM公司的丹尼尔·科尔博士（Dr. Daniel Cole）所撰写的论文："他们认为幅员辽阔的外太空能够为零点领域的核加速提供一个理想的环境，因此可以发明一个能加强宇宙射线的装置。"他还提到了一篇由美国空军发布的报告，报告里讲到了一种"代宇宙射线"的可能性，这种宇宙射线可以"在低温冷却的、无碰撞的真空环境中使质子加速运动，从而在真空涨落中抽取出能量"。

综上所述，普斯沃夫最后总结道：科学实验显示了人类的技术可以改变真空涨落。从这里我们可以引出另一个相关的结论：从理论上来说，我们同样也能改变物质的万有引力和惯性。

普斯沃夫指出，到目前为止，我们所有已经提出的理论都只注意到了万有引力和惯性所产生的效应，而没有想到这两个基本的力到底是怎么产生的。他提到，第一个暗示了万有引力和惯性可能产生于潜在的"真空涨落"的是一位苏联科学家，他叫安德烈·萨卡诺夫（Andrei Sakharov），他在1967年的研究中提出了这一点。

最后，我们用一句话来总结普斯沃夫发表在《走向太空》上的那篇文章，这句话来自著名的科幻作家阿瑟·C.克拉克（Arthur C. Clarke），他说：先进的科学技术是很难和魔法相区别开来的。普斯沃夫也加了一句："幸运的是，这样的魔术似乎正在等待时机，等待着我们对我们所生活的这个量子宇宙有更深入的了解。"

从科幻小说到美国国家航空航天总局的新项目

阿瑟·C.克拉克在他最新出版的小说——《3001：太空漫游》里赞誉了萨卡诺夫、海斯、鲁德和普斯沃夫。他把他虚构的一个无惯性宇宙飞船命名为SHARP，这是四位科学家名字的首字母缩写。同时，在这部书里，他还把他们发表在《物理评论》上的那篇文章称为跨时代的里程碑。在小说的后记里，克拉克写道：当我们掌握了对惯性的控制技术后，将会出现很多有趣的现象。比如，"如果你轻轻地触碰你身旁的某一个人，他可能会以每小时几千公里的速度立即消失，直到比一毫秒的更少的时间之后，他撞到房间另一头的墙上为止。"

我们有时需要一个科幻作家来提出可能发生的最极端的事是什么。但是，从另一个方面来说，科学机构更接近于科学技术变革的未来前景。比如，美国国家航空航天总局（NASA）就为一个具有突破性的推进实验室组建了一个科学家研究小组。这个小组由马克·G.米利斯（Marc G. Millis）领导。米利斯在克利夫兰市的NASA刘易斯研究中心工作，他属于航天推进技术部门。去年，米利斯写了一篇论文，这篇论文里就谈到了真空电磁涨落的相互作用引起了重力和惯性。

所以现在看起来似乎已经足够有底气去预测：反重力的设备是可能的。而且，可以想见，通过操纵空间中的自由能——以太或者说乙醚，能够促使这种设备运转起来。

"还有一些研究提出了质量改变效应的实验结果，以及提出了一个关于'曲速引擎'（warp drive）的理论，"米利斯说道："这些新的可能性告诉我们，也许是时候回去再考虑一下制造一个幻想中的'太空引擎'（space drive）的想法了。"一个"太空引擎"可以完美地推进一个太空飞船——它可以通过利用物质和时空的基本特性来使太空飞船跳跃到宇宙中的任何一个地方，而且不需要携带或者释放任何爆炸性的燃料。

科幻小说中的太空漫游在我们这个时代是否能够成真呢？如果要实现这样的理想，我们的科学还需要重大的突破。正如普斯沃夫、米利斯和其他科学家所说的一样，我们需要突破现有的自给自足的推进系统，建立一个不需要推进物的推进方式。为了为这样的发现开辟一条途径，米利斯想象了三种不同形式的太空引擎。米利斯假设的引擎代表着NASA将要面临的挑战，他的论文也将这一领域未来的研究目标分解成了几个部分：

1、发现一种能够与真空中的电磁波动非对称的相互作用的方式。
2、发展一种将惯性、万有引力，或者时空属性与电磁联系起来的物理学。这种理论将会引导我们去利用电磁推进技术，而不是继续靠燃烧燃料。

3、去探究反物质是否真的存在，或者至少要能概括好它的属性。如果反物质并不存在，那么我们的目标也许是要换种角度来理解以太，或者重新推翻换物理学的基本原则。

米利斯假设的太空引擎包括正相反引擎（diametric drive）、变调引擎（pitch drive）、偏离引擎（bias drive）、分离引擎（disjunction drive），以及他的"碰撞航行"（collision sails）的概念，对于本文来说都太过于专业了。但是，我们据此要指出的是，时代已经变了。过去，制造一个太空引擎似乎是一件非常遥远的事，NASA会从事这样的工作也让人觉得不可思议。但是现在，我们已经有一个科学小组接受了这个挑战。

但是，由于科学家们害怕使用"反重力"这样的会引起争议的概念，因此，在别的地方，太空引擎的想法依然是不合时宜的。近来，芬兰的一位科学家就因为他发表在《伦敦时代周刊》上的一篇论文引来了一大群不受欢迎的记者——他发现在一个电磁场里旋转一个超导陶瓷，会让这个陶瓷上方悬挂的物体失去重量。这位科学家所遭遇的情形非常类似于1989年斯坦利·庞斯博士和马丁·弗莱什曼提出他们的"冷核融合"理论时所遭遇的情形。他们所受到的攻击甚至超出了国界。

芬兰的这位材料学家叫作尤金·波柯洛托夫（Eugene Podkletnov），他曾在坦佩雷大学工作，他抱怨大众媒体对他的研究过于大惊小怪，以至于毁了他的工作。但是他最近告诉杂志编辑罗布·欧文（Rob Irving），在五到七年的时间里，反重力效应就可以用来替换掉有污染的喷气式飞机。

图13.2. 英国发明家约翰·塞尔。

外界人士所宣称的反重力

在20世纪的下半叶，那些没有得到有关机构资金支持的个人也同样在反重力领域实现了突破。这样的个体包括：加拿大的大卫·哈梅尔（David Hamel），以及已故的美国人T.汤森·布朗（T. Townsend Brown）和英国的约翰·塞尔（John Searl）等。布朗那时还

图13.3. 还在建设中的约翰·塞尔的飞碟。

在学校里念书，同时也即将进入军界工作。而哈梅尔和塞尔都完全是主流科学界的局外人，他们两个在很多方面都很相似。

在《崛起的亚特兰蒂斯》的第一版里，大卫·刘易斯写了一篇名为《你的未来里有反重力吗？》的文章，这篇文章就是关于约翰·R.R.塞尔这位低调的英国发明家的。"他看上去是一个简单、诚实的人。与他简单的外表相反的是他对科学深入、独到的理解……他口音很重，不擅长语法和演讲……不像其他一些演说家一样，用华丽、优雅的词句来包裹他们的思想，他的质朴体现出了他的可信。"这就是刘易斯用审慎的眼光来打量的塞尔。

塞尔发明了一种他命名为"塞尔效应发电机"（SEG）的设备，他宣称可以用这个设备来让飞碟飞起来。这个飞碟不是指那种小的塑料飞盘，而是指在规模上不会输给任何一种飞机的飞行器。然而，最初的时候，塞尔并没有想到任何飞行器，他当时想要做的仅仅是生产电能。据说在1952年的时候，塞尔建造了一个十四英尺大小的旋转的塞尔效应发电机，它产生出了一种异常的高电压。但是它不仅没有降低这个发电机的速度，反而使它加速旋转，它让这个机器周围的空气发生了电离，最后它挣脱了与地面的连接，往空中飞了去。

记得吗？据说这件事发生在50年代。为什么没有任何一个大学教授或者机构组织对塞尔的发明感兴趣呢？部分原因是因为他们不想被嘲笑。即使是在二十年前，像NASA这样的机构，比起现在来，都很少会去接受那些不符合常规的观念。在70年代的时候，NASA的一个高级顾问，已故的罗尔夫·沙夫兰克博士（Dr. Rolf Schaffranke）被迫以笔名罗·西格马（Rho Sigma）写作了一本小书叫作《以太科技》（Ether Technology）。在这本书里，他讲到了塞尔的故事，同时也讲到了T.汤森·布朗，布朗的实验也是针对于不用动力，没有污染的太空飞行。

在沙夫克兰这本书出版十年之后，1989年，他也出席了在瑞士艾因西德伦举行的由瑞士协会举办的多达九百个工程师参加的自由能研究大会。这次会议

图13.4. 传说中塞尔的飞碟飞在空中的图片。

吸引我的一个原因是，我听闻约翰·塞尔也会出席这次会议。塞尔到达的那天，会议室里座无虚席，这位过去饱受批评的发明家，现在已经60多岁了，在这里他受到了热烈的欢迎。他非常感动地讲述了他所经历的艰苦工作和遇到的障碍，其中还包括一次实验失误，引起的大火不仅烧毁了他的机器，也烧伤了他自己的皮肤。他向大家发誓，现在已经没有什么可以阻止他的了。虽然，重新去拾起已经碎成一块一块的梦想，并不是一件很容易的事。不管他是否能够重新制造出他的飞碟，也许还有其他后继者继续着他的梦想。

权力属于人民

塞尔的理论在很多方面都和大卫·哈梅尔的相似。根据哈梅尔自己的描述，我们知道他是一个简单的人，一个木匠，他在五年级之后就没有再接受过正规的教育。过去的二十年里，他建造了一个与磁铁有关的实验设备，结果这个设备发生了爆炸，把他的车库顶都炸飞了。之后，他在他的后院里搭建了一个脚手架，在上面建造了一个八英尺大小的机器。在某一天晚上，当他发动它的时候，它在它的周围产生出一圈五颜六色的电离光环。然后，让哈梅尔大吃一惊的是，它居然飞了起来，越飞越高，向着太平洋的方向飞了去，最后消失在了他的视线里。

不过，当时的哈梅尔并没有因为这意味着他可以建造一个飞行器而感到高兴，让他沮丧的是，他投资在他的设备里的钱都跟着飞走了。所以，现在他又建造了一个更大的设备，这个设备由没有打磨过的花岗岩以及其他很重的物质组成。当它完成的时候，哈梅尔组织了一大批的观众来亲自验证他的实验。哈梅尔在加拿大西海岸的同事——电子专家皮埃尔·辛克莱尔（Pierre Sinclaire），也同样决定要将我们从落后的科学技术当中解放出来。皮埃尔为那些希望能够仿造哈梅尔装置的技术家出售视频资料，他将用这项收益得来的钱最迟在明年完成他自己的实验模型。通过这些电力产生的新方式，我们有可能诞生出新的交通工具。这些科学家打算把他们的技术告诉世界上所有的普通大众，而不仅仅只是告诉特定的集团组织。

我们准备好起飞了吗?

同样为了给人民以启迪，近来，一个反重力玩具走了公共教育的路线，出现在了市场上。它在给我们带来快乐的同时，也带给了我们赞叹和敬畏。这个磁悬浮陀螺是一个仅仅通过一块永久性磁铁的作用就能持续飘浮在其上方的陀螺。这个玩具包含了一个飞行组件，以及一个指导你怎样进行"飘浮艺术"的视频。新墨西哥州的迈克·斯图尔特（Mike Stewart）最近告诉我，他们用来教育普通民众的"新魔法"还包括一个永动机，它可以用来加强悬浮，使陀螺永远都停不下来。他说道："当然，对磁学的完全理解还需要时间。"

在看着这个陀螺在它的基座上旋转了五分钟以后，我仿佛清晰地看到一个反重力和无穷能源的未来在我面前展开。

至于"我们能去外星球吗"这样的问题，也许我们应该换一种小孩子常说的"妈妈，我可以吗？"来表达："地球妈妈，我可以吗？"如果我们真的有一个地球妈妈的话，我想她可能会回答："等你把你在家里弄脏的地方打扫干净后，你才可以去和那些外星球玩！"

弄脏？我们弄脏了什么？我们也许可以问一个我在 80 年代的会议上碰到的科学家，他也出席了我之前提到的在瑞士艾因西德伦的会议。亚当·特朗布利（Adam Trombly）创建了一个名为"地球计划"的信息网。他总是非常富有说服力地说起他的计划，而且提供了大量的事实来支持它。现在，特朗布利还为他的信息建立了一个网站，叫作：www.projectearth.com。

他还发明了一个非常规的发电机，通过这个发电机可以利用空间中的零点能。我认为这是另一个向我们昭示了美妙未来的发明。在我看来，当我们初步学会了如何和谐地与自然共同生活在这个地球上之后，我们也许可以证明我们已经成熟到可以合理地利用这些高科技了，然后，等待着我们的就是——起飞！

14. 黑暗中的能量：
地球自己就可以提供给我们完全充足的清洁能源吗？
苏珊·B.马丁内斯

埃克森和美孚这样的石油公司一定不会喜欢这样的念头。同样的，其他核工业公司也不会喜欢。即使是热衷于开发太阳能的新工业可能也会不相信地皱眉。不过，等待时间的验证吧。所有这些新的念头，总有一天会出现在我们眼前，它们会完全扭转传统的科学技术（180度的大扭转）！

我们以极地能源为例：比如在北极和南极等地，夜空中经常会出现五光十色的恢宏的极光。通过范艾伦辐射带[1]的极光测量表显示：它接近于三百万兆的电量。这是美国夏季用电高峰期所需电能的四倍。

地球大气层中的这些现象能不能转化成能量呢？有些人认为可以。

阿拉斯加州的人们已经开始着手将夜空中出现的那些漂亮的景象转变成可以利用的能源——我们将这些景象称为"北极光"，也就是毛利人所说的"燃烧的天空"，和欧洲人所说的"快乐的舞者"。北极光闪耀着，摇摆着，像跳着华尔兹舞一般的穿过苍穹，具有光彩夺目和无与伦比的美。但是，除了现在一些最新的天体力学支持这一观点，一直以来，开发利用这种神秘现象的可能性都被认为是很小的：在我们能够将这种能源为我们所用之前，我们必须先要搞清楚北极光到底是怎么产生的。如果雷·帕尔默（Ray Palmer）是正确的话，那么这些出现在南北极上空的闪烁烟火，可能不是像我们认为的那样产生自天空，而是由于地球自身深处的作用形成的。帕尔默是创建《命运》杂志的编辑之一，他评论道："最近，国际电离层研究卫星[2]已经确认了（1970年左右）……与科学家们之前认为的北极光来自外太空（比如说来自太阳）不同，更有可能是北极向上产生的作用导致了北极光。"帕尔默使用的"之前"是比较委婉的说法，因为直到现在，主流科学家还是顽固的不承认他们自己的发现，仍然要我们相信这些丰富的、美丽的北极光都是由遥远的太阳引起的。"太阳粒子被地球磁场所吸引，进入到大气气体当中，引起了他们的燃烧"——这就是那些科学家们的解释，这种"科学的语言"看起来很有说服力。

但是这可能吗？——众所周知，地球大气层的气体都是分子态的，而北极光的波长显示它通常都是原子态的：氢原子、氧原子，等等。再加上科学家们的探测显示，太阳通常所产生的能量不能引起北极光这种性质的改变，那么这些原子能又是从什么地方来的呢？

为了符合这个要求，科学家们很快又提出了一个假说：（太阳可以产生）

1.Van Allen Belt：是环绕地球的高能粒子辐射带。高能辐射层在赤道附近呈环状绕着地球，并向极地弯曲。这一辐射层通常就被称为"范艾伦辐射带"。

2.ISIS：International Satellites for Ionospheric Studies 的简称。

一种新形式的"高能粒子"。这就是"太阳风"。理所当然的，科学家们又赋予了这个虚构的"太阳风"（1958年提出）另一个任务：正是它将极光朝极地方向吹去（完全忽视了在其他纬度出现的极光）。这真是一箭双雕，要不然我们怎么解释那些在北极和南极的卫星照片里总是出现"极光圈"呢？而且，为什么太阳风只是在夜里才引起这些惊人的现象呢？

我们还是从头开始，这样我们才能清楚为什么说雷·帕尔默是对的。首先，我们不要将北极光看作是一种能量的形式，我们先来看看它的产生。它每晚都出现在地球的中心，这种强大的电流，就像地球自身的发动机或者马达，最终在北极完成它的旅程……它以火焰的形式发光，这就是为什么我们称之为"北极光"。

想象一下：地球的躯体在白天时呼入它，到了夜晚则呼出它，而北极，这个地球上的天然凹槽（没有人知道为什么），就像地球最重要的"嘴"一样，从这里"放出"了强有力的北极光。

小心谨慎的科学家，比如美国物理学家威廉·科利斯（William Corliss）就曾经私底下承认："有些北极光可能记录了地面向大气层缓慢释放电力的过程。"所以，这就是为什么北极光……从地球向大气层喷涌，在天空中闪耀，而且还附带了大量清洁的自由能。

科利斯还说道："导致了北极光现象的电流是伴随着地表上相似的电流一同产生的。"事实上，科林斯在之前曾遭到过猛烈的攻击，因为他提出了"北极光……可能和地震、山顶上的发光现象有联系"这样的令人吃惊的观点。但是一旦北极光真实的产生源头被确定，一旦其他不同的"嘴"（次要的嘴）被确定，那么这样的观点也许就不那么令人吃惊了。

日落以后，北极绝不是地球无限能量释放的唯一一个出口，能量从地球的中心喷涌而出，回到最初产生能量的大气漩涡中[1]。比如，北卡罗来纳州的布朗山，山脊上常常会出现耀眼的亮光，特别是在黑暗的夜里，就像"盛放的烟火"一样。这些亮光就像北极光一样，因为它们瞬息万变的美丽而闻名遐迩。这种现象被称之为"安第斯闪电"——它同样也发生在阿尔卑斯山、落基山脉等地——通常是在山顶上出现五颜六色的亮光，它们以非常快的速度向空中射去，有时在几百英里外都能看见。值得注意的是，布朗山地区处于地震活动带，正如英国科学家指出的那样："在这些闪光现象和断层线[2]之间有着非常明显的联系"，这或许可以给我们一个理解北极光的"出口"。

---

1. 大气漩涡所产生的能量（按基本的电磁学领域的解释）向漩涡中心集中，但是在北极时它到达中心，然后就开始向外部释放——我们可以从东到地球中心划一条线，在呈直角形的正北方向，就是漩涡所产生的电流（作者注）。

2. Fault lines：断层面与地面的交线称断层线，反映断层的延伸方向和延伸规模。过去认为断层线是地震造成，但是后来的研究表明断层线在地震之前就存在，是断层沿线的压力导致了地震。岩层承受的压力慢慢累积，最终断裂，于是就会发生地震。现代科学可以根据断层线的位置预测地震。

实际上，这种惊人的相似不仅存在于北极光和安第斯闪电之间，同时也包括：地震前的地光、气辉（在夜晚的天空中出现的无法解释的黯淡光）、海洋磷光、火山发光云、自然地火以及像沼泽鬼火或者"手持稻草的威廉阿姆"这样的沼泽光[1]。

地底深处的断裂造成了火山和地震，在智利、日本、中国和美国的加利福尼亚发生地震时，天空中都出现了地震云。在 1906 年三藩市大地震之前，在山丘和沼泽地上空都出现了层层叠叠的蓝色火光。在荒原、沼泽地，甚至是墓地都会产生近似于北极光的可疑现象。其中最常见的沼泽光——"手持稻草的威廉阿姆"——是如此的奇怪和神秘，"现在都还没有严肃的科学解释"。

这些有趣的磷火，夜晚时出现在沼泽地上空的神奇的小型火堆，通常我们都是用与描述北极光一样的语言来描绘它们。手持稻草的威廉阿姆的"阴森怪诞的鬼火"和"飘逸灵活像布帘一样"的北极光十分相像；用来形容沼泽光的"幽灵般的模样"也很符合用来形容北极光的"幽灵的面纱"。如果说手持稻草的威廉阿姆是欢腾跳跃的，那么北极光就是"快乐的舞者"。如果说手持稻草的威廉阿姆的颜色瞬息万变，或者突然间就从空中消失了（就像灰烬一样），北极光也是一样的。这些小而亮的沼泽光总是出现在离地面仅仅几英尺高的地方，而且仅仅出现在夜里。沼泽光是由地球自身所产生的，就像安第斯闪电、鬼火、"宝藏光"[2]、"精灵光"[3]、气辉，以及其他各式各样的地面或者海洋上出现的闪光现象，后面所有的这些现象同样也只出现在夜晚。中国人把鬼火看成是死者的阴魂不散，但到底是什么"特殊的地球元气"造成了它呢？同样的，又是一种什么样的力量使得蔬菜总是在夜晚生长呢？

如果地球自身不具备一种人类科学还没有预料到的特殊的夜间能量，那么以上的任何一种"奇迹"现象可能都不会发生。传统科学拒绝承认在世界各地发生的那些著名的"鬼火"，他们用无趣的、死板的教条来解释它们，比如认为它们是某种车前灯的反射（即使这些现象发生的时间比汽车的发明时间更早），或者认为它们是由于某种气体的燃烧（即使这种沼泽光根本没有产生热量），或者使用他们惯常使用的一招，就是将这些现象解释为——集体幻觉！但是这些难以理解的神秘光是真实存在的，他们如影如幻、瞬息万变的特殊性和北极光几乎如出一辙，比如"炫目的"（埃斯佩兰萨之光）、"在黑暗中跳

1.Marsh lights：沼泽光常发生在热带以及中纬度的沼泽低洼地区，如同蜡烛光。通常认为是由于自然界中存在的有机物，腐败之后产生的气体自燃而发光，比如动物尸骨分解产生的化磷物 (PH3) 或是甲烷 (CH4)。在英国，人们通常把这种鬼火叫作"will-o'-the-wisp"，意思是"手持稻草的威廉阿姆"。

2.Money lights：luces del dinero（light of money），经常出现在墨西哥和秘鲁的安第斯山脉上空。这种亮光的名字来自当地古老的传说，如果你看见这种光，你就会发现一个宝藏（作者注）。

3.Fairy lights：在澳大利亚，这种光也被称为"明明光"。它经常出现在沙漠里，发光的原因还不为人知。

舞"（得克萨斯州的马尔法之光）、"变色"（南卡罗来纳州的萨穆维尔之光），以及"闪耀"（密苏里州，靠近乔普林的奥索卡之光）。我们的"鬼火"从地上升起，被成千上万的人亲眼证实，它们每一次的出现都是地球以自己的方式无声地放电。就像英国民间传说中的小精灵——帕克（Puck），它们也出现在夜晚里。它们并非自然界中的怪物，而是自然的一部分，是给了我们日与夜的这片大地的一部分。它们都具有北极光一样的神韵，就如北极光在地球的主要出口——北极和南极释放出恢宏的射线一样释放光彩。

地球在夜晚所释放的所有现象都和北极光一样，具有极强的动力，它能让北极光高高地冲上云霄，就像火山爆发时，火山灰可以一直喷涌到二十英里高的平流层[1]中。我们在这些奇怪的地球光当中都发现了和北极光类似的颜色素——绿色、黄色、蓝色和红色。北极光产生时空气中会有类似硫黄和臭氧的味道，在海上龙卷风、地震、火山爆发、神奇的海上火焰，以及沼泽光发生时，我们也可以闻到类似的味道。有些观察者在海上所见到的巨大的、神奇的，具有完美的几何结构的光圈也和北极光的光圈相当类似。这些海上的光圈，往往都很巨大，出现时伴随着"咝咝"的声音，它们常见于东印度群岛，科利斯认为，这种声音"和低水平的北极光产生时所测量到的声音简直一模一样"。他还认为这些巨大的海上波浪就类似于北极光所产生的浓雾。没有人知道为什么这些巨大的海上光圈总是出现在印度洋上。但是我们可以想一想，在印度洋下有一条巨大的地震带（以及南亚所拥有的大量火山），地球潜藏的能量在这里释放还是什么奇怪的事吗？（2004年，就是在这个区域发生了灾难性的海啸。）

传统科学还在继续无视这些巨大的能量。但是不管怎样，我们必须承认包围着地球的巨大的漩涡和南北极在夜间释放的极光确实是非常接近于原子弹的能量。就像火山爆发时喷涌出的岩浆所具有的极端高温——超过2000摄氏度，以及地震时产生的地电效应，它们都显示了原子弹的能量。"鬼火"产生时那像火箭一样的速度、高温，以及神秘的火球同样暗示了一种稀有的能量。确实，北极光的蓝色、"鬼火"的蓝色火焰都可以看成是氢原子的化学反应。如果北极光的波长符合氧原子的结构形式，那么气辉同样也符合——这些温和的、虚弱的在夜晚出现的亮光，实际上就像我们平时看不见的月光一样，比其他所有星星加起来的亮度还要更加明亮。气辉是不是真的像我们的科学教材告诉我们的那样，来自较高的大气中呢？或许它就是地球从黄昏到黎明时缓慢、温和地呼出的能量。像先知一样的科幻小说作家儒勒·凡尔纳（Jules Verne）在他的小说《地心游记》中设想了地球的内部是什么样的，他描写道："就像白天一样的明亮……那些光源……闪烁的电力；北极光所具有的某种特质……照亮了整个海洋的深渊。"凡尔纳的这一描述，一半是想象，一半却是来自仔细的观

1.Stratosphere：亦称同温层，是地球大气层里上热下冷的一层，此层被分成不同的温度层，当中高温层置于顶部，而低温层置于低部。它与位于其下贴近地表的对流层刚好相反，对流层是上冷下热的。

察，这使得他的思想远远超越了他所生活的那个时代。13 世纪的挪威人认为北极光"在夜晚释放的是它在白天吸收的光"；斯堪的纳维亚的民间传说认为北极光来自海洋深处；爱斯基摩人还认为比较低的极光可以杀死人——像这样的民间传说，我们真的能全都把它们看作是迷信吗？

虽然很多人都梦想着能够从地球这个巨大的电磁场里获得能量（自由能），但是却很少有人愿意去探究北极光的秘密。不管是感性的打油诗还是科学的教条都对北极光进行浪漫化的描述，比如形容北极光像是"从外太空吹来的一阵微风"。如果我们再仔细观察一下范艾伦辐射带，就会发现"太阳风"的理论是站不住脚的。按照"太阳风"的理论，在这里的北极光应该是由太阳辐射造成的，但是我们会发现，范艾伦辐射带环绕着地球，像一个圆圈一样，它覆盖了地球两极以外的每一个维度（在两极，地球自身的出口气流在空中切断了范艾伦辐射带）。因此，如果北极光真的是由这个"天空中的北极光工厂"所生产，然后再向下辐射到地球上来，那么它们不会覆盖两极，而是向赤道和中分维度射去。但是，实际上，它们并没有如此。

否认了这些明显事实的科学到底是什么样的科学？根据科学家们的假设，太阳风是由一种叫作"阿尔文波"[1]的东西引起的，它可以让那些从外太空来的粒子加速，这似乎很好地解释了北极光的光束总是"离地球越近时强度越大"，然后"在大气层中渐渐地消失了"。但是，NASA 却告诉了我们刚好相反的结果——他们在南极洲的拍摄片段表明"极光是在陆地上的一个洞口里发射出来的……它们从洞口喷出，向上射出光束……直直地对准天顶"。的确，由伟大的卡尔·高斯（Karl Gauss）领导的物理学家们早就发现了地球内部的天然电磁场，他们认为实际上正是地球内部的电流产生了地球的力场。

那么，为什么我们没有将这些发现联系起来呢？

科学妈妈，出于她自身的原因，希望能够在以下这些简单的问题上继续保持妈妈的权威：为什么北极光产生在夜晚？它为什么不能像彩虹一样发生在任何时间段？难道阿尔文波和太阳风白天都在睡觉吗？或者——雷·帕尔默是对的？毕竟，正是他将我们的注意力转移到了"从北极向上释放"的夜间能量上来。

你有没有产生过这样的疑问：为什么大多数的地震和火山爆发都发生在晚上，或者凌晨的时候？

现在你就知道啦。

为什么那些特大的北极光总是和"太阳耀斑"[2]有着二十四小时的时差？

1.Alfven waves：是由瑞典学者阿尔文（Hannes Alfvén，1908-1995）发现并命名的一种磁流体力学波。

2.Solar flare：是一种最剧烈的太阳活动，周期约为 11 年。一般认为发生在色球层中，所以也叫"色球爆发"。其主要观测特征是，日面上（常在黑子群上空）突然出现迅速发展的亮斑闪耀，其寿命仅在几分钟到几十分钟之间。太阳耀斑会对地球空间环境造成很大的影响。

现在你就知道了，北极光在从北极出口向外释放之前，首先还是要在经过地球的"夜间守卫"。它与太阳没有任何关系。

地球在白天接收自然的能量，然后在夜晚再释放她强大的磁通量。这难道是"异常"的吗？（难道因此就超出了科学的范围吗？）我们应该把对这些光、这些声音、这些运动、气味、火焰、喷涌以及对我们不断变化的地球的所有研究都流放到西伯利亚去进行吗？然后再把时间花到其他那些神神道道、标新立异的"边缘科学"上去吗？在科学的那一千零一个"复杂"的解释中，有一些、很少的一些将会真正勾勒出地球神秘的全景。

冰岛的首都雷克雅未克已经在使用地热资源来取暖了。

这证明了像原子弹爆炸一样释放能量的火山也可以是一种巨大的便利能源。

南极洲的很多小镇都用地下温泉水来建立巨大的蒸气浴室。

那么，我们地球上最神奇的现象之一——北极光，天空中最伟大的光影秀——当它们的能量可以为我们人类所利用之后，将会成就更大的奇迹。

15. 隐形技术：
最新出现的科技能够让固态物质消失吗？
约翰·凯特勒

"隐形"这个词来自两个法语词根的组合，意思是："用鲜花来覆盖住"。它为我们熟知已经很久很久了，广泛地存在于自然界中，比如变色龙、章鱼、斑马，以及鲽科和鲆科的鱼。但是将隐形用于战争，作为一种比较先进的作战武器来说，实际上并没有开始多久。

举例来看，著名的日本忍者，虽然他们的核心思想可以追溯到几千年前的一本中国书（不是指那个人）——《孙子》，但是他们实际产生是在公元600年。同样的，尽管在美国独立战争时，手拿步枪的狙击手就穿上了很难辨识的鹿皮外套。但是直到1900年左右的布尔战争[1]，当时世界上最好的军队——英国军队，才停止了身穿一套闪亮的鲜红色军装去参加战斗的传统。他们向布尔人学习，也穿上了在非洲作战时可以给他们很大好处的土黄色衣服。

这种应变能力是典型的英国式的：审慎、节制、多虑，这种品质往往通过组建一些小的专门部队表现出来。比如著名的95来福步枪团，有些观众可能是通过PBS电视台的连续剧《夏普的来福枪》来熟悉这个团的。由肖恩·宾（Sean Bean）饰演的主人公早期是个普通的军士，后来成了身穿著名的"绿色夹克"的军官，我们第一次看见他大显身手是拿破仑时期发生在西班牙的战争。对欧洲战场来说，从鲜红色的军装到绿色的军装，是一个了不起的进步。

虽然早在几个世纪之前，就已经开始将军舰伪装成普通的船只，甚至伪装成敌方的船只，但是直到美国内战，隐蔽军舰才真正出现。即使到了那时，也不过是一种烟雾类计划，是为了使被封锁的士兵能够在那些小心谨慎的封锁者的眼皮底下，悄悄地穿过沿海的浓雾。

直到第一次世界大战，军舰才开始了官方的隐蔽彩绘模式，它们模仿斑马的自然花纹来进行伪装，目的是改变军舰的外观，或者通过扭曲视野来愚弄敌方的枪手。至于空中侦察机，以及后来的战斗机，不管是对地上的人来说，还是对飞机上的人来说，都越来越是一个问题。因此后来，陆军部队和部分航空兵都广泛地采用了伪装措施。不过，还是有一些空军部队，比如"里奇特霍芬（Richthofen）马戏团"[2]的27联队，他们就喜欢在飞机上画满鲜艳的、奇怪

---

1. 在非洲的荷兰殖民者、葡萄牙殖民者和法国殖民者的后裔被称为布尔人。布尔战争是指英国人和布尔人之间为了争夺南非殖民地而展开的战争。历史上一共有两次布尔战争，第一次布尔战争发生在1880年至1881年，第二次布尔战争发生在1899年至1902年。
2. 第一次世界大战期间，由曼弗雷德·阿尔布雷希特·冯·里希特霍芬男爵（Manfred Albrecht Freiherr von Richthofen）领导的一支德国空军部队，是当时最厉害的空军部队。里希特霍芬男爵因此被称为"红男爵"。

的图案。这些飞机有时在几英里外都能看见，他们的目的是恐吓敌军。比如由"红男爵"自己驾驶的那架红色的福克（Fokker）[1]三翼机。

第一次世界大战中真正出现的新发明，实际上是"光学隐身"（Optical Stealth）的念头。很少有人知道，这项技术的第一次实行是1916年德国福克飞机厂对一架典型的福克E-Ⅲ机进行的改造。他们不再将飞机木制的框架用布料包起来，涂上涂布油，而是将这些框架都漆成了白色。而像飞机引擎、燃料箱、武器等其他固体的部件，也都要么漆成白色，要么处理成透明四氯乙烷（纤维丁酸盐制品）出现之前的反射镜皮肤。这个主意是由并不出名的德国犹太化学家亚瑟·艾肯格里恩（Arthur Eichengruen）提供的。

多亏了德意志联邦共和国慕尼黑德国博物馆的伊丽莎白·沃普尔（Elisabeth Vaupel）发表在《应用化学国际版》上的一篇论文，这一未被承认的秘密先驱才开始从历史的迷雾中浮现出来。其后，在20世纪30年代，德国发明家S.G.科斯洛夫（S.G. Kozlov）对一架雅科夫列夫[2]AIR-4战斗机进行了类似的改造，但他用的是一种叫作洛德依德的物质来包裹飞机，这是法国生产的一种很薄的透明玻璃纸，它也因此被描述为"有机玻璃"。在其后不算太长的一段时间里，这种"光学隐身"技术一直使用得很好，但是随着飞机渐渐地都改造成了金属结构，其高密度的金属外壳，越来越难进行固体的包装，因此这项计划在1935年的时候就终止了。

还记得上面说到的苏联人的贡献吗？正是他们实现了隐形技术领域重大的突破。第二次世界大战是隐形技术这一领域发生巨大革新的时期，它的某些方面至今还是热门的讨论话题。那时的发现让他们自己都很吃惊，这包括德国制造的可以躲避雷达的霍尔滕飞翼飞机（Ho IXV3），这种飞机差一点就投入了大规模的生产，还有对吸引雷达波的物质（RAM）的早期发现，他们把这种物质用到了后期的U型潜水艇上。同时还包括美国在"耶胡迪[3]效应"上开展的工作，他们沿着机翼的前沿放置这种光，和反潜飞机[4]的发动机整流罩一起消除了深色飞机和浅色天空之间的强烈对比。这是用视觉来探测飞机需要注意的最关键的问题之一，使用了这项技术之后，飞机可以在飞出两英里以外才会被看见，这么短的时间，即使是U型潜水艇也根本来不及逃走。

虽然大多数人并不知道以上这些军事上的重大进步，不过让我们再来看看"另一个"美国隐形技术计划，这个计划一提出就迅速引起了争议，它是由伟大的发明家特斯拉和名为高等研究院（Institute for Advanced Studies）的普林斯顿智囊团参与的计划，这个智囊团拥有像爱因斯坦和冯诺依曼（Von

---

1. 指德国东部的福克飞机厂研制生产的飞机，福克飞机厂由大名鼎鼎的安东尼·福克主持，第一次世界大战中，福克飞机厂制造了许多种很成功的飞机。
2. Yakovlev：苏联著名飞机制造局。
3. Yehudi：一项以著名音乐家耶胡迪·梅纽因之名来命名的美国空军的秘密光学计划。
4. Antisubmarine：用于搜索和攻击潜艇的海军飞机。

Neumann）这样的科学家。这就是我们所熟知的名为"费城实验"的军舰隐形计划，它更确切的名字实际上是"彩虹"。

那时美国海军因为加快了造船的速率，使得很多军舰都因为 U 型潜艇而沉没，因此这个计划的目的是，通过强大的转动式磁铁和超高频场，在整个军舰的外围制造一个能量罩，这个能量罩可以让光线无法穿透，从而实现军舰的隐形。有的人认为这种设计同样可以用来对付雷达波。

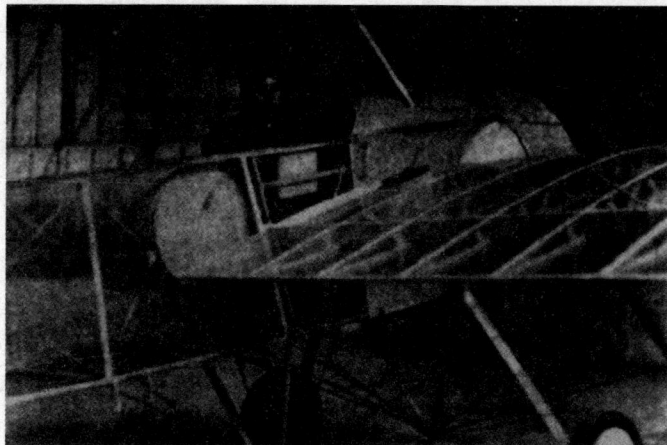

图15.1. 第一次世界大战时德国的"光学隐形"实验，图中显示的就是他们的透视单翼飞机福克 E- Ⅲ。

但是根据记载，这项计划引起了许多完全没有料想到的结果，比如说"远距传物"[1]。它还引起了其他一些负面效应，其中有一些是特斯拉预计到了的，他也事先给予了警告。但是在他的考虑被粗暴地忽略之后——他认为不应该用载有全体船员的军舰进行试验——他退出了该计划（根据某些批评性

图15.2. 透视单翼飞机福克 E- Ⅲ透明的四氯乙烷外壳，让这架飞机很难被发现。

的文章报道，这个计划显然没有为船员们考虑）。这可能是因为那些与《星际

1.Teleportation：是指通过量子能量的方式，使某一物体从一个位置瞬间传送到另一个位置。

迷航》（*Star Trek*）有关的复杂思想，认为人和机器是没有分别的，他们和那些飞行器就是一体。这显然是错误的。

这可能听起来有点牵强，但是有一些证据确实证明了，不仅冯诺依曼继续了该项计划，而且这项计划最终还是被武器化了。我们都知道，在20世纪80年代，一艘美国航空母舰，一直被苏联的间谍渔船跟踪，但是突然间这艘航空母舰就消失不见了，然后在几百英里之外它才又重新出现。根据苏联相关的情报资源描述，当他们失去对这个美国的移动核平台的追踪时，就像"被人猛踩了一下"。据报道，当时苏联所有可以飞的、可以航行的工具都临时征用来全力搜索这艘失踪的航空母舰，但是在经过了几个小时的紧张搜索后，他们才发现这艘航空母舰已经离它最初的位置十分遥远了。有人说，这是美国船长未经允许地启动了一些高度机密的技术。

早些时候，美国就已经在越南北部的天空那里受到了教训，知道了现代防空技术可以有多么的可怕；现在他们又从以色列空军那里重新受到了教训，比如1973年的赎罪日战争。很少有人意识到解决这个谜团的关键已经于1962年时在苏联出版了，但是这个发现被深深地掩埋在了其他科学发现之中，根本无人理会，以至于作者这样对他的同事说："他们认为我的工作一钱不值。"这到底是个什么发现呢？

彼得·乌菲姆采夫（Pyotr Ufimstev）的《物理理论中棱波衍射的方法》（*Metod Kraevykh Voln v Fizicheskoi Teorii Difraktsii*，莫斯科：索维斯科电台，1962）。现在这篇文章可以在NASA的技术报告中看到，报告编号：#AD-733203 FTD-HC-23-259-71（第243页），文档编号：ID19720010515N(72N18165)。

1975年，当时还在洛克希德臭鼬工厂工作的丹尼斯·奥弗霍尔泽（Dennis Overholser）直接根据这篇文章，向他的老板——臭鼬工厂的主管本·里奇（Ben Rich）——提出了一种全新的雷达隐形术，即将一系列经过周密计算的金属板组合成一种前所未有的飞机，飞机的每一个侧面都是一次革命性的设计。这个飞机的外形是如此奇怪，以至于被戏称为"毫无希望的方块"，没人期望它能飞起来。但它实际的名称是"海弗蓝"（have blue），它为以后隐形飞机的发展奠定了方向。在经过了长时间的、昂贵的、困难的改造后，这种飞机于1989年在臭名昭著的巴拿马"正义事业行动"[1]中首次使用，其后又发展成F-117隐形战斗机，它成了1990年"沙漠风暴"[2]行动中无可争议的明星。同样是在1990年的时候，彼得·奥弗霍尔泽在一次对美国的科学访问中发现他的发明——当时在自己的国内无人问津的发明（苏联已于1989年时解体）——被美国人热切地、秘密地利用，成为他们在这一领域的关键技术，但是相反地，

1.1989年，美国入侵巴拿马，代号为"正义事业行动"（Operation Just Cause）。
2.1990年，以美国为首的多国部队向伊拉克发起了代号为"沙漠风暴"（Desert Storm）的军事行动，海湾战争由此爆发。

苏联却早就将其遗忘了。这是多么令人惊奇的讽刺啊！

在这一背景下，又出现了许多后继的项目，比如 B-2 隐形轰炸机、海影隐形军舰，还包括在偷偷摸摸的情况下建造起来的、相当有趣的"格拉莫探索者"[1] 深海潜艇，以及一些有趣的报道所宣称的在第 51 区 [2] 上空出现的不断盘旋的外星人飞碟仿制品（ARV）。除了这些之外，还有两个新的发明值得我们关注，这两个发明都与反重力技术没有关系。

并非魔法的超材料[3]

有些读者可能回想起了一个有趣的报道：一个名叫田智前（Susumi Tachi）的人在日本发明了"隐身衣"。这个"隐身衣"的工作原理是将身穿隐身衣的人身后的景物"录制"下来，然后反射到这件衣服上，从而通过相对减少背景光和模糊处理在某种程度上实现"隐身"。但是这件隐身衣实在是太过于精细复杂了，它有数不清的摄像头、线、信号发射器，以及其他的部件。我们可以设想一下，假如没有这些昂贵的电子元件，是否也能够实现类似的效果呢？假设这整个过程都能够通过某种方式完全不同？这似乎就是日本科学家们正在努力的方向，从宏观的层面上来看，不管是在微型技术还是纳米技术的领域，这都有可能会是一次重大的技术革命。它究竟能够发展到多么不可思议的地步呢？

"超材料"这个词是由罗杰·沃尔泽（Roger Walser）发明的，他是德克萨斯州立大学的教授，他在 2001 年发表的一篇论文中第一次使用了这个词。他把它定义为："人工复合材料……具有超出常规结构限制的物质性质。"顺理成章地，美国国防部高级防御研究计划局（DARPA）对它相当感兴趣，他们于 2001 年推出了自己的方案，促使这个机构，在现在的项目经理瓦莱丽·布朗（Valerie Brown）和斯图·沃尔夫（Stu Wolf）的带领下，重新定义了这个词："超材料是一种新形式的、规则的复合物，它们具有目前自然界的物质所不具备的特殊性质。这些性质来自质量上新的响应函数：1）不能在组成材料中观察到；2）它们由人造的、非本质的、低维多相性的结构构成。"

换句话说：超材料是通过日常的复合材料来生成的，它们因为微结构、甚至是毫微结构的改变而更改了属性，从而使得这些超材料具有了"原本不属于

1.Glomar Explorer：1972 年中央情报局请霍华德·休斯帮助打捞一艘在夏威夷附近沉没的苏联潜艇。霍华德·休斯以采集海底锰结核为名制造了这艘"格拉莫探索者"深海潜艇来进行此项秘密工作。

2.Area 51：位于美国内华达州南部林肯郡的一个区域，这里有一个美国的空军基地，它被认为是美国用来进行秘密空军飞机开发和测试的地方，关于它有很多"不明飞行物"的传说。

3.Metamaterial：物理学领域出现的一个新的学术词语，指具有天然材料所不具备的超常物理性质的人工复合结构或复合材料。

它们"的特质。这正好验证了阿瑟·C.克拉克爵士的名言:"任何真正意义上的先进科技都很难与魔法区别开来。"那么到底有多"不属于它们"呢?可以这样来理解:如果说标准科学只给我们显示了理论上可行的四分之一特质,那么超材料则将其他的四分之三显示给了我们。这项技术要如何取得进展呢?我们可以看看大卫·R.史密斯(David R. Smith)的"电磁超材料"的网站[1],史密斯是发表在《科学》杂志 2006 年 5 月 25 日那一期上的那篇权威超材料论文的三位作者中的一位。

超材料真正让我们激动的,不仅仅是它能够让辐射方向图变得更有效、能够生产更好的发动机等等,而是在于它能够将隐形的可能变为现实——具体来说,不管是航天飞行器还是一个士兵,超材料都能让射到这个物体上的微波和光弯曲,从而实现物体隐形。《科学》杂志上发表的那篇文章就是在说这个,史密斯完全投入到了实现"隐形蓝图"[2]的可能性中。他对科幻小说和科幻电影中出现的隐形进行了深入的思考,然后比较了这些作家和电影工作者与硬科学所认为的什么是可行的,什么是潜在可行的。现在看来,隐形还没有实现,但是它是科技将要发展的方向之一。

到了弯曲的时候了

假如我们可以发明出这样的科技:雷达或者侦察者所看到的并不是航天飞行器、装甲车、战士,而是在它、他、她背后的那些东西?就好像这些目标根本就不存在,那会怎么样呢?从波长这个问题来看,这项科技首先应该出现在微波领域,因为波长所涉及的比可见光所涉及的要短得多,但是,它们现在还都仅仅是理论上可能。不过,如果可行,应该是怎样产生效应的呢?

就像我们前面所说的那样,超材料工作的方式是我们从来没有见过的,它显示了异常的、之前从未被见过的特质:当我们用适当频率的电磁波轰击它时,它会出现负折射率[3]。换句话说,它不是将能量反射回能源发出者,而是让能量远离它,就好像是水围绕着码头或者桥墩流淌一样。迄今为止报告过的,在这种理念下进行的实验,都要么是在微小的或者纳米毫微的状态下,以及都非常小心谨慎地在复合物中要么使用了微小的圆球体,要么使用了微小的圆柱体。它们基本上都根据自身的设计,首先捕获能量,然后循环能量,获得微波能量或者光。这些微波和光先是围绕着观察者这一边,然后流动到相反的一边,在这里它们便逃逸了。

至少在目前所设计的超材料覆盖的范围里,观察者都看不见它们,在它们存在的地方观察者没有任何感知。如果我们使用的是雷达的话,雷达的信号会

1.At www.ee.duke.edu/~drsmith/about_metamaterials.com——作者原注

2.At www.ee.duke.edu/~drsmith/cloaking.html——作者原注

3. 折射率小于 1 或者等于 0。

不停地向前探测，直到它撞到一个什么东西上，然后它将那个东西的数据反射回接收器。如果是肉眼观察，不管是人还是观察机器，都只能看到目标物背后的那些东西，而不是目标物。

超材料真的是一种万能药吗？现在看来很难。超材料还存在着"缺点"——它们会吸收超过百分之二十的原始输入信号；它们分别都是非常高频的，意思说是对物体的每一个频带来说，都需要不同的各种各样的超材料。现在看来，我们还不知道有没有宽带的超物质存在。

有趣的是，超材料和现代电子学之间有很多相似的地方。它们都依赖于对物体有意的改造，否则就是无效的；它们每一天都在改变事物，否则就是不可能的。

16. 气候战争：
自然灾害是否存在着非自然的一面？
约翰·凯特勒

　　2005年是热带风暴肆虐的一年（这一年发生了如此多次热带风暴，以至于风暴专家们已经用完了他们的名字手册，只好用希腊数字来命名每一次风暴），只有到了这个时候，广大的人民群众才意识到我们的气候出了问题。"出了问题"在这里指的是"非自然"。因此，过去那些通常漠不关心、持观望态度的人们，现在都接受着一些闻所未闻的新闻报道，而且这些新闻报道还出现在过去不可能出现的地方，比如《在线商业周刊》这类杂志上。

　　考虑一下这几个问题：首先，"自然"的气候是我们对气候的长期理解，不断沉淀，然后有别于"异常"得出的一般模式。总的来说，我们今天的气候是越来越冷，而且越来越不稳定。看起来，我们似乎在舒适的状态下生活太久了，以至于我们已经习惯了"自然"的气候。

　　其次，全球气候变暖所依据的温室效应只不过是一种理论假说而已。不管某些专家和大众怎么宣扬这一理论，甚至是换另一句恐吓方式——冰川正在消融，但是仍然有很多有声望的科学家完全不相信它，这些科学家还发表了一些尖锐的文章来批评它。

　　再次，有部分人争论道，不是大气层在变暖，而是地球内部在变暖。他们举出了像一些长期休眠的火山现在开始爆发，以及又出现了一些新的火山等类似的证据，他们还提到了现在有大量关于如何利用地球的火山力的报道。

　　除此之外，还有其他一些说法：太阳的活动在它十一年的活动周期之外变得越来越活跃和不正常；"地球改变"（Earth Changes）电视频道的米奇·巴托斯（Mitch Batros）在他的网站（www.ectv.com）中把太阳的频繁活动和不正常的气候联系到了一起。还有证据显示星星的不稳定（"星震"starquakes）也在严重影响着地球；哦，我们还没有讨论X行星（尼比鲁［Nibiru］星[1]）呢，以及它临近地球时会对地球气候造成的重大影响。有的人甚至相信我们会有一个全球的灾难性天气，就像即将上映的灾难电视剧《地球湮没之惊涛大历险》和电影《后天》里的那样。

　　就算到处都流传着以上这些思想，那么我们之中还会不会有人想要和大自然乱来呢？

1.Nibiru，以苏美尔神话中的神命名的一颗行星，在苏美尔语里是"渡船"之意。据说它存在于太阳系外围边缘，每3600年时进入一次太阳系，玛雅预言称该星球2012年会临近地球，然后引起地球毁灭。有报道称NASA在1982年发现了这个星球，但随后NASA说只是一次错误的发现。

和大自然的联系

历史上和当代的一些学者都曾经注意到过在重大的战争和极端的天气之间存在着明显的联系，他们给予的科学解释是：发生战争时那些巨大的噪音、灰尘，以及类似的行为都会引发超乎平常的降雨，它们会增强空中的凝聚力，而且，还有可能给新生的风暴加强能量。这样的解释是纯粹机械论的，因此，它没有考虑到大自然、该亚（地母）。这是明智的吗？如果以赫尔墨斯传统的学说来看（上行，下效[1]），它们的答案就是：不。

有趣的是，对于卡特里娜飓风[2]，我们发现正统基督教福音主义者和他们最不可能的同胞——撒旦主义者之间拥有着令人吃惊的相似性。他们共同的观点都是：惩罚。福音主义者认为卡特里娜飓风摧毁新奥尔良，是因为神要惩罚这座罪孽深重的城市；而撒旦主义者，他们的精神导师之一阿伦·多纳休（Aaron Donahue）是这样看待卡特里娜飓风的："……在经历了人类长时间的虐待和滥用后，地球开始反抗，它（她）要伸张正义。我们的地球正在死亡，它（她）用自己的力量来杀死那些还在继续不假思索地伤害她的人。"在《阿伦：卡特里娜——大自然给贪婪民族的一份礼物》（*www.farshores. org/jd090305.htm*）这篇报告中，他告诉撒旦主义的信徒们去听他在国际广播

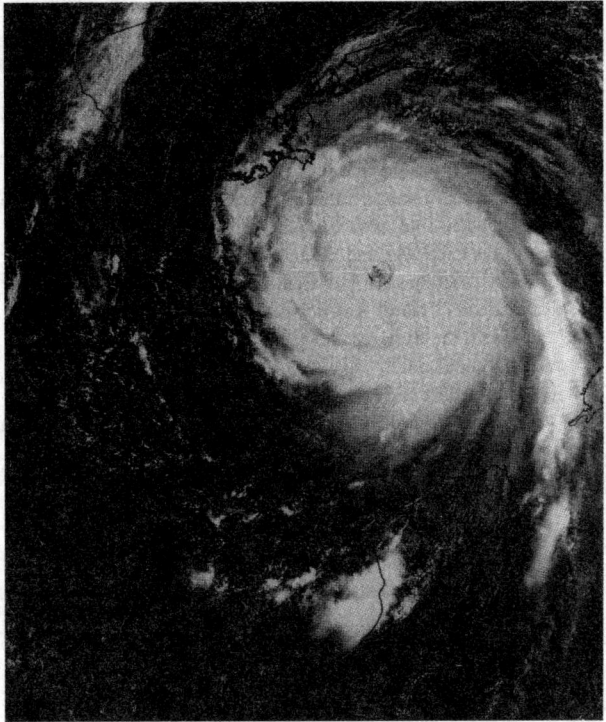

图16.1.2005 年袭击新奥尔良的卡特里娜飓风（由 N.O.A.A 提供的卫星图片）。

---

1. "as above, so below"：出自公元前 3000 年前的"翡翠石板"，它是赫尔墨斯学说的代表文献之一。中文通常翻译为：上行，下效。
2.Hurricane Katrina：是 2005 年在美国发生的一次特大飓风，飓风中心在美国新奥尔良。

电台中"撒旦的声音"这个节目，他说："我们要学会与大自然亲密生活在一起，这样她才能保护我们不受灾难的伤害，这些降临在人类身上的灾难，不仅会发生在美国，而且会发生在全世界。"

这听起来有些奇怪，但实际上这样的观点总是一次又一次地出现，不仅仅是在全球化的文明当中，还在我们的梦境、幻觉、预言当中，它被类似部落的首领或者郊区的家庭主妇等不同的人当作是宗教信仰或者民族信条传递给他者。他们的警告是明确而坚定的：人类的行为和感情会被大自然忠实地反射回来。我们对待这个星球和对待其他人的行为越是疯狂、越是具有破坏性，那么我们的地球就会变得越是不稳定、越是危险。但是如果有人是在故意破坏地球的气候呢？这有可能吗？

政治和超级武器的那点事

1997 年 4 月，在由前参议员山姆·纳恩（Sam Nunn）发起的以暴抗暴反恐怖主义大会上，国防部秘书威廉·卡恩（William Cohen）说道："某些恐怖分子正在开发生化类武器，他们甚至可以通过电磁波来远程遥控气候，或者引发地震和火山……所以现在有一大批非常聪明的人正在努力开发一种新的方式来对其他国家开展恐怖主义的活动……这些都是真的，这也是为什么我们必须加强我们（以暴抗暴反恐怖主义）的努力的原因。"

退休陆军中校汤姆·比尔登——他还有其他一些头衔：极度聪明的能源先锋和标量波武器[1]"先知"等——在他那很有深度的网站（www.cheniere.org）上评论道：卡恩的那篇讲稿是被五角大楼的公关顾问事先"净化"过的，也就是说其中的某些文字已经被改变了。他原文意思是某些性质一样的组织和国家已经拥有了这种杀伤性的电磁武器。

那么到底是什么样的组织呢？

汤姆·比尔登和经验丰富的石油地质学家罗恩·梅森（Ron Mason）通过既独立又互相合作的工作，发现了一个即使是用好莱坞的邪恶标准来看都过于邪恶的联盟。在《关系》[2]杂志上发表的一篇名为《闪亮的天空》[3]（Bright Skies）的文章里——这篇文章是由六个部分组成的一个系列文章——梅森用充足的事例说明：奥姆真理教[4]的一个叫作"神圣的真相"的教派（就是他们引起的东京地铁沙林毒气事件），悄悄地在西澳大利亚偏远地区修建并测试了

1.Scalar Weapon：用两个极强的标量波对撞，造成一定范围内的极度高温，类似于将一个区域变成微波炉。

2.Nexus：一个国际双月刊另类新闻杂志。

3. 见 www.cheniere.org/misc/brightskies.htm 上的文章、录像和其他链接。（作者注）

4.Aum Shinrikyo：是创立于 1984 年的日本一个以佛教和瑜伽为主的新兴宗教教团，也是日本代表性的邪教团体。进行过松本沙林事件、坂本堤律师一家杀害事件与东京地铁沙林毒气事件等恐怖活动。

一个以特斯拉的设计为基础的设备，这个设备不仅引发了地震，还使得他们为了避免留下历史记录而摧毁了当地的原始部落。这一系列文章的后面几个部分继续说道：俄国已经向澳大利亚发射了标量波武器。更糟糕的是，这次发射使用的是网格状模式，完全没有考虑到它会对地质结构造成的影响。哦，这些都还不算是真正糟糕的消息，你还会看到，极端民族主义者还有其他强有力的组织。

恐怖主义组织都需要资金和赞助，所以这一切看起来都很自然：那些为了报复美国往长崎和广岛扔的两颗原子弹的极端民族主义组织，会不顾一切地和那些目标、利益相似的组织联合起来。比如让人闻风丧胆的山口组（日本黑帮组织），据说这个组织的前身就是一群在第二次世界大战后期集结起来的非常顽固的极端民族主义者。这些组织现在都既有权又有钱，但是超级武器？超级武器又从哪里来？——请快速回答在 1989 年时解体的超级大国是哪一个？现在，再猜一猜这个大国曾经掌控一切的安全机构，一个不仅控制核弹头，还控制标量波武器的机构。你的答案是俄国和克格勃（现在的俄罗斯联邦安全局）吗？

根据汤姆·比尔登、罗恩·梅森以及其他人的调查，这就是我们要面对的事实真相。既出于对美国的仇恨，也出于丰盛的报酬（价值 9 亿的黄金），克格勃的成员悄悄地将俄国早年生产的标量波武器出售给了奥姆真理教和山口组，后面这个组合是世界上最肮脏、最让人恐惧的 [1]，他们将用这个武器发起对美国的气候战争，同时也在这个过程中获利。

怎么获利呢？他们通过投资能源市场，用事先准备好的巨大混乱来"袭击"市场（比如说制造飓风，使得海上钻井平台和炼油厂关闭），然后抬高价格。新奥尔良港口被迫关闭的那段时间，美国的港口吞吐能力丧失了百分之二十，严重影响了美国的进出口事业。卡特里娜飓风造成的最直接后果是：美国民用燃料油价格上涨，让数百万美国人的钱包受到威胁。而这只是我们已知的、巨大经济损失中的一小部分而已。而且，这并不是我们受到的第一次的攻击。在《闪亮的天空》的第五部分里，梅森列举了一系列直接发生在西方国家和他们的同盟国的气候攻击。这对汤姆·比尔登来说都是旧新闻了，他把这些攻击的发生时间一直追溯到了冷战时期，比如用俄国"啄木鸟"[2]（超远程电离层雷达和标量波武器的结合）来人工影响天气，他说道："北美自从 1976 年以来就没有过'正常'的天气。"荒谬的是，苏联居然选择 6 月 4 号来开始以啄木

---

1. 更多骇人听闻的细节请看《量子危机》（《崛起的亚特兰蒂斯》第 50 期，第二次编辑）。早期武器交易请看：www.cheniere.org/images/weapons/index.html。

2. Woodpecker：俄罗斯啄木鸟是一个源自苏联的无线电讯号的绰号，来自苏联开发的超远程电离层雷达（over-the-horizon radar）系统，这个讯号自 1976 年 7 月到 1989 年 12 月可以在世界范围内在短波频段上收听到。它听起来就像是尖锐的敲击噪音，大约每秒钟重复 10 次，所以被冠以"俄罗斯啄木鸟"的名头。

鸟为基础的标量波气候攻击。

这件事的另一个让人恼火的问题是：梅森发现了一些证据，证实 1995 年 7 月在神户发生的 7.2 级地震，很有可能是奥姆真理教在神户使用一种秘密的标量波武器从而引起的，在地震发生之前，奥姆真理教的某个教派首领预言了这次地震。这进一步表明，日本黑帮很有可能违背了克格勃关于租借此类武器的安全条约，而且他们自己学会了这项技术——因此，到了现在这个地步，他们已经能够制造他们自己的便携式标量波武器了。

诚然，这样的事在大多数人看来都是在扯淡，但正如我们之前指出的那样，它已经吸引了主流社会的注意。新闻媒体用既轻蔑又嘲弄的口吻来报道这样的事，而且其中关键的因素和人员还在保密当中，就其本身的性质来说，这是相当令人惊讶的。

在《商业周刊》一篇名为《是谁操纵了天气？》的在线故事（www.wtov9.com/money/5141496/detail.html）中，汤姆·比尔登和他的基本观点在前面两个自然段里都得到了非常公正、精确的描述，第三个自然段里还随意地列举出了一些相关的网址（使用的术语是："阴谋论"），但是它的第四个自然段，却在开始就使用了一句感情强烈的否定话语："对绝大多数的科学家和气候专家来说，这样的推测是很可笑的。"还好的是，这个作者没有说"所有"，因为至少有一个前电视气象学专家并不这么认为，而正是他，引起了一次大的争论。

爱达荷州的波卡特洛并非天生就是争论产生的"温床"，但是斯科特·史蒂文斯（Scott Stevens）和他的网站——气候战争（www.weatherwars.info）却让它成了这样的"温床"。他不仅在网站上列举了比尔登的发现，还包括他自己和其他人搜集的各种信息、视频、图片，他清楚明白地向我们展示了许多非自然气候现象的证据，这些证据令人吃惊，它们不仅包括卡特里娜飓风，还包括其他许多"不可能"的、"不可思议"的飓风。莫斯科新闻网（俄国莫斯科）发表了一篇名为《美国气象学家认为是俄国发明家导致了卡特里娜飓风》的文章，这篇文章引用了一段《乡村之音》（village voice）采访史蒂文斯的片段，这个采访刚好发生在卡特里娜着陆之后，《无线闪光》（wireless flash）也发表了这次采访。史蒂文斯的立场是很坚定的，他说道："这根本不可能是自然的现象，根本不可能。"史蒂文斯对他的发现拥有绝对的热忱，为此，他最近辞掉了他在电视台工作多年的职位，全身心地投入到这项调查当中，尽全力要找到真相。很自然地，他为此遭到了多方面的批评，有家国际网站称呼他为"白痴"，而《芝加哥论坛》的一个专栏作家则说他是个"妄想狂"。

定制天气

1992 年，《华尔街日报》报道说一家俄国公司正在提供定制天气服务，这家公司有一个非常有意思的名字：欢乐智能技术有限公司。这家公司位于莫斯科贝科沃机场附近，在贝科沃机场就能看见他们公司特殊的天线。各种消息表明，这样的天气改变可以发生在"两百平方英里"的范围内。这家公司的总裁叫作伊格尔·皮洛古夫（Igor Pirogoff），上面的小标题就是引用的他的原话，他对这家公司的能力充满了十二万分的信心，因此，他说他们可以将安德鲁飓风（造成了 110 亿美元的损失）变成"一场小的、无用的微风"。也正是他领导了一个变态的新理念——"天气敲诈"："如果您雇用我们的话，我们向您保证，一定给您一个舒适的户外天气——我们也向您保证，一定给您一个糟糕的天气，如果您不按约定付钱给我们的话。"

鲍勃·菲特拉克斯（Bob Fitrakis）和弗里茨·切斯（Fritz Chess）合写了一篇非常美丽的文章，名为《暴风雨天气：政府控制大自然的首要秘密任务》，这篇文章告诉我们：自从 50 年代以来，美国政府不仅理解控制和改变天气在军事上所占的优势，而且这么多年以来，他们已经开发和部署了一系列可操作的项目。其中最早的一次实验，是大力水手行动（Project Popeye），这次行动是往越南上空的云层里加入大量的碘化银，从而促成了大规模的人工降雨，其目的是摧毁越军的重要粮食补给线——"胡志明小道"。据报道，这次行动使得越南的降雨量增大了百分之三十。不过，这次意外降雨最终造成了一次愤怒的参议员听证，和缔结了一个联合国条约。

1976 年 11 月 10 日，在大力水手行动的几年之后，参加联合国大会的那些提心吊胆的外交官们达成了一项协议：《禁止为军事或任何其他敌对目的使用改变环境的技术的公约》。公约第一条第一点是：要求公约的每个缔约国承诺"不为军事或任何其他敌对目的使用具有广泛、持久或严重影响的改变环境的技术作为摧毁、破坏或伤害任何其他缔约国的手段"。公约第一条第二点是：本公约各缔约国保证不帮助、怂恿或引诱任何国家、国家集团或国际组织从事违反公约第一条第一点的活动。公约第二条将"改变环境的技术"定义为："指通过蓄意操纵自然过程改变地球（包括其生物群、岩石圈、水气层和大气层）或外层空间的动态、组成或结构的技术。"公约第三条特别赦免了符合公认原则和国际法中适用规则的为了和平的目的而使用改变环境的技术。好吧，到这里为止，这个公约还可以，但如果公约对象是个体、公司、组织，又该怎样呢？公约第四条要求缔约国要禁止"在其管辖或控制下的任何地区"从事非法的改变环境的行动。公约第五条规定了协商和合作的事宜，但是事与愿违。

在这个条约签约之前，苏联已经开始了气候战争，这严重违反了条约。而至于美国，与此同时，它似乎也在悄悄地追求着自己的各种类型的改造天气的计划。

高频活动极光研究计划（HAARP）

美国高频活动极光研究计划（High-Frequency Active Auroral Research Project），简称 HAARP，是一项主要在阿拉斯加加科纳开展的计划。据说这项计划最初的目的是希望能利用阿拉斯加巨大的天然气资源来生产电力，然后供给用户们，而不是像过去那样简单地建一个运输管道。国防部对外宣称这个项目是为了研究太空电离层——但是正如调查者鲍勃·弗莱彻（Bob Fletcher）在他的特别报告《作为武器的气候控制》中所展示的一样，以及正如尼克·巴吉奇博士（Dr. Nick Begich）和珍妮·曼宁（Jeane Manning）的那本伟大的著作《天使不玩这种 HAARP》（*Angels don't Play This HAARP*）中所展示的一样——这项计划的后果要严重得多。从改变坏境的立场上来看，HAARP 可以做到以下这几点：1）移开或者阻隔空中的急流层，从而改变整个区域的天气状况；2）人为制造断层带，引发地震；3）改变能量空间；4）利用电离层的透视和反射，再加上使大气中充满有毒物质，比如钡化合物，这不仅能够在一个特定的区域干扰、阻断所有的通讯、能量和电磁反应，同时还能破坏人类或者其他生物的神经系统，如果愿意甚至还可以杀死他们。HAARP 所具有的这些各种各样的可怕功用，可以影响联合国合约保护下的每一个国家和区域。

所以，下次再发生"自然灾害"，我们是不是需要问一问："自然？非自然？或者人为促成的？"同时，我们还需要问一问："是谁干的？"

第四部分
精神科学

17. 水的敏感性：
令人吃惊的新证据表明水可以反应思想，甚至其他
珍妮·曼宁

　　水可以记录我们的思想和情感吗？水分子的结晶会随着莫扎特的音乐而翩翩起舞吗？当听到一首沉重的诗歌时，水的结晶会不会破碎呢？水能够反应真挚爱情的力量吗？它又能不能反映感恩的心情呢？

　　日本的一个研究者相信他拍摄下来的照片可以证明水具有这样的敏感性。江本胜博士（Dr. Masaru Emoto）研究了在显微镜观察下数以万计的水结晶的结构。当健康的水冷冻时，它会产生结晶——这些固态结晶都拥有一个规则的内部结构。但是水的这种产生结晶的能力却能够对水本身产生重大的影响。江本胜发现水结晶的结构可以受到人类活动和意识的影响。他发现了物理的证据，可以证明：我们的思想——人类的振动能——影响着我们周围的环境。更进一步的，他发现音乐和图片也能影响水的分子结构。

　　江本胜最近刚刚访问了不列颠哥伦比亚省，他在这里讲述了他的故事，展示了他在出版他的著作《水知道答案》之后的新发现，给大家看了几十张非常精彩的图片。他在 1992 年的时候在印度开放国际大学获得过代替医疗学的博士学位。他的专业背景，既是一个医生，曾经治疗过一万五千多人；同时也是一名作家，他发表了一系列关于微能量的著作。

　　江本胜最初开始转向研究水，是在他与李·洛伦茨博士（Dr. Lee H. Lorenzen）会面以后。洛伦茨是美国加州大学伯克利分校的生化学家，他发明了一种名为"磁共振水"的新型水，并用这种水来治好了他妻子的疾病。通过洛伦茨，江本胜知道了一种名为"磁共振分析仪"的机器，据说这种机器可以用来测量"磁"（chi）[1]。江本胜用一个日本词汇"波动（hado）"来代替了"磁"，"波动"的意思是："与人类意识相联系的微能量世界"。

　　回到日本以后，江本胜说，在他的要求之下，洛伦茨发明了一种可以用来促进人类健康的"波动水"（hado water）。病人的家人认为这种水确实起到了一定的效果，但是有些怀疑主义者则大肆嘲笑了这种认为水可以保持和促进健康的观点。谁看见了"磁"？"波动"到底是什么？

　　为了向这些怀疑主义者展示"波动水"并非只是一种痴人说梦，江本胜需要一种工具或者一种方法可以显示普通水和这种水的区别。1994 年的时候，他读了一本书，这本书让他开始思考他到底应该怎样才能找到这种方法。这本书里讲到，即使是雪在地球上已经下了数百万年了，但是迄今为止，科学家们还是没有找到两个一模一样的雪花。这让江本胜开始思考：是否冷冻水可以用来显示水在不同的影响之下所具有的信息？

1.Chi：日本词汇，意为"能量"。

让水滴冻结，然后单个的拍摄下它的结晶，这说起来比实际做起来要容易得多。因为，首先整个过程必须要在一个非常强大的显微镜下进行，其次，必须要在这些水滴融化以前，高速进行拍摄。然而，江本胜一直致力于开发一种技术，这种技术可以让水结晶在九十秒里放大 200 至 500 倍，也就是说还没有等到它们完全融化。这种技术需要建立一个非常巨大的冰柜，而江本胜的员工需要在里面一次工作十五分钟以上，里面的温度只有零下 5 摄氏度（23 华氏度），他们都必须身穿防寒服。

江本胜自我解嘲地说道，他在这种温度条件下根本待不了几分钟，因此，他只有雇用一些真正的摄影师。江本胜将这些照片放大成幻灯片，然后向他的学生放映，他的学生都感到非常惊奇。比如，一个取自日本山梨县春雪消融后的天然泉水的样本，它的水结晶就呈现出一个对称的六角形（有六个边），同时在每一边上都有三个延伸出去的分枝，它给人的感觉就好像是人们手握着手。

相比之下，当水暴露在氯这种化学物质当中时，氯会对水结晶结构造成破坏性的影响。江本胜的学生严肃地得出结论：既然地球上的生命都依赖水，那么在世界上的任何一个地方，与水的质量相关的生命力都会对周围的环境造成巨大的影响。

江本胜的合作者从世界各地向他提供水的样本，不同的城市、不同的山——既有被污染过的河水，也有从圣洁的地方来的水。他的员工对每一个标本都拍摄了很多照片。虽然从同一种水的标本中形成的水结晶，每一个都与另一个不同，但是它们却有很多相似的地方。从未受过污染的水标本形成了对称的六角形水结晶，但是那些从污染过的水里提取出的水滴，在冷冻后却被摄影师们发现，它们的水结晶几乎不能形成六角形的结构。

不过，大多数的标本在融化时都经历了一个相似的过程。在显微镜的观察下，我们可以看到，就在冰变为水的那一刻，它形成了一个圈里六条线的形状。这好像使水具有了中国汉字那种象形特征。

到底是什么造成了水的这种内在结构的明显特殊性？原因可能和以下这些影响有关：水受到了化学物的污染，水受到了情感的干扰（一次大地震后，城市中弥漫的恐慌情绪使得水都失去了结晶的能力），以及声音的干扰。

在后来的实验中，江本胜将水的标本放到扩音器下，然后在水滴冻结前播放特定的录音。当这些录音包含具有攻击性的语句，比如"我恨你！"或者"你是个傻子！"时，

图17.1. 著名的作家、治疗家江本胜博士。

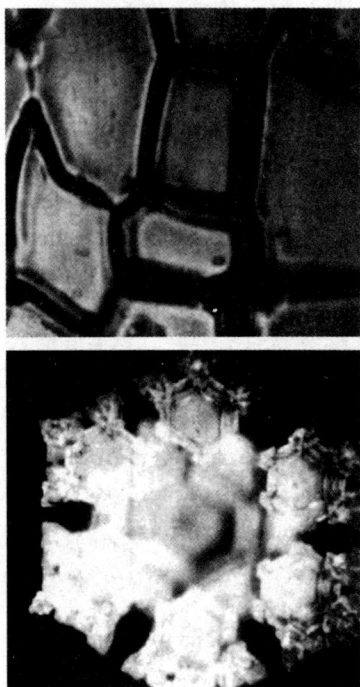

图17.2. 上面的图片显示的是处于停滞状态中的藤原大坝的水。下图则是在祈祷之后所取的藤原大坝的水（图片来自《水知道答案》）。

水不仅不能生成严格意义上的结晶，而且我们还可以在显微镜下发现，水的形状变得一团糟。

但是，在另一种情况下，向水播放高雅的音乐，比如莫扎特的G小调第四十交响曲，和贝多芬的田园交响曲时，水能够形成拥有美丽优雅的结构的水结晶。这一类的研究路线最终发展成：把水标本放置在特定的照片旁，在它们旁边系着一个写着字的标签，然后让小学生对着这些水标本读标签上的话。

虽然，健康的水形成了无数个各种各样的六角形水结晶，但江本胜还是从中发现了一个令人吃惊的现象。在一系列水结晶的前后对比照中，他发现其中一张显示了一个并不完全的水结晶结构，形成这个水结晶的水来自藤原大坝，而且采集于祈祷之前。大坝里的水变得浑浊，在显微镜的观察下，这个水标本看上去像一张正在忍受折磨的脸。但是，后一张照片中的水则取自于僧侣加藤伯者（Kato Hoki）——加藤是日本大宫市吉屋后音（Jyuhouin）寺的首席主持——在大坝旁祈祷了一个小时之后。祈祷后所取的水形成了非常漂亮的六角形水晶，其中还有两个六角形水晶拥有七个边。这很有意思，因为加藤当时所祈祷的对象就是主宰幸运的七位女神。

江本胜的研究发现，那些不能形成结晶的处于焦虑、混乱状态中的水，在经过了爱的情感的影响后，也能改变性质，生成美丽的水晶。所以，他得出结论，我们最强有力的语言组合是："爱和感谢。"

江本胜最近的实验表明：电磁污染可以通过电话里的语言或是电视里的和谐画面得到缓解，比如，两个恋人之间的通话，或者一个关于大自然的电视节目。而刚好相反的是，那些政治辩论往往会对水生成结晶的能力起到一个负面的影响作用。

如果说水负载着我们情感的信息——不管是爱还是恨，这对我们的日常生活又意味着什么呢？在各种各样的科学完成他们的研究之前，我们只能简单地推测推测。

我们都听过这样的故事：当一个家庭处于争吵当中时，他们室内的植物都会逐渐死去；而相反地，植物会在园丁的指尖下茁壮成长，如果周围充满爱的话。也许，这就是因为植物体内的水，它们即时地感应到了、并记录下来了它

大金字塔难道仅仅就是公元前2550年所修建的、埃及第四王朝法老胡夫的一个巨大陵墓吗？它有没有可能是一种更加有趣的建筑呢？比如说是某种宗教的入会场所？或者是一个能量装置？

这个小的象牙雕塑被认为是埃及法老胡夫（公元前2550年）的雕像，他同时也被正统埃及学家认为是吉萨大金塔的建造者。（照片由格雷格·赫奇库克Greg Hedgecock提供）

尤卡坦半岛帕伦克的玛雅人金字塔（左）在很多方面都和埃及法老昭塞尔在沙卡拉建立的第三王朝金字塔（右）很相似。它们都是阶梯式金字塔，都拥有向下的走廊和地下室。这些相似是否暗示着它们都有一个共同的文化源头呢？

对比原始近东文化和前哥伦比亚美洲文化，我们会发现这两种文化都暗示了一个消失了的、位于海中央的文化源头。这个消失了的文化源头是亚特兰蒂斯吗？（由汤姆·米勒绘制）

位于埃及沙卡拉的这个204英尺高的石头阶梯金字塔，一般认为它大约建造于公元前2800年，它俯视着伟大的古城孟斐斯。

青铜制品安提基瑟拉装置在1900年时发现于克里特附近的海里。它大约出产于公元前80年。这个古老的机器装置是一台模拟计算机和一个复杂的航海工具。古时候的航海员用它来计算恒星和行星运行的轨迹。

这幅惊人的画来自于十三世纪法国的一部手稿，它描绘了公元前332年亚历山大大帝和他的海军所使用的一个玻璃桶潜水艇。亚里士多德也提及过这些潜艇，他把它们叫作"可以潜入水中的房子。"

SOLIS CIR TERRARUM REVO

CA ORBEM SPIRALIS LUTIO

在任何一个时代，那些挑战主流思想的人通常都会遭到迫害。不论是在十七世纪接受审讯的伽利略（图中所示），还是在二十世纪遭到学术界审判的维里科夫斯基。（由克里斯蒂亚诺·班迪Cristiano Banti绘制于1857年）

牛顿真的搞清楚了他的苹果在轨道里会怎么运行吗？

非洲马里共和国桑哈地区，沿着邦贾加拉悬崖修建的原始多贡人村落。

我们所处的银河星系

上图：最初高达12英尺的巨石X-1是埃及纳布塔·布那亚最大的一块石头。就像其他许多矗立在纳布塔的石头一样，它在很多个世纪之前就裂开了，或者是有意被切割开了。纳布塔·布那亚的巨石阵看起来像是一个古老的观星台的一部分。（图片由托马斯·布罗菲提供）

右图：埃及纳布塔·布那亚名为"结构A"的一个巨石阵，其中央矗立着一个经过修饰的、形状优美的巨石。（图片由托马斯·布罗菲提供）

下图：纳布塔·布那亚的一块独立的石英砂岩。

图中显示了汤姆·米勒所假设的一颗古老的原子弹在亚洲次大陆爆炸时的情形。

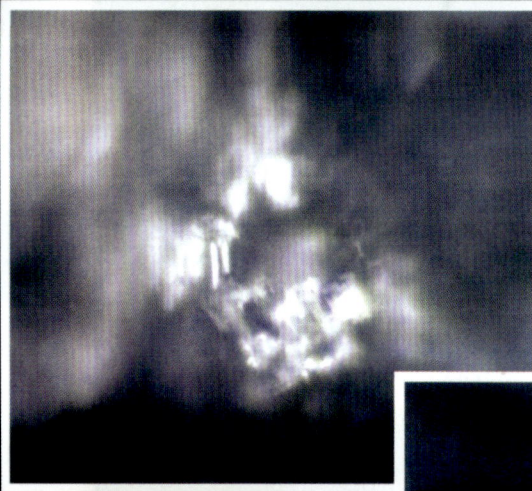

左图：蒸馏水冰冻的一瞬间在显微镜中被拍摄下来的画面。

下图：同样的水结晶（左图中在彩色的盘子里所显示的水结晶）被暴露在一张孩子的照片面前时的变化。

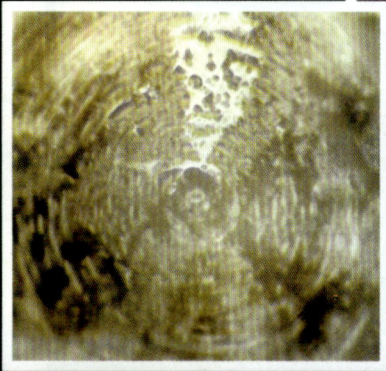

上图：对比一下暴露在摇滚乐中的水结晶形状和右图中的水结晶形状。

右图：暴露在巴赫音乐《G弦上的咏叹调》中的水结晶形成了非常独特和美丽的形状。

本页图片均来自于江本胜博士的《水知道答案》。

磁悬浮陀螺——一
个反重力的陀螺。它通
过磁力和离心力的共同
作用而长期悬浮在空
中。

田智前的隐身衣，
它通过电子技术试图隐
藏身穿这件衣服的人。

仅仅依靠光能而动起来的这个光热转
轮，它的黑白桨轮可以通过我们的精神能
量停下来，这证明了思想可以影响物质。

汤姆·米勒猜想的一个反重力的未来。

一个艺术家所设想的特斯拉的X射线机器。

声聚变研究者R.塔利亚克汉在田纳西州橡树林国家实验室。（图片所有权：橡树林国家实验室）

一个艺术家眼里的隐形战斗机。（兰迪·哈拉甘为《崛起的亚特兰蒂斯》绘制的图片）

靠近阿拉斯加加科纳的美国高频活动极光研究计划是由高65英尺、占地80英尺宽的每排八个，共六排的圆柱形天线组成。表面上，这些天线是用来研究较高的电离层的，但是它们有没有可能，刚好相反，是用来操纵全球天气模式的呢？（图片所有权：美国空军）

金星的星云。（图片所有权：美国国家航空航天局）

英雄宇航员约翰·葛仑（John Glenn）进入友谊七号。（图片所有权：美国国家航空航天局）

阿波罗十四号带着埃德加·米切尔
（Edgar Mitchell）进行的一次伟大的
个人发现之旅。（汤姆·米勒绘制）

们所处环境中的那些强有力的情感。

早些年，在苏格兰不太适合人类居住的地方建立了一个号角社区（Findhorn community），那里长出来了神秘的、巨大的白菜。这些白菜有没有可能是受到了养育它们的水的影响呢？号角社区的一个发起人，最近访问了大不列颠哥伦比亚省，他说号角社区的花园里长得非常旺盛的那些植物，展示了当人类和其他领域（大自然的精神领域）互相合作时，会发生怎样的奇迹。不过，或许水也是构成这种展示的一部分。水可以传递人类最纯净的情感。其他科学家的研究，比如斯坦福大学的名誉退休教授威廉·蒂勒博士（William Tiller），他发现我们的情感对物质世界可以产生可测量的影响。

水是否是用来传达细微影响的最敏感的媒介呢？如果是的话，这对我们自身的健康，以及地球环境的健康都意义重大。孕育人的子宫，由百分之九十五的水构成；而一个成人的身体则由百分之七十的水构成。我们生活的这个星球，其表面百分之七十的地方都覆盖着水。

江本胜将他的发现展示给了欧洲和日本各地的观众。在英国的时候，他遇见了鲁珀特·谢尔德雷克博士（Dr. Rupert Sheldrake），他说谢尔德雷克博士让他到监狱里去做一做他的实验。看一看，那些罪犯，或者与常人不同、处于负面精神状态的人会对水产生什么样的影响。

就像其他所有的先锋者一样，江本胜的工作同样也遇到了阻碍。好在他的工作是自己筹集资金的，因此还不至于被强行停止。因此江本胜不会像雅克·本维尼斯特（Jacques Benveniste）那样，本维尼斯特的研究正要发现顺势医疗法时，就被法国政府取消了所有的资金。

所以，看起来，现在所需要的就是严谨的多次科学实验，没有任何疏漏的计划安排，要么验证、要么推翻江本胜的发现。然而，江本胜很怀疑西方的科学思维模式是否能够胜任这项工作。当所处理的对象是像江本胜所认为的水这样的充满活力的、健康的生命体时，没有所谓的完全精确的重复实验。就像雪花和人类的脸一样，他说道，水结晶是各种各样的影响的产物，它们之中不会出现两个完全一模一样的水结晶。

你要怎样在一个万花筒里重复一个实验呢？水无疑就是如此敏感的东西，它对细微影响的反应是无时无刻不在变化当中的。

18. 水的力量：
它是否隐藏了可以解决当下最麻烦的难题的钥匙？
珍妮·曼宁

我们用来思考的器官主要由水组成。我们的身体有三分之二是水。因此，水的质量既可以让我们健康，也可以让我们生病。我们最近还得知，水似乎拥有记忆的能力，可以传递"信息"。怪不得，当前科学最前沿的研究就是对水的研究。不过，在我认识了以下这些研究者后，我觉得，更有可能是再研究。

1、现在神经病学倾向于认同中世纪的观点，中世纪时期，科学家们认为我们的记忆、想象和理性都存在于我们脑腔内充满水的部分。

2、转换的实验，从水到我们，生命能量"磁"（chi）——我们过去同样称它为"普拉纳"（prana）[1]。

3、对希腊克里特岛的古米诺斯文化中那些特殊形状的水管的研究。

4、一个治疗者的手发射出来的能量是怎样影响水的？

5、检验"圣水"[2]的物理属性，或者人类的意识对水的晶体结构所产生的影响？

6、将水看作是一种能源来进行利用，并把水的这种功能作为科学发明的原型。

有的人研究过去的纪录片资料，比如过去有的研究认为水是自成一体的组织，它可以通过旋转的运动方式使它们自身充满力量。还有一些人提出了著名的水的反常性——水在4摄氏度时（华氏39.2度），密度会集中；但是当它的温度下降得更低时，它会奇特的膨胀开来，因此水的固态出现在水的液态之前。水的主要构成成分——氢，广泛地存在于银河系当中，而且我们在外太空的尘云中也发现了冰。

《宝瓶同谋》的作者玛丽琳·弗格森（Marilyn Ferguson）把水的存在称为"我们这个世界最奇怪的事"。水的神秘性使得我们重新又开始想起了远古时代的一些预言，比如部落时期的某些预言。弗格森几年前写道："预言（prescience），也许就是以前的科学，一些我们已经知道了很久的知识。"

在我们这个唯物主义的时代失去感知微妙能量的能力之前，水主要用于神

1.Prana：印度词汇，意为"能量"。

2.Holy water：在基督教中，圣水是被牧师或主教祝圣过的水，用以洗礼或其他宗教仪式。通常认为圣水具有辟邪驱魔的作用。

3.The Aquarian Conspiracy, Marilyn Ferguson，已有中文译本，台湾方智出版社出版。

圣的仪式或者作为神圣的标志。比如基督教的洗礼；或者神圣的河；或者用迷信的眼光，把海洋看作是爱的来源；以及关于洪水或者说创世的神话；参观某一圣地或者圣殿时饮用圣水等。苏美尔人的女神伊南娜（Inanna），她的心脏就是一个水瓶，里面流动着神圣的水。以及铜器时代的文明——米诺斯文明，那时克里特岛上的王国名为克诺索斯，它的国王是米诺斯，这个国家遵循着一个基本的原则，那就是：水回到土壤中去的时候必须和它被取出来的时候是一样的——也就是把水都当作是神圣的。但是，到了今天，我们却把所有的河流和海洋都看作是垃圾倾倒场。而我们现在面临着缺乏饮用水的困境。卡尔·马雷特博士（Dr. Karl Maret）预言水将会成为下个世纪的货币。但是现在，探索水的神秘性的那些科学家们却还在为资金苦苦挣扎。

"现在的空间研究对探索水不感兴趣，"弗格森说道，"虽然，水可能和我们的生活有着更加直接的联系。"当人类砍伐雨林，或者改变其他保持我们居住环境处于湿润状态的因素时，"我们应该记起一种非常流行的猜测——火星曾经也是一个充满水的星球。"

让水动起来和让水冻起来

我们已经受到过足够多的警告了。19世纪的时候，奥地利的"守林人"维克托·肖伯杰（Vikor Schauberger）就已经向我们警告了当森林大量消失时出现的那些荒原。他观察了水和森林互相间的关系，比如说水可以让森林保持低温的状态、森林里那些树荫庇护下的小溪所拥有的纯净的水。"理解大自然，然后复制它。"他劝说道。他说水是充满韵律的生动的主体。水将它自己供给任何有需要的生命体。当然，水也会因为不正确的处理方式而变得有危害。污水会危害动物、植物和鱼类。

不管是取自河坝还是取自瓶子，不流动的死水和温热的水都会变得腐坏。相反的来说，华氏39度的活水，则是最健康的，拥有最高的密度、最好的承载能力。河流都有与生俱来的自我调节的方式，如果我们不去干扰它，让它保持自身的动态平衡的话，它可以因为河边那些遮盖它的植物而保持低温，也可以通过弯弯曲曲的河道，即有方向的旋涡式运动，保持活力。但是，目光短浅的人类工程——砍伐森林、修建大坝、改变河道等——严重地损害了我们星球的循环系统。其中之一就是干扰了地球的水分循环，所以我们"收获"了洪水、干旱，以及其他一些极端气候。

奥洛夫·亚历山德松（Olaf Alexdandersson）的著作《鲜活的水》（*Living Water*），从肖伯杰的洞见一直介绍到了河流管理、水燃料设备和水能源。卡勒姆·科茨（Callum Coats）的著作《活能量》（*Living Energies*）继承了《鲜活的水》的观点，同时，《活能量》还可以被看作是新的生态科技的教科书——它的主题就是鼓励创建新的科技，这种科技不再是与自然对抗，而是与自然和谐共处。科茨钻研肖伯杰的观点，钻研了二十年——从造林术到防洪技术，再

图18.1. 先锋思想家维克托·肖伯杰，他对自然和水的流体力学的理解至今还在影响着我们今天的环境保护工作者。

到土地施肥，以及水的净化。读了这本书，那些水利专家们才会知道，河流温度的一点小小的变动都会引起一个多么严重的后果。在肖伯杰的所有发现当中，其中一个是水的旋转运动怎样使水充满了微妙的能量。

不需要水利大坝的水利

自然学家们的警告已经在我们耳边回响了好几十年了："当前的主流科技都错用了物体运动的形式。"20世纪的机器总是会产生污染物，这是因为这些机器的运作过程都是离心的向外运动——加热、燃烧、加压、放射、爆炸，致使自然的新陈代谢过程大多都遭到了毁灭性的打击。自然用来分解物质的方式，正是他们把空气、水和燃料进行加工的方式。肖伯杰研究发现，向心的、内在的螺旋力才是最具有创造性的、冷却的、抽取的运动形式，它不会产生破坏性的后果，相反，会重建秩序。

肖伯杰将他对圆形螺旋式运动的认知应用到了许多发明当中，以及与自然的创造型运动方式相一致的研究方法中。他所发明的"水机器"既可以解决农业问题和能源产生的问题，同时也能在用管道传输水的时候促进水向内做螺旋式运动。

肖伯杰的知识启迪了当今一些研究者的实验。比如说，斯堪的纳维亚的马尔默小组（马尔默为瑞典一城市），他们使用了"自组循环"来形容他们的发明，这个词汇来自他们对肖伯杰的理解，肖伯杰的科技就是利用在适当的条件下某一系统所生成的自发的自然秩序。

同时，新的替代能源，比如

图18.2. 费城的约翰·沃勒尔·基利（1837—1898）是一个木匠和机修工，他曾于1872年时通过他的真空水发动机发现了一个新的生产能源的方式。

兰德尔·米尔斯博士的黑光能源，就将普通水转化成了氢和氧。犹他州的保罗·潘顿（Paul Pantone）发明了一个机器来处理混合了污染物的水，这个机器的排泄管道排出的气体甚至不会把蒙在这个管道上的一块白色的手帕弄脏。

大约在一个世纪以前，约翰·沃勒尔·基利（John Worrell Keely）发现怎样可以用交替的关闭和开放水的过程中产生的气穴作用或向心聚爆来发电。他利用了一个我们通常会极力避免的现象——水管里的"水锤"[1]。基利物理学的研究者之一戴尔·庞德（Dale Pond）说，基利的真空水发动机制造了一个水流冲击波，当与波的回声同步时，在短时间内"波的幅度会相加——从而极大地加快能量的聚集"。庞德同时说道，这种回声放大类似于声音震碎玻璃杯的过程。

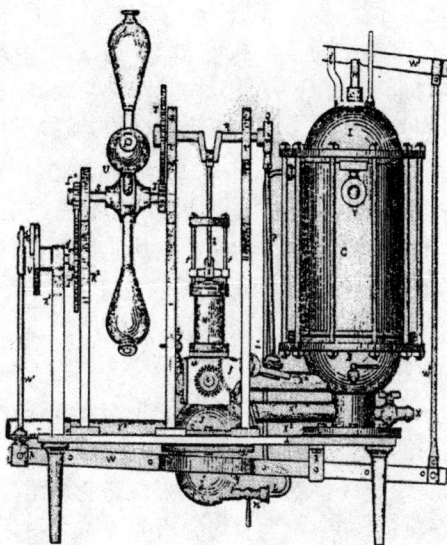

图18.3. 约翰·基利发动机的部分图解说明。

我们真的了解水吗？液体的记忆系统

本刊记者通过近些年来参加过的水科学会议——比如1998年10月由活水国际赞助的在华盛顿州塞米亚姆度假酒店举行的会议；1997年由某私人赞助的、由琳达·麦克莱恩（Linda McClain）组织的在洛杉矶举行的会议；去年在达拉斯高级水科学研究所（AWS）的专题研讨会——发现了同样的一个事实：水并不是自然的一个同质产物。水的活细胞具有独特的结构，水的分子组也处于一种有条理的关系中。另一个重要的话题是：肖伯杰所说的"不成熟的索取者"和"成熟的生命给予者"之间的对抗。因为不含矿物质的水具有非常可怕的溶解能力，那么我们把水里所含的杂质百分之百的提取出来后，喝下去将会是非常危险的，因为它会将我们骨头里所含的矿物质溶解掉。

接着就是活力因子的问题。瓶子装的水，即使从化学上来说是干净的，它相对于流动的溪水来说，都是死水。但是水需要的是适当的运动。我们城市里

1.Water Hamme：是在突然停电或者在阀门关闭太快时，由于水流压力的惯性，产生水流冲击波，就像锤子敲打一样，所以叫水锤。水流冲击波来回产生的力，有时会很大，从而破坏阀门和水泵。

的水，都被非自然地限制在金属管道里流通，水的震荡干扰和其结构中的自然秩序都被中断了。我们怎么知道这个事实的呢？德国工程师西奥多·施文克（Theodore Schwenk）和他领导的流体力学研究所发明了一项技术，可以拍摄水的内部结构。当拍摄采集自原始温泉附近的水滴时，我们可以看到对称的罗塞塔模式。相反地，拍摄城市里的受到损害的水，我们则只能看到混乱的结构。化学污染物和电磁污染所造成的损害，造成了水分子组的混乱。

我参加的这些会议上的其他参加者们，都在辩论着如下这些问题："活水"是否是一个有机的物质或者能量？它能不能够储藏或者传递信息？如果是的话，那么它所暗含的意义已经超出了顺势疗法和"能量医学"[1]，而进入了水和意识的交互作用的领域。

阿尔伯特·史怀泽（Albert Schweitzer）的孙子大卫·史怀泽博士（Dr. David Schweitzer），是第一个拍摄水反应人的思想的科学家。他的照片表明：水可以是一个液体记忆系统，它能够储存信息。大卫·史怀泽最初进入这个研究领域是在他成为血液分析的权威之后。他发现血液细胞构成了神圣的几何图形，它们还具有其他协调的形状和颜色。因为血液细胞可以存活在水中，所以他为了回答和我们的思维过程相关的问题而继续进一步的研究了水中的血液细胞。在研究了血液十年之后，1996年，他的发现终于打开了通向顺势医疗和天然药物的大门，比如拍摄顺势医疗中信息储存的波段，以及进一步研究正面的思想或者负面的思想会对我们身体里的液体产生怎样的影响。

他在温哥华告诉约瑟夫·达根（Joseph Duggan）："在我研究了大脑、细胞和情感之间的关系后，我意识到当信息从大脑的一个区域传递到大脑的另一个区域时，必须需要某种微量元素来完成。"我们身体里的矿物质不可能单独完成信息的传输。为了找出这个媒介是否就是水，史怀哲博士进行了实验。法国科学家雅克·本维尼斯特（Jacques Benveniste）已经在顺势疗法里清楚明白地展示了水的记忆能力。他和许多其他的科学家都证明了水一旦包含了某种分子，它可以保持对这种分子的记忆。1988年时，《自然》杂志发表了他们的一个实验，这个实验是将包含着抗体的水进行反复的稀释，直到它不再含有任何一个抗体分子，但是人体的免疫细胞对这种水还是会产生反应。这篇文章激怒了权威教授们，因此不久之后，《自然》杂志就派了一个小组去到了本维尼斯特的实验室。这个小组的成员包括巫术师詹姆斯·兰迪和一个自命为科学调查者的骗子瓦特·斯图尔特（Walter Stewart）。最终，这个小组界定了法国科学家的这次实验是一个"骗局"。然而，米歇尔·希夫（Michel Schiff）最近出版的一本书里却说道：他们对本维尼斯特的污蔑才是真正的"骗局"。

1.Energy medicine：能量医学是一种无药求本的实用医学，门派众多。主要运用宇宙、自然、人体能量，并将它们有机的结合在一起，利用自然宇宙的能量来调理人体之能量。类似于中医的"气"，属于另类医学的范畴。

施文克博士认为顺势疗法的研究方向不能被调查者的仪器所检验。因此发生在法国的调查结果并没有阻止他进行彻底的革命思考。他想起了爱因斯坦关于微粒"光体"（Light Bodies）的观念，"光体"也被称作为免疫体，它运作的方式我们至今都没有搞明白。施文克一天早上醒来时突然想到，他要将这些不可见的微小光体变为可见，因此他开始研制一种具有特定的光强度的荧光显微镜。他想要看到免疫体在我们的思想或者其他的影响下会发生怎样的反应。就在显微镜下的水蒸发之前，他发现了一些具有关键意义的信息："根据水被灌注的信息或者能量气氛的不同，我发现这些水分子组可以被修改。"后来的实验又进一步地表明在正面思想的影响下，这些水中的微小光体会增强。当这些思想充满强烈的感情时，这些小粒子会发出非常强烈的光，而我们情绪的正面倾向或负面倾向会导致非常大的不同效果。

受到这些微小光体的启发后，他进一步地实验了取自意大利、俄国、南斯拉夫和北美等地的圣水，他发现即使在这些水被装到瓶子里，过了好几年之后，里面仍然有光体在漂浮。"这意味着，这些光体粒子处于一种理想的平衡状态中，它们从不互相接触，这就给了它们储存信息的巨大能力。"在研究顺势疗法的治疗方法时，他意识到药物的精心存储是至关重要的。法国顺势疗法专家雅克·本维尼斯特发现电子电路会对水产生持续的影响，低波的电子辐射或高温会严重破坏顺势疗法的治疗力度。更进一步地，施文克博士对我们在超市里卖的那些塑料瓶装的纯净水发出了警告，这些水因为受到了荧光灯的辐射，因此当我们只喝这样的水时，我们的嘴唇会变干，直至皲裂。"通常情况下，我们喝水不会让我们的嘴唇变干，但是荧光灯改变了水的结构，它会让我们的黏膜变干。"

俄克拉荷马州埃德蒙市的兰迪·齐斯尼斯（Randy Ziesenus）说任何人都可以自己来改善他们使用的水："当你只是手捧一杯水，然后要求你的自我和这杯水一起为了任何你希望得到的最大益处共同合作，最后，你喝掉这杯水。这么小的一个行为也会发生你所不能想象的事。"齐斯尼斯是生物公司的总裁，这家公司就是专门发展生物技术的，他们用无线电频率来改变水的连接结构。他说道："如果你喝的水是和我们的身体相协调的，那么这种水会在十至十五分钟内穿过你的身体，然后你就要去上厕所。这种（协调的）水会将我们身体内的毒素带出体外。"

他发明的一种凝结水是从空气中来的。"我所工作的最伟大的一件事就是——用无线电频率从空气中提炼水分。"他和其他一些来自洛斯阿拉莫斯实验室[1]的研究者一起进行了一项实验："这项实验是将一个光电池设备放在沙漠里，过了一个晚上之后，这个光电池设备可以获得一加仑的水。"这个设备

1.Los Alamos National Laboratory：隶属于美国能源部，由洛斯阿拉莫斯国家安全公司主管，实验室坐落在新墨西哥州的洛斯阿拉莫斯，1943 年成立，研制出了世界上的第一颗原子弹。

是依靠光电来发动的（光电是指从太阳光转化成的电能）。齐斯尼斯同意施文克博士的观点，我们的交流电会对水产生非常不好的影响。

威廉·提勒

在活水会议上，埃默瑞特斯·威廉·提勒（Emeritus William Tiller）教授不声不响地就推翻了过去所认为的人类不能和他们的实验对象之间进行有意义的相互作用的这种传统观念。"传统科学甚至会更加武断地声明，人类特殊的意图不能聚焦到一个简单的电力装置中，因此也不能对实验产生任何有意义的影响，不能使这个实验和这个特殊的意图相一致。我们已经做过了有效的测试，这些测试证明传统科学的这一结论大错特错。"

提勒博士在他的工作中把那些能够承受高一致性意图的人称为"印刷机"。比如，一大群"印刷机"围绕着一张桌子坐下来，然后他们都试图"激活自身的内心意识"，那么用于这次实验的水的 PH 值与对它的控制相比，会很明显的上升或者下降。他要怎么来解释这个现象呢？提勒和他的合作者小瓦尔特·迪伯尔（Walter Dibble Jr.）的答案是：多维性。这些科学家将水看作是一种特殊的物质："水很适合将信息或能量从这一领域转移到我们认知的传统领域——身体中。"至于心理能力的因素——这些"印刷机"是否具有足够的科学知识，可以让他们在头脑中将 PH 值的改变形象化——提勒博士是这么说的："宇宙当中更主要的因素是那些我们所不了解的智慧。"后来，他又补充道："在我看来，是我们细胞里的精神火花产生了生命力。"

另一位与会的科学家格伦·赖因博士（Dr. Glen Rein）指出：物理学家们都清楚，我们的世界中存在着传统方程式所无法解释的能量领域。他提到了非传统的量子领域。赖因的工作又一次显示了非电磁的能量——存在于原生的真空空间中的信息——可以储存于水当中，然后也可以与活细胞相互作用。

也许维克托·肖伯杰最让人吃惊的发现就是水的微妙特性能够影响人类的心灵和精神——既能影响社会的新生，又能影响社会的恶化。托马斯·纳瓦兹博士（Dr. Thomas Narvaez）自己非常满意自己的发现：存在着一种活力因素，它可以根据人类的行为而在水中得到增加或减退。"我们现在明白，我们的思想不仅能够影响我们自己的身体，而且能够影响我们周围的那些身体。在座的各位（高级水科学研究所），如果你们用瓶子来装水，或者从事的是辐射性的能量工作，比如水晶或者电磁，那么你们更应该有让我们这个世界保持积极和乐观的责任。"

19. 居里夫人对灵魂说：
我们应该怎样去理解一个诺贝尔获奖科学家和
一个臭名昭著的通灵人之间的奇怪联系呢？
约翰·钱伯斯

通灵人和女性科学家同时出现在一个降神会上，没有什么比她们之间的对比更让人惊奇的了。

这发生在 1905 年，地点是法国巴黎的心灵研究院。通灵人是欧萨皮亚·帕拉蒂诺（Eusapia Palladino），她是那个时代欧洲最著名的灵媒，也是第一个接受了众多世界一流科学家集体检验的通灵人。

女性科学家则是玛丽·居里（Marie Curie），她是第一个获得世界级声誉的女性科学家。1903，她和亨利·贝克勒尔（Henri Becquerel），以及她的丈夫皮埃尔·居里（Pierre Curie）因为对放射性元素的工作而一起获得了诺贝尔物理学奖（1911 年，玛丽·居里获得第二个诺贝尔奖，这一次是诺贝尔化学奖，她发现了镭元素和钋元素，并成功地分离了镭）。

欧萨皮亚·帕拉蒂诺于 1854 年出生在意大利穆拉杰矿区的某个山村，她既不会写字也不识字。童年的时候，她曾经很严重地撞伤了头部，在颅骨上留下了一个洞。当她出神的时候，那个地方就会跳动。根据专家们的推测，正是这次受伤造成了她后来的歇斯底里、梦游症，以及羊痫疯和强制性昏厥。她的母亲在生下她之后就去世了，在她 8 岁的时候，她的父亲被人谋杀。她的祖母虐待她，在她 14 岁的时候就送她去当了女仆。平时，帕拉蒂诺说的是意大利贫民区的语言，但是在她出神的时候，她说的是一种十分难懂的混合了意大利语和法语的奇怪语言。年轻的时候，这个没有受过教育的通灵人不喜欢洗澡，喜欢酗酒，总是在和海员们私通。

相反地，1905 年，在降神会上握着帕拉蒂诺手的那位闻名世界的女科学家与帕拉蒂诺本人毫无共同点。玛丽·居里，原名玛丽·斯可罗多夫斯卡（née Manya Sklodowska），1867 年出生在波兰的华沙。她从小是由宠爱她的、高智商的以及有教养的父母抚养长大。她的母亲是一个有天赋的钢琴家，是一家女子学校的校长。她的父亲是一个贫穷的科学家，同时在一所俄国政府管理的高中任巡视员和教师。在巴黎念书的时候，玛丽可以听说读写波兰语、法语、俄语和德语，同时对其他语言也有深入的了解。她 25 岁时在巴黎大学获得了第一个物理学硕士学位，26 岁时又在巴黎大学获得了第二个硕士学位——数学硕士学位，她是那个时代第一个获得这两个学位的女性。36 岁时她在巴黎大学完成了博士学位——但这只是个马后炮，因为那时她已经完成了她主要的科学发现。玛丽和当时许多伟大的人物都有着良好的关系。她的思想虽然激进解放，但是她的行为一直高尚端庄——只除了一次热烈的婚外恋情，那是在她丈夫去世两年后，她与已婚的著名科学家保罗·朗之万（Paul Langevin）之间所

图19.1. 出生在意大利那不勒斯的欧萨皮亚·帕拉蒂诺（1854—1918），她是当时最著名的灵媒，她的力量甚至引起了居里夫人的好奇心。

发生的。她还写作了好几本书，其中包括她自己的英文传记。

玛丽·居里很漂亮，而欧萨皮亚·帕拉蒂诺则不。玛丽·居里这个波兰女孩拥有像瓷器一样光滑的皮肤，轻而柔软的金黄色头发，高高的颧骨，以及一双热烈的灰色眼睛——在它们没有迷失在沉思当中时，这双眼睛非常温和。玛丽完美的仪态衬托出了她体型的苗条动人——纤细的脚踝、纤细的手腕，以及纤细的腰身。随着年龄的增大，玛丽艰苦朴素的生活和冷淡严肃的性格给她的脸戴上了一张面具，也减缓了她的动作，但是她自始至终都没有丢掉她外表上的优雅美丽。

相反地，欧萨皮亚·帕拉蒂诺则在外表上毫无吸引力。她个子很矮，有发胖的倾向，全身上下穿着黑色的衣服，走路一摇一摆的。她的嘴角总是向下撇着，不知道是代表着鄙视、讽刺，还是忍耐。她的眼睛深陷在那张下颌突出的、有双下巴的胖脸上，在眼睛深处燃烧着危险的火花，似乎预示着她会突然爆发的怒火。她完全没有任何女性特征的外表给了她强壮有力的气魄，但是科学家在寻找她身上的神秘力量时，发现这些都很容易让人忽视掉。

欧萨皮亚·帕拉蒂诺到底做了些什么事，让她看起来好像和玛丽·居里来自两个不同的星球？黛博拉·布鲁姆（Deborah Blum）在她的著作《猎魂者：威廉·詹姆士和死后有灵的科学探索》（企鹅，2006）中这样描述了帕拉蒂诺的行为："她可以让家具飞起来。她只需要把手伸开，就能在纸上留下书写的痕迹。把她绑在一张椅子上，她也能在房间对面的一块光滑的墙上留下指纹。……在热那亚的一次集会上，她让头顶上的灯光闪耀得像跳舞的萤火虫，一束光停留在了一个观察者的手掌里——他是一个德国的工程师。"她可以凭空变出一个事物；可以与鬼魂进行对话；她表演过自动书写；她可以向外延伸她的身体，用无形的手臂来碰触其他人。

她还可以做更多神奇的事情，而且都是间歇性的、不能预期的、不能控制的——不过，它们发生得却很频繁，同时也并非骗术。直到那个时代的终结，那些著名的科学家们对她的行为到底属于什么性质都持有截然不同的看法。

为什么玛丽·居里也会加入到这件事当中来呢？黛博拉·布鲁姆在2006年11月30日《纽约时报》的论坛版上回答了这一问题：

对超自然现象的科学研究出现在19世纪晚期，和能源时代同步产生。几乎是不约而同地，传统科学开始揭秘大自然隐藏的潜在能量——电磁场、无线电波、电流，超自然研究也开始认为神秘事件是以类似的方式运作的。

有相当多的这些神秘事件的探索者本身就是研究自然的高电荷电路的科学家。玛丽·居里，作为最早研究像铀这样的放射性元素的科学家，参加这个会议的目的是为了评判这些通灵人的真实性。同样出席了这个会议的还有英国物理学家J.J.汤姆森（J.J. Thomson），他在 1897 年时首先宣布了电子的存在。以及汤姆森的同事——约翰·斯特拉特（John Strutt）和瑞利爵士（Lord Rayleigh），后者因为对空气气体的研究而获得了 1904 年的诺贝尔物理学奖。

瑞利后来成为英国心灵研究协会的主席。和他一起加入那个组织的还有别的物理学家们，比如无线广播的先锋奥利弗·洛奇爵士（Sir Oliver Lodge），他认为心电感应和鬼魂现象都是由于一个人与另一个人——甚至是死人——之间的能量传输。

我们有一个证人亲眼见到并记录了居里夫人参加了欧萨皮亚·帕拉蒂诺的降神会。她和皮埃尔·居里是在 1905 年参加的。这个人就是查尔斯·里奇特（Charles Richet），他是 1913 年诺贝尔生物学奖的获得者，也是当代欧洲对神秘现象进行探索的重要人物。

"（这个降神会）……发生在巴黎的心灵研究院。出席的人只有居里夫人、X 夫人——居里夫人的一个波兰朋友、P. 考特尔（P. Courtier）——心灵研究院的秘书。居里夫人坐在欧萨皮亚的左手边，我坐在她的右手边，X 夫人坐在相对较远的地方做记录，考特尔坐得更远，在桌子的另一头。考特尔在欧萨皮亚的身后挂了一张双层的窗帘。因此屋里的光线较暗，不过已经足够让我们看清楚居里夫人的手在桌子上握着欧萨皮亚的一只手，我也同样握着欧萨皮亚的右手……我们看见窗帘被拱了起来，就好像有一个大的物体在推动它一样……我要求碰触窗帘……我感到了一股阻力，并抓到了一只手，我用我的手握住了它……即使隔着窗帘，我都能感觉到那只手的手指……我牢牢地握着那只手，握了二十九秒，在这段时间当中，我观察到欧萨皮亚的两只手都在桌上，同时询问了居里夫人，她是否保证了她对欧萨皮亚的手的控制……二十九秒之后，我说道：'我还想要别的东西，我想要一只戒指（原文为意大利语：uno anello）。'我立即就在那只手上感觉到了一枚戒指……看起来很难再去想象另一个更加有说服力的实验……在这次实验当中不仅一只手被具体化了，同时还

图19.2. 世界闻名的女性科学家玛丽·居里（1867—1934）。

有一枚戒指。"

玛丽·居里对这次降神会有什么样的反应呢？我们并不知道。但是我们知道她的丈夫对欧萨皮亚的通灵表演有着什么样的反应。皮埃尔·居里，在压电领域、物理现象的对称性研究领域和磁学领域都获得了巨大的成功，后来又成为放射性研究的权威。莫里斯·哥尔德斯密斯（Maurice Goldsmith）写道："居里家的人，尤其是皮埃尔，相信灵魂说……"皮埃尔曾经"在科学控制的情况下"感受过帕拉蒂诺的行动。在一次心灵研究院的降神会之后——那一次是在一个非常明亮的房间里，没有任何帮手，皮埃尔目睹了桌子神秘地升了起来，东西从房间的这头飞到那头，一双看不见的手抚摸、碰触他——皮埃尔写信给乔治·古依（George Gouy）："我希望我们能够让你相信这些现象，或者这些现象中的一部分。"

在皮埃尔去世前不久，他写下了他最后一次参加的帕拉蒂诺的降神会："在我看来，这里有一个我们根本没有意识到的全新领域存在，它充满了新的事实和物理学的知识。"1910年，在皮埃尔去世四年之后，那一年玛丽没有获得诺贝尔奖，亨利·庞加莱（Henri Poincaré）写道皮埃尔的灵魂回到了玛丽的身边，并且试图安慰她，他告诉她："明年你就会获得这个奖。"

对来世的相信在某一时刻突然间伴随着痛苦降临到玛丽的身上，那就是皮埃尔——她深爱的丈夫，不仅是一个优秀的科学家，同时在各个方面都非常优秀的男人——于1906年4月19日在巴黎的一次车祸中意外丧生。那天下着雨，在他心不在焉地横穿马路时不小心滑倒在地，一辆巨大的四轮马车的轮子碾碎了他的头部，他当场就死亡了，年仅47岁。

玛丽一直没有从这次打击中恢复过来。大约在二十四年之后，在她坐下来回忆自己一生的大事件时，她写道：1906年4月19日，"我失去了我深爱的皮埃尔，在我的余生里，我所有的希望和支持都跟随他一起失去了。"在皮埃尔死后不久，她在一本秘密日记（这本日记在很多年之后被公开出来）里写下了令人心碎的文字，尽管当时的玛丽还处于极度的震惊和痛苦当中，但是这些文字让我们看到她对灵魂世界的相信并不仅仅是一个暂时的心理过程。

"我把我的额头抵着（棺材），"她写道，"我向你说话，

图19.3. 皮埃尔·居里，著名科学家和玛丽·居里深爱的丈夫，他于1906年死于意外事故。

我说我爱你，我永远用我的整个身心爱着你……在我的额头和冰冷的棺材接触的地方传来了一股力量，这力量是温暖的，它让我感觉到我会找到活下去的勇气。这是一种错觉吗？还是从你那儿而来的力量呢？它凝聚到了棺材里，然后传递给了我……就像是你给我的爱怜？"

她后来又写道："我有时会有一种荒唐的念头，那就是觉得你会回到我的身边。昨天，当我听见前门关上的声音时我不是又这么想了吗？我荒唐地以为那是你。"

皮埃尔·居里的死是玛丽·居里一生当中所发生的最大的悲剧。她用常人没有的坚毅承受了这一痛苦。幸好她曾经上过苦难的学校。19 世纪的时候，欧洲的每一个角落几乎都在上演着悲剧。1815 年，在拿破仑兵败滑铁卢之后，波兰被俄国、普鲁士和奥地利所瓜分。俄国取消了波兰的名字，在其后一个世纪里，一直致力于把波兰并入他们的国土。第一次世界大战结束之后，波兰人才重新收回了他们国家的主权。1830 年和 1863 年发生的针对俄国的两次暴动让事态更加糟糕。此后，怀有报复心理的俄国禁止波兰妇女接受高等教育。出于对知识的极度渴望，玛丽只能参加那些秘密的"空中"学校，或者依靠自学。到了巴黎之后，她依靠做家庭女教师微薄的收入维持生计，她长年都在一间没有暖气的阁楼里学习，只靠一些简单的茶、巧克力和面包来填饱肚子，她夜以继日地学习，只休息很少的一点时间。后来的成功带给了她奖项和奖金。但是她长久以来的艰辛生活已经铸就了她面对苦难的勇气，即使是这些苦难让她一无所有，在各个方面攻击她。如果这个拥有铁一样意志的杰出女性选择和欧萨皮亚·帕拉蒂诺一起度过一段宝贵的时间，那么也许这也是对我们的邀请，邀请我们给予这个任性的天才通灵人，哪怕是怀疑的权力。

第五部分
远去的天文学

20. 宇宙大爆炸理论已经死了吗？
一个标新立异的天文学家挑战目前最权威的宇宙起源理论
艾米·艾奇逊

　　20世纪60年代，天文学家霍尔顿·阿尔普（Halton Arp）发现星系是"诞生"，然后逐渐发展成家族体系的。在某些情况下，他能够往前追溯它们多达四代的家族谱系。像这样的发现是任何一个天文学家都梦寐以求的。它有助于我们进一步理解宇宙，正如伽利略的发现有助于我们进一步理解太阳系一样。因此，阿尔普的发现应该得到赞扬和推广，但是刚好相反，就像伽利略一样，他的工作被天文学的权威机构否定了，并被嘲弄了一番。

　　在对阿尔普的著作《类星体、红移和论辩》（*Quasars, Redshifts and Controversies*）一书的评论当中，天文学家杰弗瑞·伯布里奇（Geoffrey Burbridge）向我们描述了这个发现提出之后在阿尔普身上发生了什么："阿尔普在'天文学专业协会'的排名从前二十名跌到了前两百名。当他继续宣称不是所有银河系里的红移都是由于宇宙的膨胀后，他的排名降得更低了。"

图20.1. 天文学家霍尔顿·阿尔普。

　　"（80年代中期）阿尔普迎来了最后的打击：帕萨迪纳的望远镜分配委员会认为他的整个研究领域都是不受欢迎的。委员会的主要成员（威尔逊山天文台、拉斯帕尔马斯天文台和帕罗马山天文台）都表达了他们的反对意见。因为阿尔普不愿意在一个更加传统的领域里进行他的工作，所以他被剥夺了使用望远镜的时间。随着向卡耐基研究所[1]上诉的失败，他过早地选择了退休，然后搬去了西德。"

　　是什么让这一发现如此重要？为什么霍尔顿·阿尔普愿意为了捍卫它而牺牲自己在天文学领域已有的事业？

1.Carnegie Institution：成立于20世纪，位于华盛顿的一家科学机构。

第一个，为什么：有一部分先驱者，他们的动机是发现宇宙的运作模式，阿尔普就是其中的一位。他要一直跟踪这一神秘的研究足迹，直至它被破解。这比他作为一个天文学家拥有的声誉更为重要。它值得他牺牲吗？阿尔普的妻子，同样也是一位天文学家，她是这样来看待的："如果你错了，那么不会有什么关系；但如果你是对的，那么它会相当的重要。"

第二个，是什么：阿尔普发现现代宇宙学的一个概念具有重大的缺陷。这个概念就是红移，它被认为是一种多普勒频移——速度的一种测量方式，其他什么也不是。阿尔普证实红移的一大组成部分是其固有的（星系的一个固定成分或者类星体本身），而与速度无关。为了能够理解为什么一个固有的红移是对主流天文学的一种威胁，我们需要回顾一下当前已有的宇宙学理论。

现代宇宙学系列理论

从现代宇宙学的角度来看，迄今只发生了一件重大的事。大约在 120 亿年或者 150 亿年前，所有黑洞的老祖宗发生了爆炸，然后创造了宇宙。在此之后发生的所有事情，都是它的放射尘、余震以及爆炸的碎片。能量的原初爆炸创造了宇宙，宇宙从此逐步发展至今。但宇宙大爆炸理论是我们不能通过望远镜来观察得知的，它只是一种假设。

实际上，宇宙大爆炸是一系列宇宙理论中的一个部分。这一系列的宇宙理论的每一种理论都是互相联系的。宇宙大爆炸理论是用来解释我们这个不断膨胀的宇宙是怎么开始膨胀的。宇宙膨胀又是用来回答："为什么所有的星系都在不断地远离彼此？"星系的这一运动又是多普勒解释红移的延伸产物，他假设红移就是当发光体不断远离观察者时出现的现象。红移是用来测量一个远距离的发光体发出的光线在光谱中向红色的一端移动了多少。这一系列理论的一个核心是不断增加的红移和发光体不断减少的亮度之间的相互关系。因此，一个星体的光越是微弱（可以推测它越来越远），它移动得就越快。据此我们可以得知，这一系列理论的基础是将红移看作测量速度的一种方式，也仅仅只是测量速度的一种方式。

对天文学家来说，"红移是测量速度的一种方式"是一个非常方便的假设。把它与亮度的减弱程度相结合，他们发明了一种测量标准，可以用来界定距离的长短。高红移意味着很远，低红移意味着很近。这很管用，因为多达上百万的星系离我们实在太远，根本没有另外的办法可以用来测量它们的距离。但是，这个假设的第二个部分："只是测量速度的一种方式"则被忽视了。

20 世纪的绝大多数宇宙学都是基于这一系列的理论。如果这个系列中的任何一个部分是错的，那么整个系列都是错的，我们又得从头来过。成千上万的天文学论文、教材、杂志、博士论文、网页和论著都会在一夜之间全部作废。就是这一潜在的威胁使得大多数天文学家不敢去质疑这一系列的理论。

但是霍尔顿·阿尔普却发现了这一系列理论中的一个漏洞。

图20.2.M82星系，在它的核里有X射线结和电磁力环。

系列被打破

20世纪60年代，科学家发现了类星体。一部分类星体是我们早就知道的，但是没有被特别关注过。它们被认为是银河系里一些具有奇怪特征的星体，比如它们蓝紫色的颜色，以及它们的强射线。在测量了它们的红移之后，我们发现它们的红移比离我们最远的星体还要高得多。

这太令人震惊了！如此高的红移只有当这些类星体处于银河系之外才有可能。如果这是真的，那么它们得该有多亮？天文学家汤姆·范·弗兰德恩（Tom Van Flandern）向我们描述了天文学家们所面临的问题："一定存在着一种我们所不知道的能量系统，它产生了具有这样高亮度的星体，使得它们在距我们那么遥远的地方都还如此明亮。它们每年所发出的能量相当于数以千计的超新星。"我们已知的能量系统没有符合这一条件的。

如果类星体距离我们近一些，那么还有解释的可能。但是红移的衡量标准是不能调整的，因此我们只能按照这一系列的理论来假设类星体的距离。

当时，阿尔普正在从事一项可以让他名声大噪的研究项目。他试图建立一个特殊星体的图片索引，就是宇宙中那些看起来不像其他大多数星体的奇怪物体。他把它们都以目录的方式列举出来：具有一个消失的或者额外的手臂的星系；多重互扰星系；具有外部亮核的星系；干扰星系等等。这就是为什么他是第一个注意到许多最新发现的高红移的类星体都距离目录中第100到第163号的星系非常的近。这些星系是赛弗特星系[1]（又称为活动星系）和星暴星系。

阿尔普发现大多数的这些类星体都成双成对地出现，或者排成一条直线，或者形成一个弧度，它们的附近都会有一个低红移的赛弗特星系。大多数情况下，这些赛弗特星系都是固定的，因此它周围的类星体看上去就好像是从它的旋转轴的两端射出去的一样。赛弗特星系的X射线和无线电波都正对着排成一条线的类星体放射着，经常还包围着它们。如果这些类星体离赛弗特星系有半个宇宙那么远，那么这样的现象怎么可能产生呢？

1.Seyfert Galaxies：1943年，美国天文学家赛弗特观测到一个奇特的星系，这个星系具有一个非常亮而又非常小的核。后来又陆续观测到了几个同类型的星系，现在我们把这些星系统称为赛弗特星系。

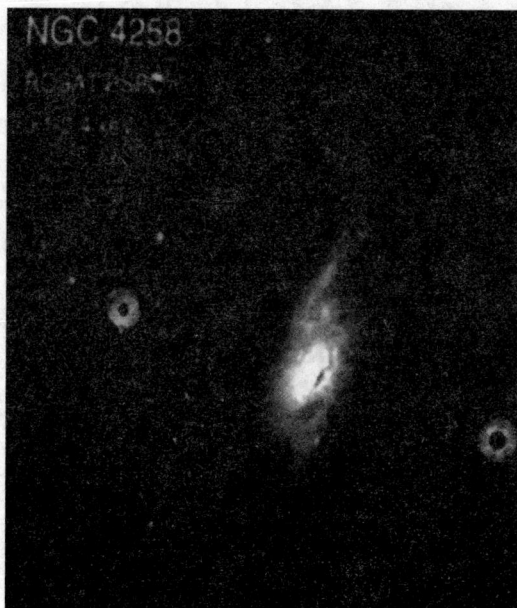

图20.3.M106（也称为 NGC 4258）是一个非常壮观的赛弗特星系，在它的活动核的两侧都有看起来像是类星体的物质。

　　如果一两个类星体，或者，甚至是一打类星体靠近普通的星系是一种巧合。但是赛弗特星系是非常罕见的，与普通星系区别非常大。它们都拥有非常亮的光核。通常情况下，它们都具有由一对巨大的无线电波和 X 射线组成的悬臂，这个悬臂向外伸展的方向就是类星体们所处的方向。其中的一些，比如说 M82，完全是混乱的、爆炸的，分裂的。另一些，比如 M87 和人马座 A（CenA）向外喷射的范围是数千光年。在这些特殊的喷射体的尽头，就是类星体。

　　这意味着什么呢？这意味着类星体既不是恒星，也不是超高光星核。阿尔普解释道："天文学家们用一个错误的观点来取代另一个错误的观点。当我们恢复它们合理的距离时，它们与喷射出它们的星系一起，比恒星亮，但是比大多数星系黯淡。"阿尔普把这些类星体看作是新产生的物质，它们最终会成长为一个完全的星系。

　　因此，阿尔普的发现是类星体和赛弗特星系其实是一体的。虽然它们拥有不一样的红移，但它们与地球的距离是一样的。这就意味着"红移等同于距离"的这一标准是错误的。如果这一标准是错的，那么基于它而提出的一系列的理论都是错的，这包括宇宙大爆炸和宇宙膨胀说。那么是时候寻找形成这些类星体红移的其他原因了。也是时候清扫由于这一错误的标准而造成的我们对宇宙的曲解了。

　　当阿尔普发现这些类星体家族与红移标准不相符合后，他转而研究其他一些根据红移标准而确定了距离的星体。他发现其他星系和星系群的距离也是错误的，它们在具体的量子跃迁上不符合红移标准。即使是我们银河系内部的恒星们都显示出了小的无速度的红移。

　　这些发现会怎样影响我们现在所假设的宇宙？宇宙大爆炸理论预测了宇宙产生时它的形状和大小，预测了随之产生的星系，预测了宇宙的终结。所有的这些设想在阿尔普的宇宙里都会发生改变。

　　让我们来对比一下这两个不同的宇宙吧。

霍尔顿·阿尔普的宇宙

在阿尔普的宇宙学里，红移更多地意味着年龄，而不是速度。

红移越高，星系或者类星体就越年轻。红移并不是特别高的星系与银河系的年龄差不多大。有七个蓝移的星系（在几百万的星系中），它们的年龄比银河系更大。其中六个蓝移星系都处于室女座星系团中，第七个是 M31（又被称为仙女座大星云），它是离我们最近的邻居，也是本星系群[1]的二十到三十个星系中的主导星系。

1、宇宙是怎么产生的？根据宇宙大爆炸理论，宇宙是在 120 亿年至 150 亿年前通过爆炸从无到有的。在阿尔普的宇宙中，同样的时间点指向的是不同的事件：120 亿年至 150 亿年前，"诞生"或者被喷射出的是银河系。

在阿尔普的宇宙中，M31 是我们银河系的父母星系，120 亿年至 150 亿年前，M31 是一个活动星系，而银河系是 M31 的喷射流上的一个等离子结。不像人马座 A 的倾斜的喷射流（见插图 21.4），M31 的喷射流与旋转轴在同一条直线上。我们为什么知道这些？ M31 今天已经不再活动了——它已经没有喷射流了。但是我们可以根据 M31 的家族——我们自己的银河系星群来推测 M31 喷射流

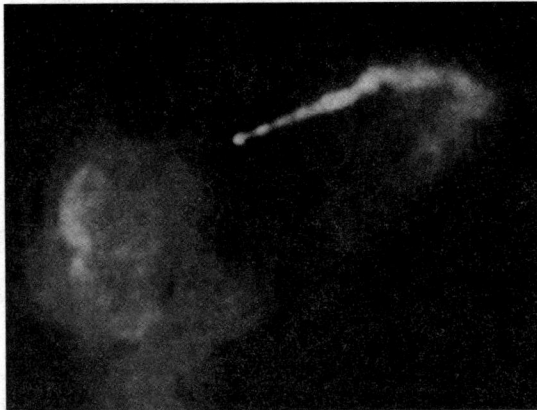

图20.4. 可见光中的人马座 A 星系和它在 X 射线中的喷射流（NASA/CXC/SAO 提供 X 射线图；URA/NOAO/NSF 提供可见光图）。

的方向。几十亿年之后，这个家族仍然令人惊奇地排成一条直线。

银河系同样也是父母星系。在南半球肉眼都能看见的大小麦哲伦星云，就是它的两个后代。

1.Local Group：本星系群是包括银河系在内的一群星系。这个星系群包含了大约超过 50 个星系，全部星系覆盖在一块直径大约 1000 万光年的区域。本星系群又属于范围更大的室女座超星系团。

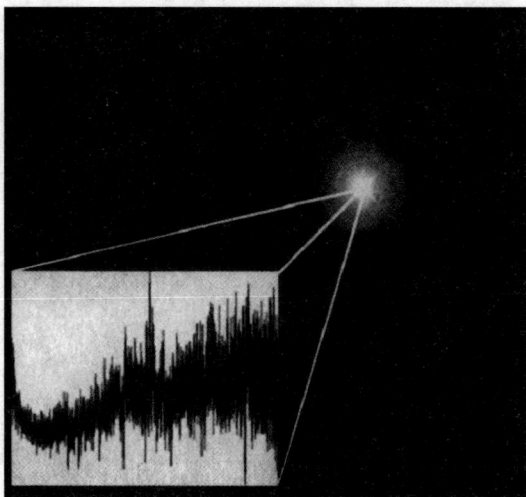

图20.5. 钱德拉 X 射线太空望远镜观测到的 NGC 5548 中心的一个蓝移
星云，完全忽视了就在其附近的一个高红移星系群。

在最近的一个专题讨论会上，我问阿尔普当银河系变老之后会发生什么。他回答道："我们现在还没有足够多的信息可以知道银河系变老之后会发生什么。也许它们耗尽了能量，然后渐渐地消失了。"

2、宇宙有多大？根据宇宙大爆炸理论，宇宙是一个半径为三百亿光年的球体。在阿尔普的宇宙中，我们并不知道现在这个宇宙的具体形状和大小，也不知道几百亿年前的宇宙的形状和大小。我们所能知道的是它向各个方向拉伸，远远超出了我们的视野。它也比我们所知的年龄更大，也许是无穷的和永恒的。但是对我们从望远镜中所能看到的这一部分宇宙来说，高红移的星体比红移标准告诉我们的离我们更近。

许多现代天文学概念，比如弯曲时空，只不过是用来弥补从一个错误的规则出发所导致的测量宇宙时的失真。阿尔普是这样来形容的：宇宙是"平的和欧几里得的。让不和逻辑的弯曲空间成为过去时吧，它让许多人不敢想象（更不用说弯曲时间了）；让假设的宇宙奇点（黑洞）成为过去时吧，它让物理学走投无路；同样地，让那种认为宇宙是由超过百分之九十的不可见物体构成的观点也成为过去时吧"。

3、星系是怎么形成的呢？根据宇宙大爆炸理论，最初的大爆炸所产生的碎片在万有引力的作用下结合起来，形成了星系。在阿尔普的宇宙中，活动星系喷射出新的物质，这些物质就是高红移的类星体。这些类星体在平行跃迁中不断地获得质量、减弱红移，最后成为成熟的星系。我们今天可以目睹这一过程的发生。当然，新闻媒体不会在十一点的新闻里提到阿尔普的理论，但是如果你知道你该寻找些什么，你就能自己发现。黑洞不存在一个标准的尺寸——

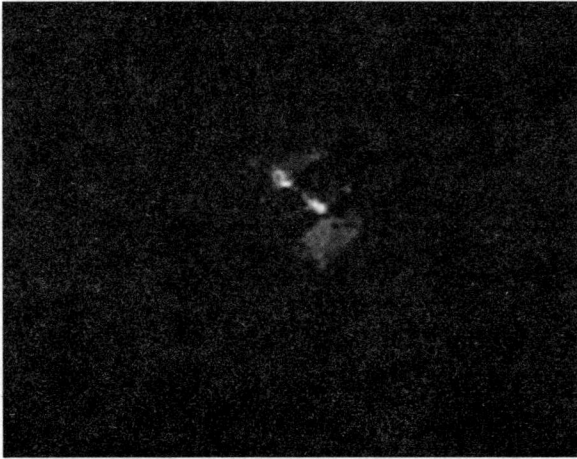

图 20.6.M87 和它的喷射流（梅林提供图片）。

它们甚至根本不存在。阿尔普解释道："黑洞，理论是将所有的事物吸进去，但是它只是对活动星系内核的一个可怜的解释，实际上所有的事物是在不断地向外延伸。"

4、宇宙会怎样终结？根据宇宙大爆炸理论，有三种可能：它也许会一直膨胀下去；它也许会膨胀到一种平衡状态，然后永远固定下去；或者膨胀也许会停止，然后所有的星系崩溃，最终回到一个黑洞里。所有的这些推测都不适用于阿尔普的宇宙。如果宇宙有一天会终结的话，我们真的不知道它会是怎样的。这是一个开放的问题，一个难解的谜题，留给未来的探索者们去解决吧。

5、当我们抛开错误的红移标准之后，一幅全新的宇宙图景会呈现在我们面前。整个我们熟悉的天空变成了两个巨大的螺旋形超星系团。我们的本星系群处于它们之间，可能沿着最亮的超星系团的悬臂。我们天空中的一部分超星系团以室女座星系群为中心，另一部分以天炉座星系群为中心。螺旋套着螺旋。星系套着星系。谁知道在此之外又有什么等待着我们去发现呢？霍尔顿·阿尔普这样暗示我们："有可能是非常巨大的东西。"

21. 危险的循环：
新的研究是否意味着我们正向着麻烦进发？
威廉·汉密尔顿三世

我们习惯于将历史看作是一个线性的过程，从一个发展阶段到下一个发展阶段，其中还包括一些不规则的断裂。当我们更新资料库时，我们会把这些断裂填上。我们的基本历史观是由主流科学界提供的，他们认为历史是一个一直发展到今天的地质层和生物圈的逐渐的进化演变。任何人暗示在这一过程中存在着一些不正常的地方，都要受到科学界的怀疑，这样的事经常都在上演。

但是你们中的大多数可能都已经意识到了：古老年代的故事、传说和史诗，不仅仅是我们有创造力的祖先的发明、捏造和虚构，我们有必要重新审视它们，它们也许为真实的历史事件提供了一些额外的证据。因此，我们应该将讲述大洪水前的人类文明的神话传说看作是有事实依据的，值得我们去调查和研究，而不只是简单的否定。比如这类神话传说中的亚特兰蒂斯神话，就可能是真实的，而不仅仅是象征性的。在这类故事的传播中，我们无数次地听说：因为突然降临的灾难改变了地质结构，完全消除了潜在的历史证据。我们应该相信这样的说法吗？

尽管正统的观点一直将时间看成是由一系列线性的事件所构成的，但是历史变动的许多证据往往是呈循环的状态出现的——正如柏拉图关于亚特兰蒂斯的叙述中萨以斯城的祭司告诉索伦的一样。这一点都不令人吃惊。毕竟，当一个人关注宇宙的结构时，他会发现从原子到银河系，运动的循环模式和旋转模式都十分明显，一年四季的重复、黄道十二宫中各个行星的运动，都是一种规则的重复。

如果一个在固定的轨道里运行的天体，回到一个相对于其他天体来说它之前的位置，我们就拥有了一次循环，同时也拥有了根据天体在太空中的位置而知悉它之前的存在状态的可能性。这些循环是可以进行调查的，我们通过调查可以得知一些具有重复性质的事件也许预兆着一些大灾难的发生，同时也有可能得知已经灭绝了的生命的信息。

实际上，对过去的分析，既可以揭示小的时间循环，也可以揭示大的时间循环。我们探究这些循环的目的是为了发现有没有可能预测以后会发生的危险，这样我们就可以为可能发生的灾难提前做好准备。

我们来简短地看一个例子，这就是人们总是在讨论的导致了亚特兰蒂斯毁灭的灾难。如果那次灾难真的如某些人预言的那样再次发生，那么应该就是在不远的未来。

有时，一颗白矮星会从附近的星体那里积聚过多的氢，这一过程最终会演变成一次巨大的爆炸，爆炸所产生的气体外壳会让这颗星在天空中格外闪耀，这就是我们通常所说的新星。这样的情况通常发生一颗恒星生命周期的最后一个阶段。

关于新星，我们是否已经知道了所有我们应该知道的信息呢？举个例来说，假如一团浓度非常高的氢云包住了我们的太阳，会发生什么样的后果呢？一颗小型新星所产生的气体外壳，会不会像是席卷太阳系的一次大爆炸？虽然这看起来不太可能，但是历史上有些学者认为太阳输出功率的变化会导致地球上发生大的灾难。即使是到了今天，因为太阳的亮度发生了一些变化，有些科学家认为这一太阳输出功率的轻微变化造成了我们现在的气候变化和全球变暖。还有一些证据证实太阳系的其他一些星体也在经历着气温升高和气候变化。这些变化也有可能是由于我们太阳系所经过的宇宙尘埃大量堆积所造成的。

本文作者最近对太阳所产生的兴趣是由一位学者的报告引起的，他就是丹·B.C.布里什博士（Dr. Dan B.C. Burisch）。他是一个微生物学家，为政府秘密工作。他告诉我政府已经在为2012年将要发生的灾难做准备了，这次灾难就与太阳的变化和它对地球的影响有关。当然，他说准备工作涉及解密玛雅符号，因为我们相信玛雅符号指向的是2012年的冬至日那天。

简单概括玛雅的预言，那就是一次重复发生的事件会导致我们的太阳发生重大的变化。这个事件是行星大十字[1]，它通常是和另一个现象同时发生的，那就是我们在这本杂志里经常都看到的"岁差"。大多数人不相信会有什么特别的事情发生，但是有部分人认为玛雅人记录了重大的事件，他们用精确的日历预言了这些事件的重复周期循环。

为什么我们的太阳和太阳系与银河系的赤道平面组成一个十字形是一件很严重的事？根据一个网站的说法，是这样的："玛雅人长期计数的日历暗示了2012这一带有吉兆的一年，那一年冬至日太阳的岁差运动会逐渐把太阳带到与银河系的中心呈直线的位置上。因此对玛雅人来说，这是2012年除夕夜最后的一个时刻，新的一年即将来临——2万6000个太阳年之后新的银河年。银河系的时钟将从零点开始，一个新的岁差循环也将开始。"（见 www.kamakala.com/2012.htm）

最近对天气变化的一些观察证明了这一点。太阳会不会越来越活跃？确实，最近这些年，X级的太阳耀斑越来越多，日冕物质抛射[2]也越来越多。但是奇怪的是，根据传统的科学观点，我们太阳的活动在这一阶段应该是逐渐沉寂下来才对。

太阳仅仅是我们银河系中数百亿颗星星中的一颗。银河系，正如我们对它的称呼一样，是由气态的星际介质、中子和电离子组成的，原子、分子和星尘

1.Grand Crossing：是指天空中太阳、月亮和九大行星将组成"十字架"形状，故称之为行星大十字。有人认为这一现象的出现预示着世界末日。

2.Coronal Mass Ejection：是从太阳的日冕层抛射出来的物质，抛射出来的物质主要是电子和质子组成的等离子体（此外还有少量的重元素，例如氦，氧和铁），同时伴随着日冕磁场。它会导致地球上的磁暴，并影响空间飞行。

有时会集中形成密度很高的气体云。所有的这些物质——气体、星尘、星体——都围绕着垂直于银道面的一个中轴旋转。科学家认为这一旋转引起的离心力远远大于各物质的重力，会将这些物质越来越引向银河系的中心。

根据传统的科学观点，虽然银河系里的所有星体都围绕着银河系的中心旋转，但是它们并不是同步的。靠近中心的星体的旋转周期比外围星体的旋转周期要短。太阳所处的位置在银河系的外围。由于银河系的自转，太阳系的运转速度大约是每秒220公里（137英里）。银河系的整个星体面积大约是10万光年，太阳位于离银河中心大约3万光年的地方。根据3万光年的距离和220公里每秒的速度，太阳绕着银河中心旋转一周所需的时间是22500万年。这个周期被称为宇宙年。太阳，根据传统的观点，在它5亿年的寿命当中已经围绕着银河中心旋转超过20次了。这个运动周期是可以通过测量得到的，有人认为，可以通过测量它在星系光谱中的位置得知。

最近，加州大学伯克利分校的两位科学家通过对地球上超过5亿年的化石记录进行了仔细的计算研究，他们最终得出：地球上的生命曾经一度繁荣，但是在一个一定的大规模灭绝周期中，都会全部消失。这个周期具有惊人的和神秘的规律性，是每6200万年一次。

这一发现无疑对学习历史和生命进化的学生来说是一次全新的冲击。他们认为，地球上每一次生命繁荣的时期和每一次的大规模灭绝周期各自都至少会延续几百万年——6500万年前，地球经历了距今最近一次的大规模灭绝周期，恐龙以及其他上百万的物种都消失了，但是自那以后，生物的多样性又一次稳定地发展至今。

这两位伯克利的研究者是物理学家，而并非生物学家、地质学家或者古生物学家，但是他们已经非常全面地分析了迄今为止所有的化石种类——包括最早的和最近出现的不下36380种不同的海洋化石，它们记载了有上百万的物种曾经一度在地球的海洋里相当繁盛，但是后来却消失了，不过，它们中的一些又重新出现了。

最近一本由迈克·J.本顿（Michale J. Benton）所著的新书——《当生命频临灭亡》（*When Life Nearly Died*）——讨论了二叠纪[1]末期的大灭绝，这次灭绝普遍认为是发生在2亿5100万年前。这本书的目的是理解到底是什么导致了这次灭绝，这是地球有史以来最大的一次灭绝周期，超过百分之九十的地球物种都被灭绝了，它甚至比恐龙灭绝的那次周期还要严重。

这本书认为我们的太阳和太阳系的其他成员并非围绕着银河做平面的椭圆形运动，而是沿着一个曲线式的椭圆形运动，这一形状的运动会延伸我们所说的宇宙年的时间。基于这种观点，因此他们认为宇宙年的长度应该重新进行测定。但是因为我们无法得知这个曲弦顶端的点的确切位置，因此测定的结

1.Permian Period 古生代最后一个纪（第6个纪），约开始于2.9亿年前，结束于2.5亿年前。在这一期间形成的地层称二叠系。

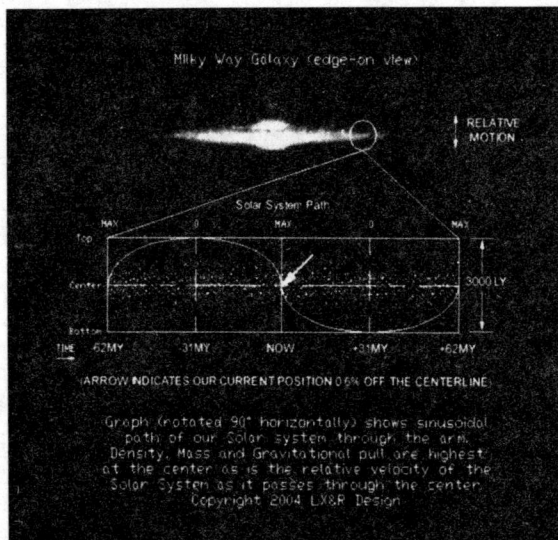

图 21.1. 这一图表显示了我们银河系内密度、质量和万有引力的特点。

果只能是大概近似。从这一系列的原因出发，我们得知宇宙年的大概时间是间隔 2 亿 4800 万年到 2 亿 5100 万年之间。这就是说，当我们前一次经过银河轨道上的某个点上时是在一个灭绝周期当中，那么当我们重新又回到这个点上时，我们就又进入了一个危险的时期。

这个分析需要考虑的问题之一是太阳输出功率的变化可能会引起气候的变化。问题之二是撞上彗星、小行星、星尘的可能性也大大增多了。

问题之三是这些彗星、小行星和星尘中携带的细菌和病毒可能会带给我们瘟疫，就像弗雷德·霍伊尔（Fred Hoyle）和钱德拉·瑞克拉玛森何（Chandra Wrickramasinghe）的著作《太空带来的疾病》（*Diseases from Space*）里所猜测的一样。另外一个周期性的事件是地球的电磁场两极逆转。正如依据玛雅人的日历所推测的 2012 年的冬至日一样，上面这些周期性的事件可能造成的宇宙景象看起来也还需要更多证据才能准确地预言它们发生的可能性。

穿越银河赤道的一次完全的曲线循环需要 6200 万年或者 6250 万年的时间，它的一半周期是 3100 万年。这个数据，本文的作者是从研究者鲍勃·亚历山大（Bob Alexander）那里得来的，后者一直在研究这一假设，不过他所使用的计算方式稍微有些不同。亚历山大承认他最初测量的也是主要的轴线，但是后来他开始测量椭圆形曲线的小一些的轴线，小轴线的距离可能小于 3000 光年。

本文作者用了一个计算器来计算整个椭圆形的外部边缘，这只可能是一个近似值，通过计算椭圆形的半长轴和半短轴，我们可以根据亚历山大的公式计算出这个轨道的实际路径长度，而这一长度就是围绕银河旋转一周所需要的时间。

在一个误差幅度当中，我们测定整个曲线路径的长度是 18941.0769 光年（如果半短轴更短那么这个长度就相应更短）。这样推算的结果是宇宙年的周期是 249,698,580 年。如果根据误差进行修改，那么就是 24800 万光年。这样我们就能得到以下这个计算公式：248MY / 62YM=4。

因此，根据伯克利科学家的研究，我们接近每 6200 万年时就会有一次大的灾难事件（有时更长，有时更短），接着我们可能会有至少四个临界点，在这四个点上我们的太阳、行星、银河系猎户臂的组合体可能会穿过一个临界区域，这个区域拥有更高密度的星尘、残骸、小行星，甚至还可能会有对我们地球有害的射线。然而，这还不是全部。

但是相对于这个几百万年一次的周期来说，地球遭遇了更为频繁的灾难。这些可怕的灾难应该还和其他的周期有关：分点岁差周期。这个每 25,770 年一次的周期，有人认为可能意味着我们的太阳有一个黑暗的伴星，这个伴星有一个数千年的轨道周期，它可能会影响到我们的太阳和太阳系里的其他星体，从而破坏整个地球的气候循环。

的确，我们已经目睹我们的太阳、我们的地球发生了变化——比如正在发生的全球变暖——就像我们已经发现其他的行星也在发生变化一样。这是否预示了即将来临的另一次大灾难呢？现在，我们还不敢确定。但是无疑地，对这些周期的测量可以让我们提前得知一些威胁我们文明的重大变化。

因此最后我想要提醒科学家们继续深入调查的是：最近地球磁场的减弱和极移是否反映了地核的变化，地核内部的温度是否在升高？以及，还有目前非常活跃的火山和地震的频繁。

一些开放的大学研究者已经发现了一些新的证据，可以证实大约在 1 亿 8000 万年前，地球经历一个突然的、极端的全球高温阶段。这一发现可以为我们当前的气候变化提供非常重要的线索，以及为未来可能出现的气候变化提供线索。

在过去三到四年的时间里，欧空局（European Space Agency）的 Envisat[1] 对地探测卫星一直在对地球进行监测，为我们发回了许多重要的信息。很显然，我们需要更多的努力来实施对地球的空间监测，这样可以更好地预测是否会发生威胁到我们生命和文明的灾难。

现在提醒也还不算太迟。

---

1. 欧空局迄今为止研制的最大的一颗环境监测卫星。

第六部分
另类医学

22. 振动治疗：理查德·格伯博士仍然相信
医疗机构不能治愈的疾病有很多其实是能够治愈的
辛西娅·洛根

　　理查德·格伯博士（Dr. Richard Gerber）刚刚花了半个小时从家里来到上班的地方。他的家在底特律的郊区，是一栋非常漂亮的两层洋房。他来上班之前，在家里吃了一顿非常愉快的素食早餐，他一边吃早餐一边俯视着房屋前面那片巨大的花园，风景非常优美，和风轻吹，附近的小河传来细细的流水声。带着身体、心灵和精神上的满足，他现在坐在了他在圣约翰·马科姆医院（St. John Macomb hospital）的办公室里。这所医院位于密歇根州利沃尼亚附近，理查德·格伯博士是这里的内科医生。他每天都到得很早，但并不是在研究图表，而是祈祷，向他的每个病人发送治疗的能量。他自认为自己是一个治疗师，所以这个仪式也是他工作的一部分。在他的心里，他轮流地想着他的每一个病人，用白色或者粉色的光来拥抱他的病人。这就是你可能会想象到的未来的医生们治疗的情形，而且毫无疑问地，是从这个在1988年写了《振动医学》（*Vibrational Medicine*）这本书的格伯博士那里来的。

图22.1. 理查德·格伯博士，具有突破性的书籍《振动医学》的著者。

　　随着这本书的出版，格伯博士提供了一种创造性的方式——也可以说是一座桥，连接医疗机构和另类医学、辅助治疗组织的桥——即"可以填补物理学和玄学之间的鸿沟的过渡科学模式"。他首先是在密歇根大学获得了动物学学士学位，然后又在韦恩州立大学获得了医学学位。他有学识上的条件去支持他在书中提出的理论（在sounds true网站上现在可以提供这本书的CD下载），尽管有些人认为这些理论是很离谱的。书和CD都列举了大量的关于基尔良电子摄影术[1]、顺势医疗、水晶治疗、声音治疗、巴哈花精治疗法[2]、电子放射疗法等的科学研究，以及其他许多当前在风口浪尖的新的治疗方法。尽管有些啰唆，但是格伯在CD里动听的嗓音、缓慢而有节奏的诉说都让他的介绍显得

1.Kirlian Photography：由俄国电子工程师塞姆扬—基尔良（Semyon Kirlian）发明的，将环绕于有机生命体周围的气场捕捉到照相底片上的照相技术。

2.Bach Flower Remedies：又名英国花精疗法，是由英国医生爱德华·巴哈（Dr. Edward Bach）创立的，通过运用天然植物能量（花精）来调解自我心理和情绪的方式。

信息量丰富而又让人愉快。

一旦"开窍了之后"，格伯自从 11 岁开始就对科学非常感兴趣。但是在医学院的时候，他开始疑惑，有没有一种医疗方式是更少危害性、更少副作用、更加便宜的呢？能不能替代他在 1976 年时所学的那些大部分的主要治疗方法呢？在遭遇了《奇迹学》（*A Course in Miracles*）之后，他开始定期参加一个每周举行的集会，这个集会就是关于奇迹等神秘的思想的。受到启发之后，格伯开始了个人长达十一年的替代医疗法研究，最终他用他的发现写就了这本畅销著作。这本书被译成了多国语言，成为许多不同学科的教材，直到今天仍然是这一领域里的权威著作。虽然他对这本书这么受欢迎多少"有些吃惊"，但是他还是认识到了自己的贡献，他说道："我为现有的研究增加了一些新的见解。这一领域非常需要一些理论性的基础，我为建造一种新的科学治疗手法提供了一个新的综合性的思考。"

这种新的科学建立在格伯称之为的"爱因斯坦模式"上，这一模式是与当前的"牛顿模式"相对的。振荡治疗哲学不仅仅把身体看作是一个精致的机器，也不仅仅把人类看作是血肉、蛋白质、脂肪和核酸的组合体。生命力，这种大多数科学家和医生都没有完全理解的微妙的身体能量，它被格伯看作是这个新的爱因斯坦模式中的关键组成部分。通过生命力，我们可以把人看作是一个由复杂的能量场组成的网络系统，每一个部分都是小的身体 / 细胞系统。我们在这里所说的是振动的电磁能量，它的运动比光还要快，是这个多维宇宙的基本特征。"花了差不多一百年的时间，物理学家们才理解了爱因斯坦所提出的物质和能量之间的深刻联系，"格伯说道，"也许接下来的一百年时间，生物学家们也能最终理解这一联系，将爱因斯坦的理论融合到'未来的医学'中，我们都希望它能够实现。"

格伯的医学观念建立在这样两种关键思想之上：其一，我们都不仅仅只是肉体的存在；其二，另外有精神的力量一直在促使着我们去理解我们自身的多维性和宇宙的多维性。振动医疗就是这种医学的附属部分。格伯认为用不了多长的时间，医学院就会开始教授多维的人体解剖学。他说："我们已经开始着手编写这样的教材了。"根据格伯的看法，我们将机械身体论发展到了现在，已经把身体看作是一个电子的生命计算机。在他看来，这一观点虽然还有所不足，但它更接近事实真相。当然，除非他的观点像 CNS（中枢神经系统）、自主神经系统和内分泌系统一样被广泛认可，否则格伯是不会满意的。类似的治疗体系，比如说针灸，它所扎出的一个又一个的点——你也可以看作是能量孔——通过这些点吸进或者散开能量，它们就像是电路板一样，连接着肉体的身体和以太的身体。

以太的身体是格伯的另一个需要得到认可的概念。

格伯认为（当然，他也引用了一些科学研究）以太的身体是一个全息的能量板，它在我们的肉体之上，引导着肉体细胞的生长。他说道，以太身体还包含了三维立体的信息———一个婴儿在母亲的子宫里怎样发育，赋予他成长所需要的结构机能，以及修复一个成年人的身体组织（就像火蜥蜴的四肢被截断之后，它又长出一个新的来）。格伯的这一套理论在大学里就已经萌芽了，但却是他在亚利桑那州埃德加·凯西研究与启蒙协会诊所工作的那四年里才开始迅速成形的。他在那里时和诺曼·席利医生（Dr. Norman Shealy）——他现在因为和卡洛琳·梅斯 Carolyn Myss 一起合作的直觉疗法而享有盛名——完成了一个名为基本保健对照法的可选医疗方法。他的研究论文，在整体分析上与传统的论文截然不同，但却成为非常有价值的想法，后来从"一个单一的格式"成长为了一个大致的轮廓，最终形成了《振动治疗》这本著作。

1984 年的时候，格伯购置了一台刚上市的麦金塔[1]电脑，开始写作。最开始，他自己觉得有些傻气，但他还是跟随了自己的直觉，他往额头上第三只眼的地方用创可贴贴了一块水晶石。他说道："令人吃惊的是这样的做法居然加快了我的写作速度。"每天只能在下班后的夜里才能写作，但是他在九个月里就写了九章的内容，不过直到他去埃及旅游了一趟之后，他的书才初步形成。作为"旅行的内科医生"，"在我们的抗生素和消炎药用完之后"，格伯使用按手礼[2]治愈了其他旅客的不太严重的健康问题。

格伯和他的同事们：安德鲁·韦尔（Andrew Weil）、伯尼·西格尔（Bernie Siegel）、克里斯蒂安·诺思拉普（Christiane Northrup）以及其他一些医生，都采取了一种综合的观点来看待未来的医学。在毫无偏袒的坚持科学的严谨和临床研究的同时，这些先锋者们保留了恢复原始治疗方法的可能性，以及与不断发展的科学技术的潜在联系。"在未来，顺势医疗法和花精疗法会得到认可，它们可以用来治疗慢性疾病，"格伯写道，"但我还是会用一次好的手术来治疗一个大动脉瘤破裂的患者。"在书里，格伯还称赞了现代医疗用接种疫苗来消灭传染病、用提高保健学和控制细菌来延长寿命、用器官移植来拯救生命。他甚至原谅了用化学疗法来治疗像霍奇金病一类的癌症，以及儿童白血病。他还赞同用药物来控制糖尿病和高血压。他指出现在已经被接受的能量疗法包括：用 TENS（经皮电刺激神经疗法）来减轻疼痛（以及在治疗抑郁症时用大脑电刺激来释放内啡肽）；用脉冲电磁场来刺激新的骨骼细胞生成；用全光谱光线来治疗季节性情绪紊乱（冬季忧郁症）；不用手术，用激光来粉碎肾结石和胆结石；在手术前和手术后用音乐疗法来帮助患者康复；以及最新的 PET（正电子断层）扫描仪可以显示出除骨骼和软组织之外的其他脏器和细胞的功能变化。

格伯说道："西方科技的发展已经到了一个临界点，从这里我们开始证实这种微妙的能量系统是的确存在的，它们会影响细胞组织的生理变化。"他展望了"一个像梅奥诊所[3]一样的治疗机构"，这个机构会由如下一些员工构成：

1.Macintosh：苹果公司 1984 年推出的个人电脑操作系统。
2.Laying-on-of-hands healing：一种宗教仪式，指为特定的属灵目的，一个人或几个人把他的手放置在另一人身上的一种行为。
3.Mayo Clinic：创建于 1889 年的美国医疗机构，是国际顶尖的临床医学中心。

医生、护士、药学家、针灸师、治疗师、草药医生、透视诊断师、工程师、化学家、物理学家，以及其他一些人。他解释道："将来会有一支多学科的小组，他们会设计出实验来测量人体组织的微妙能量，以及观察各种不同类型的治疗方式会对它产生什么样的影响。"当然还会有一些附属临床治疗中心，它们有权使用计算机化了的研究性文件，类似于《美国医学杂志》的出版物也会为它们提供有引用价值的参考文献，从而消灭格伯所说的当前医疗研究的"第二十二条军规"[1]（权威出版物不接受非传统的研究，他们阻碍了这些研究要成为可以引用的资源而必须具有的可信性）。格伯也希望能够看见实习医生可以彼此互相指导和治疗。他建议："当在有限的研究中各种形式的治疗方式被证明是有效的，我们的临床医学将会实现一个巨大的开拓。"

这是一个他拼尽全力要实现的梦想。他在当前的一些事实中发现了一些希望：科学家们已经开始确定爱是一种治疗的能量，它可以产生明显的治疗效果。他写道："如果我们能够在人类集体无意识的水面上用治疗能量来产生一个连锁反应，那么它将会是由地球电磁场的流动电流和网络系统来携带的。"在这种导向之下，他认为：绝对的爱的力量可以产生出充沛的、像潮汐般奔涌的治疗能量，而这会改变我们的地球。尽管他很乐观，但他还是认识到了从改变我们个体的意识到在全球范围内宣传质量能量，这是不同的，仍然存在着巨大的挑战。不过他仍然很欢快地说道："我们只需要改变百分之一的人，用他们来影响整个动态变化的系统。随着我们培养出越来越多的治疗师，我们就能逐渐达到大众媒体所需求的程度。"

这些治疗师的培养方式不仅仅是接受传统的医学，还有所有非传统的治疗技术，包括治疗性触摸和通灵治疗。格伯希望能够看见一个整体化的治疗方式，尤其是像在治疗心脏类的疾病时。传统的治疗方式通过药物、手术、血管造形术来增进效果。而整体化的治疗师则提供的是螯合治疗，还包括视觉化的效果和减少压力。格伯说道：振动理疗师要处理人体微妙能量的发病因素（比如说被损坏了的心脏查克拉功能），要会花精疗法、精华提炼法、水晶疗法，再加上顺势疗法和经络平衡治疗。振动医学，比如花精疗法和精华提炼法，以及顺势疗法都是来自生物的和矿物的资源，利用储存了能量的水将富含有特殊频率和信息的微能量量子传输到病人身体内。尤其是花朵，它们包含了植物的生命力，当我们把阳光也作为治疗过程的一个部分时，我们实际上就是将这种生命力的一部分转化成了药物。除了这些之外，振动治疗师还要提供直接的精神辅导。

格伯娶了一个通灵师，他们既没有孩子也没有饲养宠物，因此他可以将全部的精力都放在他的精神探索、他的职业和他对未来医学的贡献上。他现在还

1.The Catch-22: 源自美国作家约瑟夫·海勒（Joseph Heller）的《第二十二条军规》（Catch-22）。现在用来形容任何自相矛盾、不合逻辑的规定或条件所造成的无法脱身或左右为难的困境。

没能表达清楚的是我们将来会用什么标准来衡量振动医学的从业者们（毕竟，我们谈论的是水晶治疗师、查克拉平衡师、催眠师、唤醒前世记忆的治疗师等，所有的这些治疗方式都是相当主观的，我们必须面对现实：这里面必然会充斥着大量的骗子，而且就算是善良的人，有时为了赚钱也会犯一些错误）。虽然未来我们不敢打包票，但是看起来未来的医生们可以全方位面对面的治疗患者，他们无疑会在各个层面上努力去寻求解决疾病的办法和促进健康的办法。当然，毫无疑问的，理查德·格伯博士将会继续做一个先锋者，他会继续预见和祈祷未来的医学。

编者注：理查德·格伯博士已于 2007 年 6 月逝世。

23. 心脏医学中的弊端：
一个医生打破了目前心脏疾病治疗方法背后的神话
辛西娅·洛根

查尔斯·T·麦吉医生（Dr. Charles T. McGee）也许是温文尔雅的，但是他的著作《心脏欺骗术》（*Heart Frauds*）所提出的强有力的挑战，至今仍没有得到解决。这本书的副标题是："揭秘史上最大的医疗骗局"，它显示出麦吉所断言的是不必要的医疗程序，这种不必要的医疗程序每一年都有数以千计的美国人经历过，而且通常是在一个医生的"威胁"之下——如果你不接受这个医疗程序的话，死亡离你就很近了。

虽然这本书里有大量的漫画（由一个政治讽刺漫画家绘制，他同时也是麦吉从前的一个病人），而且麦吉与生俱来的幽默感充斥着书里的很多地方，但这本书却并不是关于幽默的。作为一个资深的妇产科医生，麦吉发现他自己投出了一个重磅信息，这个信息也许能够引发一个新的运动，而这一运动将改变当前的医疗体系。首先我们得承认当涉及心脏病学时，他只是一个外行人，但他的研究却是无可指责的，而且至今仍然没有人能够反驳。他所看到的事实，那些冠状动脉的专家们完全没有下过功夫，或者直接忽略了。

麦吉经常阅读医学杂志上所发表的研究论文，这些论文简直就是医生们的"圣经"，同时，麦吉也分析了那些低成本的另类医疗法，因此麦吉对他的指控充满了信心，当然，也充满了热情。麦吉说："向病人推荐更贵的，风险更高的治疗方法，而不是费用更低，更有成效的治疗方法，这不是欺骗又是什么呢？"他同时又补充道："对大多数人来说，血管造影、冠状动脉搭桥术、球囊成形术、降低胆固醇的药物等都是完全不必要的。如果你的医生向你推荐这些，你最好的办法就是马上冲出门去。"

出生在军队世家，麦吉于第二次世界大战期间在三藩市长大。他们家后来搬到了西雅图，其后他去了华盛顿大学上学，接着他又去了芝加哥的西北大学医学院。1965年的时候，他在加利福尼亚的奥克兰市完成了他的实习和住院医师生涯。他在那时也结了婚，他和他的妻子卡罗尔去墨西哥旅游了一趟，这次旅行最后演变成了他们在厄瓜多尔待了整整一年。他们在那里参加了一个名为希望的援助计划。这个计划是由一艘海军医疗军舰来执行的，它可以在某个国家的码头上停留一整年的时间，

图23.1. 权威妇产科医生查尔斯·麦吉直言他的观点：大多数心脏手术都是不必要的和没有根据的。

149

帮助当地人培训医生，然后再继续行驶。在安第斯的时候，他发现当地的一个部落不像其他更加"文明化"的社会一样疾病泛滥，他说道："在三十三万个印第安人中间，同一时间只有四十到五十个人会进医院，而且也只是因为生育上的困难或者事故外伤等原因。"

这个经历激发了他的兴趣。后来，在亚特兰大 CDC（疾病控制中心）工作的时候，作为一个流行病智能控制官员，他开始了解到生物科学技术，以及英国流行病学家 T.L.克利夫（T.L. Cleave, M.D）。克利夫研究了从世界各地上百个地方搜集来的数据，发现了一个完全没有任何例外的模式：比较"原始"的人吃生食，完全的生食或者部分的生食，或者没有提炼过的糖，没有经过净化的水，以及没经过烹饪的食物。但是当这类食物一旦进入文明社会的食谱里，它们却会变得致病。

在加州胡桃溪凯瑟基金会医院实习了几年的妇产科医生之后，麦吉开始学习中医。到了 1978 年，他已经完全转向了另类医学，包括顺势疗法、营养学、针灸治疗、螯合医疗等。就在这一时期，当麦吉刚刚完成他的住院医师生涯时，他的父亲因为突发的心脏病而逝世。从此之后，麦吉一直在思考着到底是什么杀死了他的父亲。

在麦吉的众多发现中，最有意思的一个是他发现胆固醇并非像我们之前被告知的那样，是心脏病致病的决定因素。他说道："实际上，该理论已经形成了自己的生命，并已上升到了一个宗教教条的高度。"他引用了早期的动物研究，正是从这些研究中推导出的这一理论，然而这些研究本身就是有缺陷的。他说道："其后的人体研究同样是存在着偏见的，从 70 年代开始，他们就错误地用这些研究统计出的数据来支持这一理论。"

麦吉认为，降低胆固醇的药物并不能降低脂蛋白，后者才是血液检测中用来衡量心脏病发病可能的最重要的因素。此外，麦吉还宣称用血液中胆固醇的含量来衡量心脏病发病的可能是无效的，其实是有更加准确的衡量办法的，只不过我们现在却很少使用。

现在的麦吉对食物疗法非常感兴趣，他觉得："我们最终会发现食物除了营养学上的价值之外，还有其他更具有能量性的潜质。"他指出当低密度脂蛋白[1]和高胆固醇没有被氧化时，它们完全是正常的，对身体无害。但是当低密度脂蛋白被氧化时，它就变得非常有害了。现在一般的实验室并没有设法去区分两种形式的低密度脂蛋白，而这完全有可能成为更加合适的测量办法。

麦吉认为另外一个人造神话则是血管造影术这个"黄金标准"。

他解释道："首先，存在着两种不同的测试方式，其中一种是高度不准确的——但是恰好这一种是通常会推荐给我们的，当我们需要检测时，非常有可

1.LDL：低密度脂蛋白的主要功能是把胆固醇运输到全身各处细胞。每种脂蛋白都携带有一定的胆固醇，携带胆固醇最多的脂蛋白就是 LDL。传统观点认为 LDL 水平过高会导致动脉粥样硬化，使个体易患冠心病。

能医生们并不会告诉你这其中的分别。"更有效的血管造影术需要两个摄像机，才能形成一个三维的成影效果，它需要同时从两个不同的角度来观察冠状动脉。

"直到 1994 年，全世界也只有二十台新的血管造影机器，"麦吉说道，"就算是到了今天，可能至少还有百分之五的医生根本不知道这种机器的存在。"其次，除了血管造影术存在着扩散的风险之外（在进行血管造影术时，首先是将一根导管穿过主动脉，伸到心脏的上方。通过这根导管注入染料样的物质，这些物质流经心脏的各条动脉，然后再用 X 射线来形成图像），这种检测方式还完全有可能会改变医生们对结果的解释。

真正关键的实际上是我们所知的"氧化理论"——它发生在各种各样的脂肪经由血液进入动脉血管壁时。如果抗氧化剂的含量很低，脂肪就会氧化，腐烂"生锈"（氧分子附着于脂肪分子之上），就会形成我们熟悉的细菌斑。根据"破裂理论"（心脏病学最新的理论之一），心脏病就发生在这些斑块破裂的地方。一个斑块在动脉血管壁上逐渐长大，伸展直至破裂，分裂成碎片，引起少量出血，然后形成一个凝块，这个凝块接着就会导致心脏肌肉细胞的死亡。氧化过程首先发生于动脉血管内部膜组织所受到的某种损伤。动脉壁的这一损伤区域上的细胞立马就会开始迅速从血液中吸取被氧化了的脂蛋白。其他脂肪物质也会加入到这一聚合过程中，最终形成"动脉粥样硬化"，或者脂纹。但是我们的动脉壁拥有一层非常硬实的、圆形的肌肉，这让那些不断增加的脂纹只剩下一种扩大的方式——也就是向血管通道中央扩展。许多年之后，我们的动脉血管就会逐渐被堵塞。根据麦吉的研究："大多数的破裂都发生在较小的动脉血管中，而且也只会影响到心脏比较小的区域……这些小的动脉血管根本不可能在三维的血管造影中显示出来。但是医生们总是在大的动脉血管中去寻找堵塞现象，即使问题出在小的动脉血管中。"

虽然他明确地批评了医疗机构，但是他并非完全反对对抗疗法。作为一个医生，他很清楚："药物控制冠状动脉疾病有它积极的一面。"他表扬了当前医院里冠心病监护病房的发展，认为它是可以救命的。他还说如果哪一天他也发作了心脏病，他自己也会马上想要跑到某间冠心病监护病房去的。

他同时也很清楚现代医疗在传染类疾病控制领域的进展，以及先天缺陷性疾病、感染性疾病等其他急性疾病的医疗状况。他提出的问题是：现代医学用成功治疗急性疾病的相同方法来治疗慢性疾病，这是失败的。他特别关注这一点的原因是："现代医生所面临的疾病状况，百分之八十都是慢性病。"

当然，更不用说球囊血管成形术[1]或者冠状动脉旁路移植手术[2]，一提到

1.Angioplasty Balloon Surgery：血管成形术又称为球囊血管成形术，经皮经腔冠状动脉腔内血管成形术(PTCA)和冠状动脉球囊扩张术。

2.CABGs：俗称冠状动脉搭桥术，是治疗冠状动脉疾病的常用手术。CABG使用从胸部、腿部或手臂内取下的一条血管来绕过狭窄或阻塞的冠状动脉，以改善心脏的血流和减少发生心肌梗塞的机率。

这些他就非常不高兴。他严厉地批评了这两种手术，并且引用了哈佛大学医学教授尤金·布朗福德博士（Dr. Eugene Braunwald）的观点，后者认为医生只有在其他方式都不能解除胸部的病痛才能推荐手术，他预言围绕着心脏手术会发展起来一个庞大的经济帝国。

相对来说，欧洲的外科医生是按薪水支付报酬的，这样就容易控制因为手术造成的收入差异。而在美国，既定利益的根深蒂固阻碍了整个医疗体制的变革。麦吉认为，现代医疗从来没有学会如何有效地监管自身，从而保护公众的利益。他特别质疑了医疗系统的经济问题，因为这涉及心脏外科手术。他指出："保险公司已经知道哪些外科医生有高比例的术后并发症，哪些医生没有。"

"当一说到冠心病类疾病时，"麦吉写道，"如果其中的大多数治疗方式不是高风险的、花费很贵的、有后遗症的、或者可能是无效的，似乎就很可笑。而决定采用什么样的治疗方式通常是基于那些不准确的血管造影术检查。"迄今未止，只进行了三次科学研究，用来评测搭桥手术的有效性。其中一项是我们所知的退伍军人研究，它将心脏病病人分为两个小组：第一组病人采用药物治疗，第二组病人则实行搭桥手术。十年之后，进一步的研究显示：实行搭桥手术的小组并没有任何更好的改善。其他两项研究，也得出了相同的结果。

球囊血管成形术现在已经成为非常流行的治疗方式，虽然实际上还没有进行过病人长期存活的研究。不过最近的一项短期调查研究发现，冠心病患者每天吃一片阿司匹林的效果和采用球囊手术的效果是一样的。

"心脏病患者应该坚持采用心脏超声波或者核磁共振来检测堵塞的小碎片，检查心脏左心室是否还好，是否仍然具有像水泵的功能，"麦吉说道，"如果它正常地抽送血液，那么就没有任何证据可以证明一次搭桥术或者球囊手术能够增加存活的几率。"如果一个病人心脏病发作之后存活了下来，但是仍然胸口疼痛，同时也是药物无法控制的，那么他或她可以考虑采用手术来解除疼痛。麦吉又说道："但是，还是有其他的选择的。其中一项就是注入抗氧化剂，然后参加迪恩·奥尼什（Dean Ornish）的治疗计划，后者的治疗计划已经被健康专家所认可，认为它可以让比例非常高的心脏病人的病情得到扭转。"他同时也承认这个治疗计划并非对每个人都适用，但是他强烈地感觉到病人有权利知道他们还可以有另外的选择。

另外的选择还可能是螯合疗法，这种疗法将溶解在一起的 EDTA（乙烯—二胺—脂鲤—乙酸）经静脉注射到病人体内，它能够将血液里新陈代谢产生的废物分离出来。螯合疗法在过去的四十年里已经被超过 50 万个病人所采用，在控制心脏疾病方面显示出了巨大的成功，有力地回击了主流医学家们对它的尖锐批评。麦吉也用他一向犀利的幽默回应了主流医学界："那些恐吓病人不要接受 EDTA 螯合疗法的医生，总是告诉这些病人他们可能会死，但是这些医生应该回想一下一个有趣的事实：当那些用于心脏移植手术的捐赠心脏从一个城市运往另一个城市时，它们都是被浸泡在百分之百的 EDTA 溶液中的。"

就是这一类的事实让麦吉的书如此的眼界开阔。这本书首次出版于 1994

年，2001 年时由健康智慧出版公司再版。麦吉同时是《怎样在现代科技中幸存，从中国来的治疗奇迹——气功和治疗能量》（*How to survive Modern Technology, Miracle Healing from China……Qigong, and Healing Energies*）一书的作者。就像后来的罗伯特·门德尔松博士（Dr. Robert Mendelsohn，一个公开的异端治疗学者）一样，麦吉有勇气坚持他的观点，并不惧怕把真相说出来，不过他并没有计划推翻现在的医疗体系——他见过许多的另类治疗法从业者被硬拉上法庭，失去了他们的行医执照。

　　他最近又出了一本书：《用于医学治疗的热能与光能》（*Healing Energies of Heat and Light*），这本书显示出他最近的兴趣在他所称之为的"卫生保健的量子跃迁"。他表扬了那些用螯合治疗法来代替手术的医生，虽然这样的医生只是少数。然后建议患有任何种类疾病的病人为了他们自己的健康去了解另类治疗法。"你需要知道还有其他的方式来治疗难题；而且，你需要在这一领域自己教育自己，因为很少有医生知道其他的选择，因此他也不会向你推荐。只有当你充分了解了你可以采用的所有选择后，你才有可能选择正确的治疗方式。"

24. 手术室里的能量医学:
一个新时代运动的先锋将她的直觉延伸到了
很少有人敢于涉足的领域
辛西娅·洛根

能量治疗师朱莉·莫茨(Julie Motz)认为:"没有恢复的心灵创伤和被抑制了的愤怒造成了百分之九十九点九的严重疾病。"她讲话思路清晰,非常自信,带有纽约客天生的急速步子,她还说道:"我们误解了愤怒,我们没有把它看作是那种可以推动我们前进的能量。"

莫茨是那本非常优秀的著作《生命之手》(*Hands of life*)的作者。"对那些正在遭受着某种疾病的折磨,同时又眼界开阔的人来说,这是一本必须阅读的书。朱莉·莫茨在细胞水平上掌握了心身医学的本质。"医学博士斯蒂芬·西纳特拉(Stephen Sinatra)是这样评价她的。莫茨具有突破性的,同时又经常处于争议位置的工作得到了广泛的认可,她是第一个被允许在手术室和外科医生肩并肩工作的非传统治疗师,这些医院包括著名的位于纽约的哥伦比亚长老会医疗中心,以及位于加州的斯坦福大学附属医院。

她的能量治疗技术可以让手术病人减少对麻醉药品的需要,同时也能加快他们的术后康复,以及让他们康复得更彻底。她在斯坦福大学和达特茅斯医学院都开过讲座,出席过国内国外的医学大会。CNN的日界线栏目,纽约时报杂志,新时代杂志,今日美国杂志,以及妇女之家杂志都对她进行过报道。

莫茨认为,我们用来处理愤怒的大多数手段都是无效的(比如说用棒球杆来击打床,或者乱扔枕头)。"击打床是种自虐的行为,它还消耗掉了你身体的能量;你应该做的是让愤怒穿过你的身体,这样你才能获得它的力量。愤怒并非是你一味想要摆脱的对象;它是你应该感谢,利用和好好处置的东西。"

莫茨亲身经历过愤怒在身体内流动是什么样子。为了调解她小时候所遭受到的心灵创伤,她参加了一个名为"联合"的小组(70年代时很流行的一个治疗小组)。她把迈克(Mike)和桑加·吉利根(Sonja Gilligan)的工作看作是先锋和灵感来源,她说道:"桑加·吉利根最大的贡献是认识到了人有四种,同时只有四种基本的感觉(电磁力,万有引力,核力和弱力)。"后来,莫茨假设这几种"情感力"存在于我们身体特定的系统,组织和液体中。

莫茨说道:"害怕对应于电磁力,同样的还有兴奋。它是我们感知能力的感觉表达,携带在脑脊液和神经系统中。愤怒是强烈的感觉行为,对应于万有引力。如果你的害怕告诉你,你所感知到的东西是安全的,那么你的愤怒会驱使你去追求你所希冀的。如果你的害怕告诉你它是危险的,你的愤怒就会给你力量去战斗或者逃走。"莫茨认为愤怒是携带在血液和肌肉当中的。

吉利根和莫茨认为,痛苦对应于核力,它用它的力量向中心靠拢。"痛苦,在感情上来说,就是自知之明,"莫茨说道,"它让你接触到你存在的核心,

图24.1. 优异的能量治疗师朱莉·莫茨。

它是携带在淋巴液和骨头中的。"

爱，第四种情感力，则对应于弱力，它是携带在关节连接处的滑液和骨髓中的。弱力是释放内心深处的力量的力，就像太阳一样，它制造的力量维持着我们的生命。莫茨认为，最神奇的是，实际上，爱的弱力就是愈合力。

莫茨拿过一个公共医学的硕士学位，她将东方医学的整个概念和西方医学混合在一起。她使用了许多不同的治疗方式，其中的每一种她正式学习的时间都不超过五天。她依靠她的直觉、接触疗法、针灸疗法，以及语言上的和精神上的信息，帮助她的病人利用自身的能量、智慧和记忆。即使是在最具有风险性的手术中，这种混合式的治疗方式也显示出了它的疗效，这些手术包括心脏移植手术、头部创伤手术和乳腺癌手术。

莫茨能够在自己的体内感觉到一个病人的情感，因此她相信她有能力识别这些身体／情感的信号，然后将它们用任何一个人都能理解的形式翻译出来。她把这一过程比喻为怎样跟随一个印第安导游："最开始，你会感到非常惊奇，因为这个导游他能够告诉你，在这颗特别的树旁边曾经站着一只鹿；或者他能告诉你一只狐狸曾在这一点上穿过灌木丛。接着，印第安导游会告诉你在这个地方一个新芽被从枝干上扯了下来，或者一些干树叶散落在小道上。并非你没有看见这些东西，它们经过了你的视野，正如经过了他的视野一样。但是你没有'注意到'它们，因为你没有训练过你自己将这些现象看作是重要的信息。"

虽然这可能是某种我们都具有的能力，但是莫茨用身体结构来感知情感的能力很显然远远超出了我们大多数人。有时甚至能与直觉医学的卡洛琳·米斯（Carolyn Myss）相提并论，后者是莫茨崇拜的对象，她认为正是米斯推广了能量治疗的整个概念。但是莫茨指出她的医学远远没有米斯那么玄奥。她说道："我对物理学更加感兴趣。"在学习了法国物理学家路易·德布罗意（Louis de Broglie，他假设所有的物质都在向外辐射能量波，这种波比光波的速度还要快）的观点之后，她发现这完全是有可能的：像人体组织这样高度系统化的物质不仅仅能够放射出特定的、可以辨识的波形，同时也能够接受和分辨这些波形。她说道："当我感觉到另一个人的情感在我的体内时，这就是我所相信的正在发生的事。"

莫茨推论有两种可能的方式可以让能量治疗起作用："其中一种可能是当我碰触一个病人时，他或她的身体的能量开始和我的一起振动，这种振动让我的接触点移动。另一种可能的解释是当我带着爱的意图或治疗的意图接触病人时，我们接触的点成为整间房子里所有包围我们的能量的一个磁力点，这些能量从我接触病人的手或者手指进入病人的身体里。在这个理论中，我实际上吸引了一股与身体内其他亚原子粒子相互作用的中微子流，从而改变了能量的流动。"

莫茨的父母，一个是理论物理学家，一个是纽约市市立图书馆主管，莫茨很自然地获得了非凡的智慧。她习惯于生气勃勃地辩论、饕餮图书（"任何写得好的书"），写诗，以及在她闲暇的时候列举出要"思考的事"。尽管她将天使和来世这样的事看作是"当精神的创伤开始折磨我们时，我们的大脑皮层制造来安慰我们的东西"，她还是承认她至少有过两次"有趣的"经历，她不想予以置评。"我相信宇宙正在不断地向爱和秩序发展，但是并没有人神的区别，这实际上就是一种东方式的思维方式。"

参加"联合"小组的经历，以及其后与病人的合作让她走向了心灵的学问。她说道："我从智力的世界回到了情感的世界，它让我的大脑和身体连接了起来。我重新连接了思想和感情，必须承认是我所得到的爱让我变得这样聪明。"

这种爱得到了回报：她在手术室里的服务是每小时250美元，在医院里的工作是每小时175美元。她虽然深知自身的价值，但她还是必须用医疗机构的规则来证明它，因此她热衷于把她的工作和能量治疗的概念放在一个大的社会背景里。她说道："数以千计的病人认为只有当某个人切开他们的胸膛，用手碰触了他们的心脏，他们的病才能被治好，因为他们自己无论如何做不到这一点。其他的许多人，比如像与我一起工作过的外科医生们，则喜欢切开别人的胸膛，把里面的东西摆弄来摆弄去。这两类人在很长的一段时间里都会相处得很融洽。但是只要有这样的情况存在，就必定会有需要一个能量治疗师的地方。"

她进一步思考了手术的戏剧化和仪式化的一面，在我们的社会里，它无疑含有"拯救"与"被拯救的人"的含义。她指出："一旦进入手术室，病人就在向医生表达他的爱。病人在他完全失去自我控制的时候，允许医生打开、进入他的身体，这是一种更加伟大的爱的行为。"她展望了未来的手术室，那时每个在场的人都要感谢病人，感谢他的来到，感谢他带来的爱，感谢他信任地进入手术室从而为大家创造了一个治疗的空间。"没有他，我们的爱和知识就不会有一个聚焦的地方。我们每个人都要承诺在这个空间里是没有任何偏见的——这样手术才能开展——不管那时我们需要治疗的是什么。"

莫茨认为脑瘤可能产生于"让大脑去完成一项其实应该由身体来完成的任务……愤怒和爱，是行动和连接，属于身体的感觉"。她说道："害怕和痛苦，是认识和理解，属于大脑的感觉。情感是掌管我们的生命和宇宙的能量。你赶走越多的情感障碍，你就会拥有越多的能量。没有感情并不是说也就没有能量，但是会抑制它。感情需要很多的能量。"

她一向精力旺盛，这得益于她已经采用了很多年的延年益寿的食谱，以及得益于她所说的："一种习惯性的反应——当某种东西否定我时，我习惯性地去追求更加困难、更加难以企及的东西。"

也许正是这种执着拯救了她的生命。在莫茨通过吉利根进入感觉的世界之前，她得过神经性贪食，还试图自杀。后来在获得了电影学方面的艺术硕士学位后，她与吉利根一起开了一家电影公司。那时，她们的公司主要拍摄反映美国历史和文化的纪录片。今天，她正在设想买一架摄像机，用来协助治疗。

同时，她的健康小组——天使计划正在教城市里的青少年能量治疗法。她现在正在从事的是与青少年怀孕有关的工作。莫茨说道："怀孕是一次康复的机会。"虽然莫茨本人并没有孩子。她得出结论：大多数精神创伤在子宫里就开始了。她还强调抑郁、成瘾、贪食都是从胎儿期就开始形成的。

莫茨断言："那种认为孩子是种负担的想法是不符合宇宙的真相的，这是一种从母亲到孩子的传承。怀孕并非是一种自我牺牲，它是一次获得能量的冒险，是一次融合。怀孕的过程实际上是你重复你自己的孕育。因此，如果你的母亲那时并不快乐，那么你也不会快乐。"

她声称："我们能帮孩子做得最好的事就是自我治疗。"她指出反复的情感抑郁或者虐待——通常在很早的时候就存在了，但一般都被病人忽视或者否定——是让我们的身体虚弱的关键因素，它会降低身体对慢性病的抵抗能力。"你必须把伤口暴露出来，这样才能对它进行治疗，否则的话，你所做的一切工作不过是在粉饰伤痕。"

因为在我们今天的社会中，重新去揭示过去的精神创伤和处理它还没有得到广泛的应用，所以莫茨并不赞成那些激进的方式，比如"重生"，她认为一些简单的步骤就能实现那些不必要的粗暴手段所达到的效果。"首先，你需要回想在你的生活中一直在困扰你的事，然后去观察你的身体起了什么样的变化：你感觉怎样？这种感觉是从几岁开始出现的？然后你需要重新回忆那个时期的画面……当人们找到勇气去面对他们的父母曾经对他们做过的事，他们就越有勇气去面对医生们正在对他们做的事。"

在抱怨大多数的外科医生、麻醉师和参加手术的其他人员总体上都缺乏觉悟和敏感时，莫茨同时也对少数最具有天赋和奉献精神的天才们含有巨大的崇拜和佩服之情。她发现不同的外科医生在同一种手术时就像"不同的音乐家演奏同一段音乐；他们从同一个地方开始，也在同一个地方结束，但是却完全不一样。"

莫茨看到了辅助治疗和自我治疗正在兴起："一年以前，我在全国各地漫游，住在小旅馆里，我很惊奇地发现有人在用草药来调理身体，以及采用针灸治疗法。到处看起来都像是对另类医疗有很大的兴趣。"就像克里斯汀·诺斯拉普博士（Dr. Christiane Northrup）所宣称的那样，莫茨也感觉到医学在很大程度上就像是家长的做法，她说道："病人和医疗小组创造了一个相互的经历，它让每个人都参与到对精神创伤的治疗当中来。一个人的情感历史对他的身体健康的重要性其实在很早以前就已经得到了医疗机构的认可，但是一旦这个病人进入了医疗机构的大门，这一点在很大程度上就被忽视了。"

　　如果继续认为我们的情感对我们身体的内部活动影响很小，这是怎样的顽固啊？为了教育病人和专家，莫茨打算在未来建立一个连接东海岸和西海岸的小组。她说道："我对建立治疗小组很感兴趣，我希望我们国家两端的人能够走到一起来讨论、发展这项工作。"她的书简单概括了很多人认为是现代医学所造成的心身分裂："也许我们的科技对社会中的各种慢性病没有能够给予充分的治疗，其实是件好事。我们想要结束这种对身体的暴行的欲望，最终可能使我们彼此互相延展我们的爱，让我们更有勇气去感觉，去完全地了解自身。这就是我所说的把我们自己放在生命之手里。"

25. 将左脑和右脑联合起来：
既是作家又是医生的伦纳德·什莱恩相信
艺术和物理在未来会交会
辛西娅·洛根

行驶在通往三藩市加州—太平洋医疗中心的高速公路上，伦纳德·什莱恩医生（Dr. Leonard Shlain）按了按他的新车的控制台上的播放按钮（过去他开的是捷豹[1]，但他现在成了一个有顾虑的消耗者，所以换成了普锐斯），什莱恩是加州—太平洋医疗中心腹腔镜手术室的主任医生。播放出的是《基督山伯爵》，这个故事曾经非常吸引他（他承认："我当时不得不在某个路边把车停下来，好听清楚后面发生了什么。"）。但是这个早上他要为某个病人的颈动脉进行手术，他必须要集中注意力，因此这个故事只能以后再听了。他的病人是左撇子还是使用的是右手呢？是他的左脑受了伤还是右脑呢？他解释道："这是非常重要的一点，关系到我要怎么样进行我的工作。颈动脉手术特别让我着迷，它需要我理解大脑是怎么工作的。"

什莱恩很早以前就对大脑左右部分的不同感到着迷，同时也对现代艺术和科学的不同感到着迷。他总是在思索与意识相关的迷，左右脑的区别、立体派艺术和相对主义的联系，这类思想在他的头脑里就像"甩干机里缠在一起的衣服"一样绕来绕去。许多年来，他一直致力于消除这些思想间的矛盾。他的这些思想在 1991 年的时候形成了一本获奖著作：《艺术与物理：时空与光的艺术观和物理观》（*Art and Physics: Parallel Visions in Space, Time and Light*）。这本书认为艺术领域的新观念预示着物理学领域的重大发现。这本书现在成为许多艺术院校和大学的教科书。这本书涉及了古典时期、中世纪、

图25.1. 外科医生和人文主义者伦纳德·什莱恩。

文艺复兴和现代多个时期。在每一个时期，什莱恩都将著名的艺术家和重要的思想家并列在一起，比如说乔托（Giotto）和伽利略（Galileo），达·芬奇（Da Vinci）和牛顿（Newton），毕加索（Picasso）和爱因斯坦（Einstein），杜桑[2]（Duchamp）和波尔（Bohr），马蒂斯[3]（Matisse）和海森堡[4]（Hesenberg），

1.Jaguars：捷豹，与后面的 Pirus 普锐斯均为车型，前者耗油量比后者高。

2.Marcel Duchamp：1887—1968，20 世纪法国著名画家，属于现代派，代表作是《带胡须的蒙娜丽莎》。

3.Henri Matisse：1869—1954，20 世纪法国著名画家，野兽派的主要代表。

4.Werner Karl Heisenberg：1901—1976，20 世纪德国物理学家。

莫奈（Monet）和闵可夫斯基（Minkowski）。

什莱恩出生在一个四世同堂的俄国移民家庭，他家有四个小孩，他是最小的一个。小的时候，什莱恩喜爱飞机模型和绘画，总爱幻想自己是一个刚崭露头角的艺术家。他考虑过当一名精神病医生，但是后来还是选择了更激动人心的外科医生（想一想《天荒地老不老情》[1]）："这很浪漫，充满了挑战，而且非常让人兴奋。"

在旧金山加利福尼亚大学做外科教授的助手时，什莱恩亲身感受到了拿手术刀是什么感觉。37 岁的时候，他通过认证，成为美国外科医生协会的一员。同时，他也在大学里有了教职，有了一个妻子和三个孩子，以及越来越丰富的经验。一切都很顺利的按照计划在进行着，他却突然发现自己正"坐在医院病床的床沿上，身着手术后病人所穿的半长外套"——他被告知活组织检查的结果不太理想，是恶性非霍奇金淋巴瘤。

他其后的治疗和康复促使他去参加了一个名为"死亡和濒死"的讨论小组。他描述道："其中一个讨论会的一名组织者，了解我最近正在面临着死亡的威胁，因此他认为让一个外科医生来讲述自己的观点更为方便，我可以同时以一个医生和一个病人的身份来讲述。"什莱恩所讲的故事后来成为《压力和生存：有关一种严重疾病的现实》一书中的一章（由查理·加菲尔德 [Charlie Garfield] 编写）。在他不知情的情况下，斯坦福大学放射科将他的文章复印成资料，发给每个新入院的病人；而另一所医学院则要求新生在开始他们的肿瘤科转科时必须阅读这篇文章。什莱恩说道："我的作家生涯开始于我生命中最糟糕的时期。"在和一个纽约出版商的偶然碰面之后，他才得知有八个主要的出版商都希望能把他写的这一章单独出书。

"接下来的一年，我就像中了邪一样。我每天很早就起床开始写，我在手术前写，在度假时写，在周末写，就算是在手术室里等待病人那一会儿我都要写。"什莱恩说他接近写作的艺术的同时，也接近了成为一名外科医生所必备的技艺。

什莱恩回忆道："我知道熟练程度来自大量的练习，以及对其他专家的模仿。我一直都是一个热心的读者（他特别喜欢陀思妥耶夫斯基、海明威、斯坦贝克、梅尔维尔和狄更斯）；即使是在我接受外科医生训练，在最繁忙的转科时期，我都会随身携带一本书。"

在他的第一本书获得成功的七年后，他出版了第二本书：《字母与女神：词与图像的冲突》（*The Alphabet Versus the Goddess: The Conflict Between Word and Image*，维京出版社）。这本书在 1998 年刚出版后的几周里就登上了国家最佳畅销书的榜单。什莱恩是在 1991 年去地中海地区的考古现场旅游时孕育的这本书，在书里他讨论了他的理论：他认为随着字母的发展和文化的进步，使用右手和左脑占据了主导地位(大脑半球控制着与之相反的身体部位)，

1.Magnificent Obsession：导演道格拉斯·塞克（Douglas Sirk）1954 年的一部电影。

从而形成了一种以男性为中心的文化体系，贬低了女性、女神，同时开始崇拜图像。虽然他很感激文化和文学带给我们的礼物，什莱恩还是指出马克思、亚里士多德、马丁·路德、加尔文、孔子等其他许许多多的男性作者都进一步地加强和巩固了这种男性中心主义，尤其是《圣经》、《古兰经》、犹太教的律法书等宗教文献。他说道："在远古多神教时期，人们不会因为彼此的宗教信仰而互相残杀。但是随着基督教、伊斯兰教和犹太教的兴起，我们就开始为了谁的上帝是真正的上帝而战斗。"

在一次为了促进对人体结构的理解而举行的十分有趣的讨论会上，什莱恩假设我们的眼睛和耳朵之间，在说与听之间存在着一种分歧：他认为眼睛的功能和说的行为更加的主动，更男性化；相反地，耳朵的结构和听的行为则更倾向于接受和感受，更女性化。对于整个社会来说，我们更加集中于说和看，而不是听和接受。人类的眼睛含有特殊的"圆锥形"细胞和"条形"细胞，什莱恩认为它们分别联系着我们的左右大脑。有意思的是，男人的眼睛含有更多的圆锥形细胞（这类细胞导向对事物的近处观察），而女性的眼睛则含有更多的条形细胞，这类细胞擅长整体观察事物。因此，不同的性别所看到的事物是不一样的。（终于，有理论解释了为什么男人们总是找不到冰箱里的东西，以及为什么女人总是更喜欢讲话——因为她们看到更多，因此她们有更多可以说的！）

作为一个感情丰富的人，什莱恩与他的妻子度过了十七年恩爱的婚姻生活，然后经历了一个相同的激烈的离婚。其后，他单身了十七年，虽然他一直保持着对男女之别的兴趣，但还是不打算"再次回到婚姻当中"。他认为大多数人都在无意识地寻找着灵魂的伴侣。他的第二任妻子——艾娜（Ina），是相亲认识的。艾娜是一名法官，对什莱恩来说，他的灵魂终于找到了神秘的另一半。"我们两个都是控制狂，不喜欢混乱，"他说道，"不知道怎么地，这让我们很和谐。当我们一起做饭的时候，我以我的专业的方式，一边切东西，一边向上摊开我的手掌大叫道：'西红柿。'然后艾娜就会笑着说道，'提议驳回。'"

批评家抱怨什莱恩，他们抱怨的焦点集中于一个事实，那就是什莱恩并非一个艺术家、科学家、人类学家、古生物学家，或者语言学家，但他却在他们认为只能是由这些领域的学科专家来开拓的主题上发表他的观点。什莱恩反驳道："许多领域的重大发现都是由外行人贡献的。""许多理论刚提出的时候，我们都觉得不过如此，但是其后总会证实它的价值。"除此之外，在他撰写《性别、时代和权力》一书的导言时，他用了大量的时间来深入思考血液的神秘性，事实是，虽然血液的 26 种成分在化学元素表里是没有性别的区别的，但是通常情况下，一个男性的血液里的循环红细胞的集合要比一个健康的女性高百分之十五。了解血红素，以及铁在两性之间的舞蹈中所扮演的角色，成为什莱恩全力以赴想要解决的问题。

最近一种广为流行的观点认为"圣杯"其实指的就是抹大拉的玛丽亚，这种观点似乎暗示了"神圣的女性"的再度出现，或者，像某些人所认为的那样——

女神的回归。什莱恩的地中海考古之旅的终点是以弗所，这里有用来祭祀一位西方世界的女神的最大的神殿遗迹——阿耳忒密斯的神殿。他写道："我们的导游告诉了我们一个传说：耶稣的母亲圣母玛利亚最终选择在以弗所去世，他指给我们看了据说是埋葬玛丽亚遗体的小山坡。"什莱恩问自己这都是为什么？为什么圣母玛利亚会选择一个异教女神的所在地作为自己最后安息的地方？他开始追问到底是什么导致了女神们从西方远古世界当中消失。"有大量的考古学和历史学的证据可以证明在史前时期和早期历史中，有很长一段时间男人和女人都崇拜女神——我们的文化中到底发生了什么事让西方宗教的这些领导者否定女神崇拜呢？"

《字母与女神》并非完全在"抨击字母"。随着我们在图像科技方面前所未有的进步，什莱恩（他本人使用右手，但是左右手都十分灵巧）认为我们见证了一种新语言的诞生，这种语言是属于右脑的语言。他问道："我总是听到人们说当我们知道得越多时，我们就正在毁掉我们的生活。我们换一种思维方式怎样？——试想我们的生活正在面临改变？"在他看来，媒介作用下图像的兴起，以及电脑的使用，都是一种正面的革新进步。传统的写作方式需要使用右手和左脑，但是键盘和显示屏却需要左右脑同时工作，就像乐器一样。（打字是一种能够促进左右脑协调发展的活动，但它现在主要是属于女性秘书的工作）。男女都在使用电脑键盘。"想一想，所有的那些男性的左手都放在键盘上，这刺激了他们的右脑发展"，什莱恩强调了这一点。他同时感到左右脑的关系也通过像电子邮件、电话和传呼机等科技得到了增强。

那么，什莱恩预计的未来世界是什么样的呢？他告诉全美国和欧洲的观众们："我们现在有了一系列的新问题。"什莱恩对众多不同的群体宣讲过，比如史密森尼[1]、哈佛大学、萨克研究院[2]、洛斯阿拉莫斯国家实验室、NASA、欧盟文化部长等，他所表达的对未来的期望都是乐观的。除了左右大脑的合并外（也许是一个全球性的隐喻？），什莱恩还阐述了一个他认为是可以和黑格尔的哲学"正题，反题和合题"[3]相比的历史性转折。正如文艺复兴让位于宗教改革，其后又发展为启蒙运动一样，20世纪60年代发展成了90年代，到了21世纪，我们又开始向着完全不同的方向前行。"我们这个时代的图像潮流重新恢复了我们已经失去了很久的线性左脑和图形右脑之间的平衡，它也将终止五千年来我们歧视女性的历史。"

因为最热爱文艺复兴，什莱恩的下一部书是关于莱昂纳多·达·芬奇的，但是这本书的内容"与现在市面上的完全不同"。除了要抚养三个非常具有创造力的孩子（他在生活中所扮演的众多角色中，他说他最喜欢的就是父亲这个角色），以及因为创作了有价值的作品而获得了好几个文学类的奖项之外，他

1.Smithsonian：位于美国华盛顿特区的博物馆群和研究中心。

2.The Salk Institute：位于美国加州的生物研究院。

3. 指的是黑格尔的辩证法思想体系。

还拥有好几项外科手术创新设备的专利权——用来钉的、切的、烧的设备。就像他的外科手术刀一样，伦纳德·什莱恩医生在他的写字台上悬挂着用句子和概念来组成的训诫——是从弗朗茨·卡夫卡那里来的，卡夫卡鼓励创作者：作家创作的作品对读者思想的冲击，就像用一个镐来击碎冰冻的海面。他说道："如果一本书没有让读者改变他看待世界的方式，那么卡夫卡认为这就不值得去写。"以此为信条，这位成功的作家总是用独特的比喻来表达复杂的概念，再用一系列令人眼花缭乱的事实来支持它。通过这样的方式，他"让读者思想的冰块互相摩擦对方"，从而完成他的论述。

不管你怎么看待什莱恩的理论，阅读他的书的确是一次刺激的、同时又非常愉快的冒险。他认为他自己是一个天生会讲故事的人，他喜欢英语的"丰富的多样性"。他总是尽力避免技术性的专业语言，但是也偶尔会在字里行间出现些我们所不熟悉的名词、动词和形容词。"有时，我控制不住我自己从那些我担心可能要灭绝的词语中试图去拯救出一些我所喜爱的来。"所以，把你的字典拿出来，坐好，准备好同时受教育和娱乐。

26.X 射线的视力和更远的地方：
特洛伊·荷特比斯神奇的"光晕"据说可以穿透墙壁，
同时还能应用于医学治疗
约翰·凯特勒

　　超人有 X 射线眼，罗杰·科尔曼（Roger Corman）的《有 X 射线眼的男人》中的雷·米兰德（Ray Milland）也有，其他一些五花八门的超级英雄同样有！据说尼古拉·特斯拉也发明了一个机器可以实现 X 射线眼。所谓的 X 射线的视力，或者说可以看透墙壁的能力，不管怎样，到现在都还只是一个科学幻想而已——除非你硬要把医院里的和你的牙科医生所做的也算在里面。不过，所有的这一切都要改变了。我们要感谢一个标新立异的加拿大人的努力，他发明了一种机器不仅可以看透墙壁，而且还能做其他许多令人惊奇的事，甚至可能治愈癌症。

　　托马斯·爱迪生曾经把发明的过程说成是："百分之一的灵感和百分之九十九的汗水。"但是，有的时候，发明家休息了一下，然后凭空想象出了他的发明，甚至是每一个细节。接下来，想象的发明被建造出来，而且完全符合内心的蓝图。但是，试想一下，假如你的发明所涉及的技术领域对你来说完全是陌生的？再进一步的设想一下，假如你的发明还远远超出了当前最尖端的科技？这又怎样呢？

　　特洛伊·荷特比斯（Troy Hurtubise），41 岁，是加拿大安大略省人，拥有多项发明。有的读者可能知道他就是熊牌第七代盔甲的设计者，这个盔甲非常坚硬，可以承受一头北美洲灰熊的攻击。他还发明了革命性的消防绝热防护系统（特洛伊在镜头前亲自演示了这个防护系统的功效，他在头上顶了一块二分之一英寸厚的瓦片，然后在另一端用温度高达 3600 华氏度的火把来烧灼它，时间长达十分钟）。他的发明还包括令人震惊的轻步兵军事防爆气垫（LIMBC）系统。在七台摄像机的记录下，我们看到在汽车门上安装的一平方英尺宽、四英尺厚的 LIMBC 系统成功地阻挡了大约四十架高频激光枪（.370）的扫射——一个陶瓷的防护罩也许可以抵挡两次攻击——接下来直接用 RPG（火箭榴弹）轰击它，也只会在门上留下一个非常小的凹痕。这些和荷特比斯的其他发明都反复地在美国和加拿大的发现频道和教育频道的节目中出现。

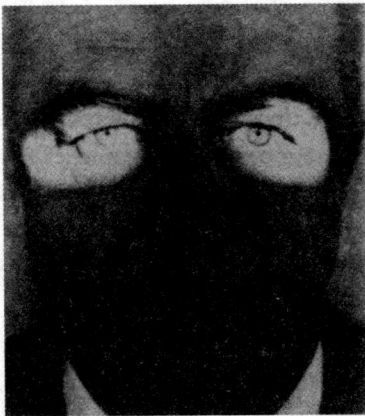

图26.1.《有 X 射线眼的男人》里的雷·米兰德。

　　这个强壮、直率的男人（"我在森林

图27.2. 发明家特洛伊·荷特比斯。

里渡过的那段日子里曾经被枪击了两次、刀刺中了六次") ——他本身的技术背景（熊科动物行为研究专家）不过是在位于加拿大安大略省林赛市的桑福德弗莱明学院拿过学士学位——最开始是打算发明一种方式可以在倒塌的建筑里发现被压的人，这完全是一件非常值得称道的事，但是他却意外地转入了反隐形、侦查、邪恶能量的暗黑王国。这就是他的奥德赛之旅的开始，它是如此的奇特，就算是好莱坞都会觉得这不过是一个虚构的故事而已。

在一个报道奇人异事的独家系列文章中，安大略省诺斯贝的菲尔·诺瓦克（Phil Novak）——www.baytoday.ca 新闻网站——扔下了一个重磅炸弹，即使到了现在都还震惊着世界——不过并非是在新闻界。在一定程度上，这个行为还在暗处继续旋转和搅动着——在互联网上、在政府机构、在军队、在情报局、科学实验室，以及在职场中，而造成这一切的男人不过是为了养活他的家庭而试图去发明的。

看透墙壁

如果受害人能够很快速的被定位、挖出来、包扎伤口，那么灾难搜集工作会更加容易，也能更有效地拯救生命。这方面的工作实际上已经取得了很大的进展，最开始是使用经过特殊训练的狗、远距离摄像、麦克风，现在已经开始使用小型机器人了。如果相关的实验能够顺利完成，那么不久的将来我们还会有远距离遥控的搜索鼠。现在尖端的传感器公司最喜爱的技术是那种可以"看穿墙壁"的科技，为了这个目的，已经开始了大量的工作来发展微波和超波段设备，这些设备可以检查到碎片瓦砾背后的人的心跳，还能形成三维的图像。但是荷特比斯认为还能够有一种更好的方式，用波谱的其他部分。他使用的是光——许许多多的光！

天使之光

2005 年 1 月 16 日，星期二，Baytoday 网站首页头条是："荷特比斯宣布发明了可以看透墙壁的技术——baytoday.ca 独家报道"（www.baytoday.ca/content/news/detail.asp?=6657）。这还不够，读者接下来还会发现更劲爆的信息：据报道，这个发明"挑战了所有我们已知的物理学原理"。接下来的两个自然段告诉我们："这个设备同时还能探测到隐形技术"。哇哦！

这个设备被广为谈论，它可以让任何疯狂的科学家感到骄傲，或者让道具工作室觉得嫉妒，但是目击证人——据报道总共有两人，一是法国政府代表，沙特反间谍的前负责人；另一个就是发明者自己——都说这个设备的确成功了。但是"怎样工作"还不太清楚，我们只知道它一方面会导致科技难以置信的进步，另一方面是特洛伊·荷特比斯聪明的沉默。不过，我们还知道这个"天使之光"使用了三种不同的能量形式——光能、等离子和微波——据报道，正是这些在此之前我们所不曾见过的组合（一个物理学博士说荷特比斯的是"融合光"）实现了不可能的事。

荷特比斯做同一个梦做了好几周的时间，之后他花了大约八百个到九百个小时的时间，以及成千上万的钱从国外购置部件和电源，最终就诞生了"天使之光"。根据菲尔·诺瓦克和发明者自己的叙述，在测试它的时候，荷特比斯直接看穿了车库的墙壁，他不仅能够看到他妻子的车的车牌，还能看清上面凝结的灰尘。太棒了，不是吗？其实并不完全是。实际上，这个设备对生物有致命的副作用。好奇心差点害死了这个发明家，而且确实害死了许多条金鱼。他把他的手伸到了光束里，只放了一会儿，一个完全没头没脑的行为，后果用他自己的话来说是这样的："我的手有一年的时间没有知觉。再加上吐血、体重减轻，我的头发也开始脱落。"太糟糕了！然而，后面还有更糟糕的。他的麻省理工学院的科学伙伴让他把一个小的金鱼缸放到"天使之光"的光束里进行生物测试，他们都放心的认为他肯定会在某种保护型的墙背后进行测试。但是，他没有，所以他又被光束"溅到了"（鱼缸反射出来的部分光束）好多次。对金鱼来说则更糟糕，三十条金鱼暴露在光束中后的几分钟里就死了，即使暴露时间仅仅只不过是一秒的百万分之三。这个后果有力地表明了这是非常强烈的辐射照射，对发明者来说，这成为一个非常大的不得不考虑的道德因素。

反隐形

许多人都认为隐形是美国军事科技的王冠，是一项无与伦比的成就，让美国军队保持着战场上的优势。实际上，这项技术是可以被打败的，而且有它自身的弱点。特洛伊·荷特比斯，在一帮朋友的帮助下，发现了"天使之光"的另一个用处。他们从注销了的 RAH-66 科曼奇隐形侦察战斗机那里借了一个覆盖件样本，以及一个军用雷达枪，他发现他的"天使之光"可以取消隐形——当然，也有另一个让人吃惊的副作用。

定向能超级武器

副作用是什么？电子元件全都喝醉了！在上面的测试中，科曼奇覆盖板被绑在一个无线操纵的玩具车上，它跑动的轨道是在一个印第安保留区中。不仅

图26.3. 特洛伊·荷特比斯的神奇之光据说能够看穿墙壁，同时还能治疗疾病（图片由 Baytoday.ca 提供）。

隐形被取消了，而且光束也直接将这辆车彻底的毁了。

在后来的测试中，所有那些昂贵的电子元件全都被光束烧坏了。突然之间，荷特比斯就有了一个便于操作的、无核的电磁脉冲武器！就是这种潜在的可能性将法国人带到了荷特比斯的门前。荷特比斯和本文作者——一个有着包括这类武器在内的前专业背景的作家——进行了长时间的电话访谈，荷特比斯说道：他很清楚，法国政府希望把"天使之光"当作一个真正有效的战略防御系统（他对比了在他看来很可笑的美国导弹基础应用方法）。最后他们向他提供了大约 4 万加元的资金。这看起来是可行的，但是荷特比斯的努力都失败了，他花了几个月的时间，做了一切他能做的，但还是没有发现怎样才能去掉这个设备致命的副作用。

荷特比斯很愿意卖给法国人（美国政府并不感兴趣）一个战略防御系统（也许能挣数百万的钱），但是他并不打算让任何国家或者组织得到一个真正的杀伤性射线——如果"天使之光"的副作用继续存在的话，它无疑就是这样的一个武器。荷特比斯描述了他假设的这个武器的威力：天使之光会造成一个完全的分裂，它会造成一大批的受害者，这些受害者也许什么都不会感觉到，只要他们暴露在天使之光里，一小时之后他们的身体就会随之溶解掉。这些人也许不会介意，但是在打击的那一刻所有的电力设备也会全部失效。面对这样一个不能解决的道德问题，荷特比斯没法再关心金钱（他告诉作者他想要的只不过是"一所房子、一辆小货车和一间适用的实验室"），因此他停止了所有的实验，拆除了天使之光。这本来会是这个故事的结尾，但是却还有更伟大的事情在等待着。

上帝之光……转变方向

他那时并不知道自己将要改变研究的方向——大规模的——从他计划发明的救援设备到一个他想象不到的领域里去。在这个过程中，他失去了"天使之光"看透墙壁的能力，但是同时也不再会有杀伤性射线了。他得到的报答是一个有价值得多的发明：一个真正的生命增强治愈仪！菲尔·诺瓦克的下一个故事记录了这个惊人的转变："从天使之光到上帝之光。第一部分和第二部分。Bay today.ca 独家报道。"2005 年 5 月 11 日星期三和 2005 年 3 月 12 日星期四（www.baytoday.ca/content/news/details.asp?c=8267，以及 8271）

意外的帮助和更加意外的发展方向

讽刺的是，对一个自称"不会调试录影机"和"不懂电脑"的发明家来说，解救他的却是网络摄像头（据推测，是一个朋友的），他用网络摄像头与德国连线。通过这种方式，他得到了一个德国物理学家、一个德国电子工程师和一个电气专家的帮助。这种方式是必须的，因为这些自愿的帮助者很快就发现荷特比斯读不懂他们发给他的图表。就是通过这种特殊的联合，荷特比斯发现他突然投身于了肿瘤学。有人给他介绍了一个多伦多的肿瘤研究家，这个人给他带来了实验用的小白鼠（长有肿瘤的小白鼠），他们用它来测试了上帝之光。测试结果用荷特比斯的话来说是这样的："难以置信的成功"，以至于荷特比斯宣告他的实验室欢迎"任何在科学界具有科学信誉的以下病症的研究者：帕金森症、艾滋病、阿尔茨海默病或者多发性硬化症。"到底有多成功呢？标本C-12，在上帝之光下暴露了二十分钟零七秒之后，"它身上的肿瘤缩小了百分之二十七"。C-12 之前还接受过放射化疗。还有更多的例子，标本 H-27，长有一个脑瘤，之前没有接受过放射化疗，在上帝之光中暴露了十八分钟三十三秒之后，"它的肿瘤减小了百分之十二"。在这两个例子中，癌症的发展都被遏制住了，在其后五十六个小时的观察期里，也没有发现有害的副作用。

有头脑的读者无疑很快就会将上帝之光和普里奥尔（Priore）之前的发现联系起来。汤姆·比尔登在 www.cheniere.org 上曾详细描述过普里奥尔制造的一个组合微波，它拥有强大的磁场。作者同样以这个问题询问过荷特比斯，他同意这两者有很大的共同点，尽管存在着光谱区域的差异，但他还是竭力指出全世界范围内的治疗应用都在开发着不同频率的光，他利用的同样是这个之前就广泛展开的有价值的研究工作。荷特比斯提供给诺瓦克的设备应用清单证实了这确实是一个以光为基础的治疗方法，不过很显然它还融合了磁力、等离子、声波等其他微波能量元素。

自我治疗

在亲眼见识了上帝之光对小白鼠产生的效果后，虽然他曾经在天使之光时有过非常糟糕的经历，但他还是没能控制住自己，又把自己当了一会"人类小白鼠"。这一次，只有一点灼热的感觉，物理学家后来认为可能是由于细胞的再生所引起的。特洛伊·荷特比斯非常走运，他很快就治好了他的头发和体重减轻的问题，同时也治好了他的手（因为连续猛击熊牌盔甲而造成的关节炎），他的精力也全部恢复了。当然，这同样也驱使他一天二十一个小时都待在实验室里了。

某些读者可能见过著名的基尔良摄影术所拍摄的通电的叶子的照片（即使是在真正的叶子被摘去之后的一个小时里都能拍摄到整个叶子的外部轮廓），但是荷特比斯做得更多。为什么这样说呢？就在一个盆栽植物的枝干被削掉之后，它还长出了一朵花来！花了多长时间呢？三个小时！荷特比斯仍然不满足，他将很难发芽的科罗拉多蓝云杉（一般需要三个月）放在了上帝之光中，结果一个星期就发芽了。在菲尔·诺瓦克的访谈中，荷特比斯说道：他曾经在两个星期的时间当中每天观察云杉的发芽情况，结果非常令人吃惊！

治疗别人

互联网广播节目的访问将上帝之光神奇的治疗功能快速地传播了出去，很快荷特比斯就被那些患病的人包围了，其中有一个本地人名叫加里（Gary），他得的是帕金森症。虽然很担心可能产生的各种各样的后果（比如上帝之光对这个疾病完全无效），但是情感上没办法说不，荷特比斯还是让这个三十七岁的人来做了一次免费的治疗。两个小时四十分钟的完全治疗后，这个男人跳到了车道上，兴高采烈地大喊："我又回到了二十岁！"

这种公然违反协议的人体试验让物理学家们很不满，但是荷特比斯仍然关注于治疗和拯救生命。因此当他的嫂子前来要求他帮忙时，他只能答应了。他的嫂子得的是囊变性纤维瘤，但她不想通过手术来切除乳房上长的现在还是良性的囊肿。菲尔·诺瓦克和他的摄影师被要求来见证了这一幕，她的右乳房在上帝之光下单独进行了十分钟的治疗。之后，她说道："有刺痛感，肯定发生了什么。"荷特比斯向她保证的"四十八个小时内就会见效"也如期实现了。在治疗完成了的四十八个小时后，当菲尔·诺瓦克再一次采访她时，她报告说所长的两个囊肿都从一个硬币大小缩小为了一个镍币大小。到了周末的时候，两个囊肿都一起消失了。那么有副作用吗？总的来说，有点轻微的恶心感。在一次电话采访中，荷特比斯说他曾经"有两次在不同的状态"下接受上帝之光的照射，"每次五分钟"，目标是他"胸口上长的脂肪瘤"。两天以后这个脂肪瘤就消失了。

被骚扰和其他不好的后果

特洛伊·荷特比斯是一个非常自信的人，因为多年在山里与熊打交道的经历让他的身体十分强壮，同时他也是一个意志坚定的人，总是坚持做自己认为是对的事。如果不是这样，他在面对现在的压力时可能早就崩溃了。为什么这么说？他的实验室被窃听，他的电话被窃听，人们总是想要偷走他的发明（因为技术的复杂性已经超出了实验室的分析而没有成功），他和他的家人也经常接到死亡威胁。部分原因可能是因为他经常都会有不同的、身份重要的外国访问者，这引起了一些矛盾冲突。因为他的实验室总是有很多事要做，荷特比斯没有太多时间和精力用来审查他的访问者，所以其中的大多数都是没有通报姓名的。不过，还好的是，他的安保工作做得还不错。

27. 生物学的越界：
最近所发明的反转录转座子就是我们解放的救星吗？
约翰·凯特勒

我们很早以前就清楚地知道，我们实际运用了的智力只占我们所具有的智力的很小的一部分（看看我们的行为，就知道这一事实有多明显）。研究表明，即使是像爱因斯坦这样的思想巨人，理论上，他也只使用了百分之五的精神潜能。美国国家发现科学研究院的科学家科尔姆·A·凯莱赫（Colm A. Kelleher）博士宣称：当涉及人类基因中的三百万对碱基对[1]时，情况更加严重。

在他的论文《反转录转座子是人体变化的引擎》（*Retrotransposons as Engines of Human Bodily Transformation*）[2]中，凯莱赫认为："只有百分之三的人类 DNA 编码成了我们的身体。"换句话说，在三百万对碱基对中，有百分之九十七明显什么都没做。凯莱赫博士认为它们无疑在等待着反转录转座子来激活它们——这种基因结构也被简单地视作"跳跃基因"。凯莱赫不仅引用了一个已经确认了的通过反转录转座子激活先前没有使用过的 DNA 的例子，他同时还认为这可能会引起许多玄学的和神学的现象，包括返老还童、飘浮、变形，甚至飞天。他的论文提出

图27.1. 科学研究家、生物化学家、科学异常现象的热心研究者科尔姆·A·凯莱赫博士。

了一系列的实验室实验方案，希望能以此证明通过反转录转座子激活基因的相关事实。

当然，人类基因的这种严重的浪费让一些科学家很抓狂，但是他们并不赞成凯莱赫博士的观点。他们反驳道："自然并不是一个浪费者。"意思是说自然从不会给任何生物超出它们在这个环境里实际所需要的能力。那么，我们需

1.base pair：核酸中两条链间的配对碱基，是形成 DNA、RNA 单体以及编码遗传信息的化学结构。

2.《科学探索杂志》（*Journal of Scientific Exploration*），123, no.1（Spring 1999）：9-24。（作者原注）

不需要利用这一潜在的过剩呢？

现实的人和理性的唯物主义者把我们的物种看作是一个东西，或者说是一个生物力学和生物学的机器，尽管他们认为人类是设计得最复杂最神奇的机器，但是如果他们错了呢？如果人类能够不把自身看作是一个逐步提高的、已经非常完善的、经过时间考验的设计，而是一种在很大程度上没有实现的、长期以来被有意压制的、具有高潜能的激昂物质呢？这有可能是真的吗？不管怎样，确实存在着一系列不寻常的环境证据，指向了这一结论。

人为的限制

如果我们相信古语言学专家和考古学家撒迦利亚·西琴（Zecharia Sitchin）的观点，那么人类最初是阿努纳奇"神"（外星高智能生物）创造出来的奴隶。人类就是孕育自他们严谨失谐的 DNA 和地球上最先进的生命形式——前人科物种的联姻。由此产生的人按照计划有条不紊地发展着他们真正的潜能，但是这项计划后来被破坏了，其中一个阿努纳奇决定新的生命形式应该有一个更好的命运，所以停止了最初计划好的基因形式。然而，后来的人类什么都好就是不驯服，这让阿努纳奇终止了他们对人类的怜悯。阿努纳奇决定让人类在全球性大洪水中毁灭，这场大洪水是由阿努纳奇人的家乡 X 星（Nibiru）引起的，X 星的运行轨道非常诡异，在它接近地球时会引起严重的天气变化。这项卑劣的计划由于同一个"神"向他最喜爱的一个人类泄露了机密而被打乱，这些细节我们可以在古代文献《吉尔伽美什》中看到，这个"神"引导吉尔伽美什建造了一艘船，从而在洪水中幸存了。我们知道这个故事，还有一个更为熟悉的形式，那就是后来在《圣经》里的诺亚方舟。

按照这一思路，在《创世记》里我们看到了一个关于人类产生的完全不同的叙述。这次是最初的完美——亚当和伊娃生活在伊甸园里，跟上帝聊天，什么都不需要，他们守护着智慧树上的禁果——以及类似这样的故事。随便插一句，禁果的故事在原始近东地区的艺术和雕刻作品中也同样出现过。根据传说，吃了禁果的人会成为神。但是亚当和夏娃吃了禁果，却付出了惨重的代价。"你必汗流满面才能糊口"和"你生产儿女必多受苦楚"[1]。

纵观整个人类历史，甚至早期的记载——比如说以部落记忆、神话和传说的形式流传下来的故事——都有一个占据主导地位的主题，这就是代表和谐、先进、发展的力量和代表混乱、毁灭以及想要控制所有人和所有事的力量之间的一直不断的战争。我们可以看看好莱坞最近翻拍的、由彼得·杰克森（Peter Jackson）导演的电影《指环王》三部曲，以及由乔治·卢卡斯（George Lucas）导演的《星球大战》中的一部《西斯的复仇》。

律师威廉·布拉姆利（William Bramely，化名），在他考证详细、极具争

---

1. 此二句均引自《圣经·创世记》。

议的著作《伊甸之神》（*The Gods of Eden*）中，试图把从我们历史的开始就存在的，并一直延续到今天的故事重新演绎。他的最具争议的一个观点是关于死神手持镰刀的这一我们非常熟悉的形象是怎么产生的。布拉姆利提出了一个惊人的看法：他认为黑死病时期，在欧洲发生了外星人引起的细菌战，死神的形象就是从这里产生的。那个时候出现了大量关于空中不明飞行物的木刻画和记载，他进一步地做了调查，发现哪里有这些飞行物的描述，哪里就发生了瘟疫。有的描述甚至明显地暗示了在地面上进行的战争，他们听到传来了声音，就像手持镰刀的人在穿过草丛一样。布拉姆利，并非毫无根据的，他认为这可能是身着生物防护衣的军队在行进，他们使用的手动喷雾器制造出的声音。一个行走的声音、镰刀的声音，然后是大面积的死亡？嗯，无论你相信不相信这种观点，不能否认的是黑死病在欧洲每袭击一个地方，就会杀死当地百分之三十三到百分之五十的人——在其后的很长一段时间里都有效地阻碍了这些地方的文明进步。

如果原始语言和古老的木刻画还不足够，也许有的人还可以再想想自称与外星人接触过的劳拉·莱特－贾迪茨克（Laura Knight-Jadczyk）在《仙后座档案》（*www.cassiopaea.org/cass/supernovae.htm*）里的报道。她说人类的遗传使命曾经遭到过蜥蜴形外星人的粗暴干涉，这与瓦德玛尔·瓦莱里安（Valdemar Valerian）在《骇客帝国2》和大卫·伊基 (David Icke)，以及其他人的描述没有什么不同。根据她的报道，人类至今还遗留着这次入侵留下的痕迹，这就是我们的颅骨底部的两个肿块（枕骨脊）。莱特－贾迪茨克还说这就是所谓的"该隐的记号"。

很显然，根据这一想法，蜥蜴外星人限制人类DNA的精密计划其实根本不足以控制我们，但当我们仍然继续否定我们生命中的那些真实的信息、真实的知识和真实的力量，那我们不管看向那里我们仍然可以找到新的控制和新的限制。与这种观念特别适合的是《骇客帝国》电影里相关的场景：我们可以有超出三维空间的任何形式的存在，还是我们选择一个精心设计的、冷酷无情的人造现实。

掌权者们几乎掌控着所有人和所有事的那种看上去压倒一切的力量已经足够吓人、足够让我们深思的了；但是，对有些人来说，这不过仅仅是冰山的一角。对大多数人来说，控制有无数种方式，远远超出了我们的想象，它既牢固又在不断地发展。致力于前沿研究的瓦德玛尔·瓦莱里安在《骇客帝国3》里花了一千页的篇幅来详细描写我们被控制的许多种方式，从往我们的空气、水和食物里投放添加剂，一直到非常复杂的，用电子系统来分别控制每个人的头脑等等。

大的变化已经发生了

讽刺的是，尽管我们身上的控制像蛇形的线圈一样似乎越缠越紧，但是这条"蛇"很明显地自己造成了自身的重伤。比如说互联网（创造它的最初目的，是为了即使是在遭受核打击之后也能有一个可靠的、保险的交流方式），但是现在的互联网无疑是有史以来最大的突破，它实现了没有经过审查的全球信息交流——它一下子就消解了一个几百年来精心构建的控制结构。现在，几乎每个人都能够把他的或她的观点告诉任何地方的任何人——他们不需要记者的报告、不需要编辑或出版商，不需要进入媒体或者花钱去出版，不需要专家们、观点塑造者，或者政府。

就只是这项技术的发展就已经完全搅乱了现在的这个社会，其结果是疯狂的争夺，试图限制和控制它。然而即使是掌权者们，在过去的每一天里，他们自己都越来越依赖于互联网。

就像互联网的出现，打击了所有那些希望能控制信息传播途径的人，让他们毫无希望；另一个类似的事件也发生在了人类身上。尽管一个巨大的、系统的运动正在破坏我们的健康、限制我们的潜能、让我们低头保持驯服，但是与之相反的力量也在悄然兴起，突然出现在各个地方。

看一看美国现在的快餐菜单。汉堡、炸薯条曾经主宰一切，但我们现在能够看到沙拉、酸奶，甚至新鲜水果盘。这还不是全部。纵观全世界，诞生了很多真正意义上的超级孩子，这些孩子的发育速度让人震惊，而且他们比现存的任何人都要更加聪明。同样的，尽管有很多公正的或不公正的手段一直在试图限制出生率和增加死亡率，但是我们星球上的出生率却一直在增长，几乎要达到某种极限了。那么，当它真的达到极限时，会发生什么呢？

阿瑟·C.克拉克（现在是克拉克爵士了）在他的经典科幻小说《童年的终结》（*Childhood's End*）里讨论了这一问题：小说里的这些超级孩子出生了，长大了——他们和他们的祖先没有任何的共同点——然后离开了地球，抛弃了整个世界，让整个社会失去了存在的理由和希望，最后只能崩溃。今天的地球正在经历着巨大的变化，但并不仅仅是我们被告知的"全球变暖"。实际上并非是地球外部的大气层温度在升高，更有可能是地球内部的温度在升高。这也并不完全是太阳反常的活动所造成的，更有可能是地球本身力量的失衡。也许政府正在小心地掩盖这一事实，但是地球"自然"的动荡已经越来越频繁、越来越严重了。某些玄奥的文章认为这是因为我们的地球母亲怀孕了，她正要分娩（生一个卫星吗？）。还有，据作者所知，地球的敏感影响了男人和女人，尽管他们没有怀孕，但他们自己的身体都在反应着地球的变化。是的，他们都讲述了所感觉到的可怕的分娩征兆。

与反转录转座子的联系

这些与反转录转座子有什么关系呢？实际上，有很大的关系。你知道吗？科学家已经开始把所谓的星震（星球内部的隆起）和其后的地震联系在一起了。与之相关的理论还包括光可以导致基本的生物改变。1998年8月8日在《新科学》的第十一页上有这样的报告："去年，天文学家们告诉我们猎户座分子云——靠近猎户座星云——含有循环的极光，它会摧毁右手性氨基酸[1]。"

毋庸置疑，这种奇怪的现象是地球穿过光子带产生的后果，或者说是像有的人称之为的伴随着我们银河系核心的大中枢太阳产生的结果。因此，一切归根结底还是光和能量。现在我们很明确地知道了，光具有非常大的影响力。

根据劳拉·莱特－贾迪茨克的描述，她被告知应该"研究超新星"。她照做了，在其后的探索中她发现蟹状星云（一个产生于五千年前的超新星，它的光子于九百年前到达地球）能够有效地"激活基础液态分子"，以及"生长"，能够在精神上和心理上使人类生长、改变。她后来研究发现当一个超新星诞生时，还会发生超光速的效应，以及光的物理到达，甚至是到达更晚的事物。真正的魔术——"遗传链的链接"则发生在一个超新星距地球两千光年时，恰好，猎户座星系的一等星和参宿七——都是主要的超新星候选人——大约在一千五百光年之外。另外，我们还知道超新星允许通向其他宇宙的维度之门，以及人类曾经拥有 135 对 DNA（现在我们只有 23 对），如果我们重新获得或者重建了我们严重受损的 DNA，"那么又会发生什么呢"？

太有意思了！

因此，光能够、而且确实会引起生物基本的变化。通过反转录转座子用来即时大规模地激活 DNA 的机器确实存在。而超新星则会引起即时的和延时的大规模基因重建和修复。

游戏结束？

控制人类的游戏，它的目标也许是将我们完全困在这一现实当中，让我们没法对即将到来的星球活动（激活或者修复我们的 DNA）做出反应，或者从现在这个维度上升到下一个？也许这就是为什么我们总是烦恼的原因？不管怎样，它看起来值得我们思考。

1.Right-handed amino acids：完全相同的两种分子有手性之分，生命最基本的东西氨基酸同样也有手性之分：分为左手性氨基酸和右手性氨基酸。但是组成地球生命体的几乎都是左手性氨基酸，而没有右手性氨基酸。

第七部分
超出科学可知范围的可能性

28. 拥有超自然能力的空降兵：
对大卫·莫尔豪斯来说，军方的超能战争计划
不仅仅是一次奇特的经历。那是他的使命，尽管它差点害死了他
J. 道格拉斯·凯尼恩

根据 CIA 和五角大楼所提供的公共信息，我们知道官方为了军事目的发展和开拓所谓的通灵能力的所有尝试，现在看来，都只能说是实验性的、短命的，没有显示出有价值的一面。但是，这个界限在 1995 年 11 月时被打破了——暂且不管打破的程度有多大——五角大楼开始救助于"通灵的方式"，这在超自然揭秘者的世界里掀起了一阵骚动。毕竟，任何有理智的人都应该清楚地知道像这样的事物完全是属于巫术师、摩包君婆（非洲人崇拜的巫医）和迷信的黑暗世界，或者说属于后来的卡尔·萨根(Carl Sagan)[1] 所谓的"闹鬼的世界"？它肯定不属于——可能会引起争论——客观知识的领域。顽固的美国国防部——他们拥有世界上最好的科学研究为后盾——怎么可能会真的考虑这样的观点？即使只是一刹那的犹豫？

图28.1. 前 CIA 远距离观察员大卫·莫尔豪斯博士。

最初的时候，CIA 似乎并没有那么蠢。根据《纽约每日新闻》，间谍处在"花了两千万美元的 20 年"后终于决定：通灵能力的使用和远距离观察者（能够在很远的地方看清事物的人）"在情报操作中没有体现出价值来"，是"不合理"的。这个声明显然回避了问题的实质：如果这项计划真的那么无用，为什么 CIA 会在过去的 20 年里一直致力于开发它？而且为什么在保密了这么多年之后，CIA 终于决定要向公众承认他们浪费了纳税人的钱？这个问题的答案，以及其他许多令人感兴趣的问题的答案，可能很快你

1.Carl Sagan: 1934—1996，美国人，曾任美国康奈尔大学行星研究中心主任，被称为"大众天文学家"和"公众科学家"。他在行星科学、生命的起源、外星智能的探索方面卓有成就。

图28.2. 莫尔豪斯（第二排左一）和他的部队在萨尔瓦多执行任务。几个月之后他的头部就中弹了（由大卫·莫尔豪斯提供相片）。

就能在电影院里看到了。因为你所在的当地书店里已经有了。

由大卫·莫尔豪斯（David Morehouse）所著的《超能战士》（*Psychic Warrior*，纽约圣马丁出版社出版）相当可信、生动，甚至带着痛苦地为我们讲述了作者本人为军队工作之前、工作之中和工作之后的故事。大卫在20世纪80年代末期和90年代初期在马里兰州米德要塞[1]为军方的"太阳条纹"计划（又名星际之门计划）工作。

莫尔豪斯是一个受过勋的步兵军官和空降突击兵，在他早期的军队生涯中，他从来没有显示出任何的千里眼能力，他也从来没想过。他唯一的愿望就是拥有一个传统的爱国主义者所应该拥有的军队职业生涯。但当他在中东执行一次训练任务时，一切都改变了。一发流弹击中了他的头盔，几乎杀死了他，而这一过程引发了他的大脑的某种戏剧性的变化。其后他不仅有了噩梦和幻觉，同时还有了一种神秘的能力。最终军队决定利用这一异常的成就——在超自然的能力的帮助下去解决军事情报工作中的实际问题。在他的书里，莫尔豪斯不仅报告了他所参与的远距离观察广泛而有效的使用情况，同时还报告了围绕着它而形成的国内政治气氛，以及他和他的家人所面临的无法承受的压力，正是后者让他离开了军队的掌控、让他选择了把所有的事公之于众。

他戏剧化的经历没有逃脱好莱坞的法眼。据报道，根据他的著作改编的大制作电影正准备问世，主要演员包括史泰龙（Sylvester Stallone）、摩根·弗里曼（Morgan Freeman）、库尔特·拉塞尔（Kurt Russell）。不管怎样，对于普通大众来说，这种极端不符合传统的军事计划——如果它真的存在，那么任何关于它的可信的描述都将带来极大的冲击，尤其是当它直接反驳了西方唯物主义科学基本世界观里的最基本的某些假设时。

对那些以前就关注过这一军事计划的人来说，其实这些都并非新闻。据报道，这种计划早在20世纪70年代就开始形成，当时两位加利福尼亚斯坦福研究中心的物理学家宣称在使用超自然力方面实现了突破。拉塞尔·塔格（Russell Targ）和哈罗德·E.普斯沃夫（Harold E. Puthoff）在他们的著作《心灵感应》（*Mind Reach*）一书中报道了很多人都具有的一种超能力——通过使用一种他们称为"远距离观察"的技术，他们能够非常清晰地观察到在很远的地方发生的事情。他们其中最重要的代表是一位名叫英戈·斯旺（Ingo Swann）的纽约艺术家，

1.Fort meade：美国安全局总部所在地。

图28.3. 物理学家和零点能的提倡者哈罗德·普斯沃夫。

他讲出了一个之前他并不熟悉的地方的许多惊人的细节。一个著名的例子是，他非常准确地描述了一个远在印度洋上的小岛——克尔盖伦。此后，政府开始了一个秘密的模仿计划——屠宰（意大利语：scannate）计划，莫尔豪斯在接受《崛起的亚特兰蒂斯》的一次采访中说，这一计划中的绝大多数研究都是非常了不起的，它们的确证实了超自然现象的存在，不过至今仍然是保密的。但是——尽管官方贬低了这一研究——很显然，不管是什么最初吸引了军队去探索远距离观察的可能性，这种吸引力在二十年后还是没有完全丧失掉。他们宁愿我们相信这一点，直到1995年的11月。

据莫尔豪斯的说法，情报组织试图将通灵战争公开化的动机，除了损害管制之外什么都不是：这是一种官方的造假，他们知道莫里豪斯或者其他人迟早会揭露这一切。实际上，发现频道的一个特别节目已经提供了一个完整的报道。"远距离千里眼"并非是一个低廉的、蹩脚的、没有怎么运用过的技术，实际上它是一个很重要的、经常都在严肃的情报分析中所使用的技术，而且比起最初来，它的成本预算高了很多。不过，正如莫尔豪斯指出的那样，它肯定是并不完美的。

这项技术只有百分之六十到百分之八十的准确率，他说道："它并非百分百的准确，过去没有过，将来也不会！"它也从来没有尽到过最大的努力。没有一项任务会只依靠一个远距离观察者的报告。"任何一个既定目标（这一计划的负责人想要了解的某个地方）通常是靠许多的远距离观察者一起的工作。（但是观察者们彼此之间不允许互相讨论他们各自的工作）所有的数据都经过比较分析，然后最终形成一个完整的报告，送往DIA（国防情报局）。"这个报告总是"和其他的搜集情报的方式联合使用，不管是相片、信号、人，以及其他。它们都是拼图游戏中的一个块。"莫尔豪斯解释道，每一个远距离观察者的能力都会定期检查，根据他们对已知目标物的分析来划分等级，一个实际上的平均成功率也就是这么得出来的。管理人员知道谁的准确率高、谁的准确率低。但所有的数据被汇合到一起，经过统计分析，最终确定它的准确程度，这种方式在大多数的情报报告中都相当有效。

"没有一个情报是百分之百的准确的，"莫尔豪斯说道，"一张苏联的某个高楼的顶部卫星图片也并不能告诉你这栋楼里是什么。"

但是，远距离观察又不像其他的情报搜集渠道一样，它不会危及观察者本身，它也不需要任何物理的仪器（莫尔豪斯承认，为了让到访者印象深刻，美国国安局一直保持着——就像最著名的科幻小说中的场景一样——一张牙科医生式的凳子和一个附在盒子外面的电池）。有些观察者，包括莫尔豪斯本人，他们发现使用生物技术仪器能够帮助观察者获得更为适当的大脑西塔波 [1]，不过其他人什么物理设备都没有使用。

在书中，他详细回忆了他受训练的过程（不过他并不像其他大多数人一样是受英戈·斯旺训练的），以及他怎样学会循序渐进地从观察一个密封的信封到在广大的空间中翱翔，再到一个具体的、指定的目的地。他还描述了他训练的和工作的实例——他离开他的身体，去到其他地方——比如说飞机失事之后的中非；或者在恐怖分子引爆泛美航空 103 班机之前、之中或之后登机（他说这就是为什么后来的侦查会一直坚持正确的方向的原因）；甚至在海湾战争爆发之后进入到前线，以及去到其他许多从前不能去的地方。他在禁毒战争期间负责发现偷运毒品的船只；他参加反恐行动（比如说在黎巴嫩搜寻被恐怖分子绑架的希金斯中校），甚至还去到了别的星球，比如说火星。

最终，这些经历让他意识到：对人类来说，远距离观察实在是太有价值了，它不该是国防部独享的能力。所以他开始了他的写作。但是不久之后，他就意外地接到了军事法庭的指控，这几件指控看上去毫无联系，并且很显然是伪造的。

所有对莫尔豪斯的指控都是基于一个女人苍白的证词，正如作家伦纳德·贝尔泽（Leonard Belzer）所说的："92 页的谩骂很明显是用来掩盖全部潜在的恶毒攻击的。"看起来，军方铁了心要把莫尔豪斯搞臭！

其后而来的痛苦经历几乎让莫尔豪斯精神崩溃，同时差点毁了他的家庭，但最终他还是脱离了军队——虽然远非他所期望的方式——得以恢复和写作他迟来的回忆录。莫尔豪斯说，在《好莱坞报告》发表了他的书和电影的签约消息后的第八天，CIA 就先公开了"星际之门"计划。

远距离观察并非美国和其他国外情报机构正在试图开发的唯一一种超自然能力。莫尔豪斯自己也接受过包括"地图探测"——一种用随身物品或地图来确定秘密地点的方法——在内的训练。其他还有一些技术他并没有直接学习到。其中有一种最为震撼人的是所谓的"远距离影响"。

CIA 和 DIA 都断然否认了政府曾经试图用通灵的方式来影响任何人。但是莫尔豪斯提出了相反的意见，那就是尤里·盖勒（Uri Geller）——著名的以色列通灵师，尤里是莫尔豪斯的朋友，曾是以色列情报组织摩萨德（Mosad）的重要成员，后来被派到美国，与塔格和普斯沃夫一起为最初的屠宰计划工作。他宣称自己曾参加过"远距离影响"这种类型的研究。盖勒曾经在国家电视台里描述过他怎样用通灵的方式在一次签订协议的仪式上影响目标官员。盖勒还出示了一张照片，照片就是那次事件里的他和当时的副主席。

如果基本的立场不能再继续保密，那么不管是国外还是国内的政府有意涉足魔法的其他许多惊人的秘密也会被揭露出来，情报部门也就不能再遮掩他们的行动了。莫尔豪斯怀疑他自己在米德要塞工作的单位也被卷入了一场双重

1.Theta：大脑的四种脑电波中的一种，它是掌控灵感的脑电波。

图28.4. 莫尔豪斯在一次远距离观察行动中，所绘制的被黎巴嫩恐怖分子绑架的海军中校希金斯（由大卫·莫尔豪斯提供）。

间谍的调查中，而实际上他们调查的那个人只是美国政府工作人员。莫尔豪斯说在政府的检查开始之前，他们组织疯狂地销毁了许多档案。他回忆道："那次下的是 IG（全面调查）命令，大家都疯狂地销毁文件，没有人敢停下来，我们（莫尔豪斯和他的同事）在销毁的时候根本不知道哪些文件是哪些，但是可以确定的是如果没有成千上万，也有好几百份档案文件。"

《超能战士》并不是莫尔豪斯将他的故事公之于众的第一次尝试。早期他曾和吉姆·马里斯（Jim Marrs）合作，后者是《交叉火力：刺杀肯尼迪的秘密》（奥利弗·斯通的电影《刺杀肯尼迪》就是根据这本书改编的）的作者。他们合作的成果本来已经被出版商看中了，但在出版的最后时刻，最重要的投资商却退出了。马里斯的调查研究包含了大量的访谈实录，其中就有英戈·斯旺。在访谈中，斯旺承认他除了培训过许多的远距离调查者之外，还训练过另外一支特殊部队，这支部队具有更加神奇的能力。

不管美国涉足超自然力有着怎样扑朔迷离的故事，很显然的是，苏联和其他一些国家在这一领域比美国还要捷足先登。莫尔豪斯说道："克格勃将大把大把的钱投入到他们的超自然研究项目中，在我们开始之前，他们已经研究了很多很多年了。还有捷克、以色列等国家也是。"莫尔豪斯说他看到过一些图片，可以证明在克里姆林宫里有远距离观察者的警告探测仪。莫尔豪斯还说他看到过明确的证据可以证实克格勃在研制开发精神武器（他们有这个能力，之前就曾有过相关的报告，宣布过这种类型的死亡和地震），不过，随着苏联的解体，这些事至今都没有一个最终的解释。

让他进入到这个领域，并公开这一领域的奇怪命运对于他来说一直是一个完完全全的惊喜。他从前的生活没有任何的预兆。他说道："我从来没有试过自我催眠，或者灵魂出游，也没有尝试过任何古老的宗教，以及类似的东西。我就是一个普通的步兵，我的头部中了一弹，然后我就开始了非常奇怪的经历。"他所相信的一切让他的叙述更加可信。他最开始对他观察的东西所持有的态度都是充满怀疑的。他回忆道："我开始这项工作的头一年，他们对我最厉害的批评就是，那时的我根本不相信我自己的工作。我的意思是，当我要得出结论时，我总是有办法将它合理化，或者将我所得到的数据得到公认。"当一个怀疑主义者——莫尔豪斯自己界定为"提聪明的问题，然后期望得到一个聪明的、合乎逻辑的、合适的答案"——是好的，但是"头脑僵化、故步自封则是不好的。这是愚蠢的表现。不幸的是，有很多人自己选择了做一个故步自封的人。"

更不幸的是，有一些人不仅仅是故步自封。他们不仅选择了否认，而且选择了压制事实、选择了去堵那些敢于公开事实的人的嘴。对于这样的人，莫尔豪斯采取了特别的预防措施。他在他居住的地方保存了许多政府远距离观察行动的详细记录，比如说在卡特政府倒台之前的最后一段时间里的伊朗人质救援工作——"饭碗行动"[1]。为了自我保护，莫尔豪斯还将许多复印件分散保存在了祖国各地，以防万一。

同时，莫尔豪斯继续向那些愿意倾听的人推销远距离观察，他认为这对人类来说具有巨大的价值。他相信，这一技术要变得真正可信，我们不仅要认识到它的潜能，还要认识到它的局限性。不过，他最终还是相信，有朝一日人类一定会将这一技术应用于灾难营救、资源探测甚至工业间谍等众多领域。最近，他就被要求运用他的能力去搜寻 TWA800[2] 的失事线索。

另外一个远距离观察者可以很好地发挥特长的领域，无疑就是考古学了。莫尔豪斯在他的书里记载了他看见过约柜（Ark of the Covenant）所在的位置。那么它现在到底是在哪里呢？莫尔豪斯笑着回答了这个问题："不管它在哪里，反正我们是不会再找到它了。我只能告诉你，它不在北非，我相信那些修道士对此没有责任。（暗指格林汉姆·汉卡克 [Graham Hancock] 的埃塞俄比亚理论[3]）

再一次地，我们又有越来越多的秘密了！

1.Operation Rice Bowl：1979 年伊朗发生革命，伊朗学生扣押美国大使馆人质，举世瞩目的伊朗人质事件爆发。事件发生后美国人的外交努力失败，迫于国内压力美国决定营救人质，成立了一个叫作"饭碗"的行动小组。
2.1996 年 7 月 17 日，美国环球航空公司的 TWA800 航班在纽约外海上空爆炸，机上230 人全部遇难。
3. 汉卡克认为今天的约柜在埃塞俄比亚境内。

29. 冷战以来的超能研究：
希拉·奥斯特兰德和林恩·施罗德再版了她们的经典著作
莱恩·卡斯滕

　　1968 年 6 月，一个加拿大人——希拉·奥斯特兰德（Sheila Ostrander）和一个美国人林恩·施罗德（Lynn Schroeder）受邀请参加了在莫斯科举行的一次国际超感觉感知（ESP）大会。邀请她们的是苏联 PSI 调查协会中最热情的传教士之一——36 岁的爱德华·洛莫夫（Edward Naumov）。如果是在早些年，公开对这类事物的兴趣很容易就会遭到流放西伯利亚的处罚，因此举行这样的会议根本不可能。突然间，到了 60 年代中期，在俄国"三驾马车"的统治下闭关自守的禁令得到了改变。奥斯特兰德和施罗德虽然心存担心，但是仍然受到了鼓舞，她们开始给苏联的科学家和研究人员写信。在三年的时间当中，她们收到了很多苏联 PSI 研究的详细报告，大量的书信和包裹从苏联寄达她们手里。最终，洛莫夫邀请她们，并说道："你们自己来看看吧！"

　　她们去了，并顺道去了保加利亚。但是在会议还没结束之前，又一轮的压制活动又开始了。会议被迫结束，奥斯特兰德和施罗德避难去了布拉格。幸好她们赶在了苏联的迫害之前逃离了布拉格，几天之后，苏联的坦克部队就大举进入了布拉格。在苏联的高压政策短暂回归的这段时间里，诞生了一本史诗性的书，它打开了世界的眼睛，让世人看到社会主义国家的超自然研究所取得的惊人突破。这本书——《铁幕后的神秘发现》（*Psychic Discoveries Behind the Iron Curtain*），出版于 1971 年，成为新世纪里的一股秘密热潮。虽然它从未在主流人群中成为畅销书，但是不管怎样，现在的它无疑是一部经典著作。

　　为了让读者明确理解这一点，我们必须说一说莱因博士（Dr. Rhine）50 年代在杜克大学进行的那些试验性的研究。尽管莱因博士的一些结论让人印象非常深刻，同时也是积极正面的，但它所产生的效应却并不明显，这是因为研究结果使用的是谨慎的、枯燥乏味的数据表达方式，因此我们很难体会到它的真实影响。然而随着《神秘发现》一书的出版，一切变得更加直观起来。人类的未来一方面充满幻想色彩，另一方面又有些吓人。此书的两位作者认为虽然这类发现如果得到好的利用，可以让人类进入乌托邦时代；但是如果被滥用的话，则能将人类带下地狱。

　　这两位作者很快就成为这一领域的权威，变得炙手可热。《崛起的亚特兰蒂斯》有幸在 1997 年康涅狄格州纽黑文市约翰·怀特（John White）的 UFO 会议上得到机会采访她们。最近，纽约马洛联合出版公司（Marlowe & Company）出版了她们最新的著作，她们又重新回到了公众视野中。最新的著作基本上是原著的一次更新，它的名字也是上一本的简化：《神秘发现》。冷战结束之后，关于苏联的大量前机密信息泄露了出来，这是新版本出版的主要动机。新的版本包含了对老版本的简略介绍，比如它的第二章名叫："神秘发现——卷起的铁幕"。

1971年之后，两位作者也并没有闲着，她们在1991年时出版了《超级记忆》（Supermemory，纽约 Carroll and Graf 出版公司）。这本书，是在研究上一本《神秘发现》时孕育出的产物，它试图成为又一本它所在领域的经典。

这三本书所揭露的内容并不缺乏优秀的、令人惊讶的部分，但是二十五年来，出版界和公众都很少注意到。因为与 UFO 现象的发现模式相似，有些人认为这暗示了一种世界性的掩盖真相。实际上，作者告诉我们她们现在认识到 UFO 的秘密与超感知感觉调查有着解不开的联系。毕竟，尤里·盖勒就宣称他的力量来自外星人。这本书的序言是盖勒写的，他在里面也表达了对出版商不重视的惊奇。他提到在1977年的一次记者招待会上，斯坦斯菲尔德·特纳（Stansfield Turner）透露 CIA 有一个通灵行动，他们发现了一个人可以透视墙壁帕特·普莱斯 Pat Price）。但是特纳的这番话在媒体中连一丝涟漪都没有激起。

尽管《神秘发现》并没有引起公众的广泛注意，但它的内容确实是革命性的。它对社会真正的影响还有待全面的评估。《神秘发现》第一次让西方认识了黑海城市克拉斯诺伏斯克的一个不知名的电器修理工。以典型的奥斯特兰德和施罗德的方式，围绕着塞姆杨·基尔良（Semyon Kirlian）和他的妻子瓦伦蒂娜（Valentina）的实验也展开了生动有趣的描述。就是在这一章里，首次使用了"身体能"（energy body）和"原生质体"（Bioplasmic body）这样的名词，同时首次提出了灵气（Aura）的概念。其中最重要的一个成就是重新理解了中国传统医学的针灸疗法。一个俄国外科医生，米克哈伊·盖金博士（Mikhail Gaikin）用基尔良摄影机拍摄了针灸疗法中的人体体表，发现针灸的七百处穴道会发出五颜六色的生物光。

在《神秘发现》出版之前，已经有很多书描述了吉萨大金字塔独一无二的奇怪结构，它们分别从很多方面推测了这一结构的重大意义。幸亏奥斯特兰德和施罗德有一次去布拉格的经历，她们才能成为第一个告诉世人"金字塔能"（Pyramid Power）的作家。

就是在布拉格，她们被引荐给了卡尔·德波尔（Karel Drbal），一个捷克无线电和电视工程师。德波尔发现他按照大金字塔结构按比例缩小制成的小金字塔可以让刀片变得锋利。很显然，当金字塔精确的在南北轴线上排成一排时，它的形状可以吸收宇宙的能量，这样它就能让优质钢的晶体结构焕然一新。

心灵战争和社会控制

没有例外地，几乎所有接受采访的苏联研究者都希望这些发现只用于好的事情。但同时他们也清楚地认识到，其中的大多数既可用于情报工作，也可以用于反情报工作，同样地，其中的一些也可以用来建造成为大规模的杀伤性武器——CIA同样也认识到了这一点。

虽然我们现在知道美国情报机构已经在暗地里秘密地实施心灵研究计划很多年了，不过仍然有大量的证据表明许多政府最机密的PSI计划都是由《神秘发现》一书引发的。大量的美国计划和少量的苏联计划都开始于此书出版的时候。两位作者还被邀请去为新的未来情报交换委员会讲话，国会议员阿尔·戈尔（Al Gore）将这本书的部分内容记入了国会记录中，戈尔后来成为这个委员会的主席，他一直保持着对心灵领域的高度兴趣。

很明显，在冷战时期，双方都拼尽全力竞争最完美的PSI武器，但是，正如太空计划一样，现在的他们也许可以一起合作了。在此书的第一版中，它向世界揭示的第一个令人震惊的苏联发明是：能够控制行为和意识的心电感应术！在名为"心电感应攻击术"的这一章里，两位作者从实验报告上推算早在1924年，苏联科学家就成功地通过心电感应术在几千里之外将催眠状态下的实验对象唤醒。一旦这种联系被建立起来，实验对象的行为就可以远距离地通过心电感应来操纵，就像面对面一样。而且，即使这些实验对象是在昏睡当中，他们也能继续进行有意识的谈话和行动。在新的一版里，我们知道美国也对这一计划感兴趣，正在进一步的研究当中。

不过两位作者是通过会议上的捷克斯洛伐克人才知道另一项了不起的发现的——精神能量发动机（Psychotronic generator），这个发现最终会让20世纪的爆炸性武器都原始得像马和马车一样。在布拉格的时候，她们见到了发明这个发动机的人——罗伯特·帕夫里塔（Robert Pavlita），一个捷克大型纺织工厂的设计主管。在一个由一家捷克主要的电影厂拍摄的纪录片中，两位作者看到了一个小的、外形奇怪的金属物体，它被摆放在桌上，据说是毕加索设计的。这个物体由110个可以动的部件组成。在纪录片里，帕夫里塔解释道秘密就藏在这个物体的形状里。他说道："这个发动机可以积聚人类的能量。"然后他们再把这种能量用来完成各种类型的工作。帕夫里塔和他的女儿让娜（Janna）控制这个机器的方式非常奇怪，他们用一种仿佛是瞪眼的方式来盯着这个机器，它就发动起来了。一旦发动起来，它可以旋转轮子、吸引非金属的物体、让一颗小种子长成巨大的植物，以及净化水等。从远古时代开始，人类的这一精神的能量就有着各种各样的名称，比如普拉纳（Prana）、气（chi）、生命能（Vital energy）、动物磁性（Animal magnetism）、自然力（ordic force）、以太力（etheric force）和奥根生命能（orgone）[1]，一直到今天的原生质能和精神能。在布拉格，发明者本人亲自向两位作者展示了这个机器，她们都用手实际感受了这个机器。如果将这个精神能量发动机对着人，又会发生什么呢？帕夫里塔的女儿自愿成为首个实验品。她变得头晕眼花，失去了空间方位感。这个机器还能立即将一只苍蝇杀死。

1.1939年，奥地利医生威廉·赖希（Wilhelm Reich）声称他所发现的一种生命能，他以此制造了一个生命力箱（orgone box）。

在新的一版里，我们得知前克格勃少将卡鲁金（Kalugin）自 1990 年起就开始吐露真相。他说尤里·安德罗波夫（Yuri Andropov）在 70 年代早期下命令要全力开发精神武器，并筹集到了五亿卢布的资金。此后，苏联就研发出了复杂的帕夫里塔式发动机。一个俄裔 CIA 工作人员尼古拉·库洛夫博士（Nikolai Khokhlov）揭露苏联 70 年代有超过二十个保卫严密的、资金雄厚的实验室在从事着军事用的精神类武器研发。其中的一些研发内容可能是和美国一起合作的。

图 29.1. 作者、探索者——希拉·奥斯特兰德和林恩·施罗德（图片由希拉·奥斯特兰德和林恩·施罗德提供）。

感谢记忆

至少有一项美国 PSI 计划我们是在《神秘发现》出版之前就已经知道了的。在《超级记忆》当中，两位作者向我们揭示了 CIA 的 EDOM 计划的许多细节。EDOM 的意思是电子消除记忆，而且很显然，在好多年前，这项技术就已经臻至完美了。CIA 可以通过妨碍神经传递素的乙酰胆碱，以及用电子干扰原生质体来消除长期记忆，将一个人变成没有记忆的行尸走肉。很显然，CIA 经常使用这项技术来"消除"前特工人员的记忆，就像电影《全面回忆》（*Total Recall*）里讲的那样。这个技术后来是在 MK-ULTRA 计划 [1] 下继续发展的，60 年代时他们在医院的精神病患者、囚犯以及志愿者身上进行奇怪的记忆实验，1976 年被国会下令停止。

也许是多重人格障碍启发了记忆控制中最奇怪的那些实验。同样是在《超级记忆》里，我们还得知 CIA 可以人为地在同一个身体里植入多种人格，每一种都有自己的记忆系统，彼此完全独立，互不侵犯。一位名叫吉尔·詹森（Gil Jensen）的加利福尼亚州奥克兰市的 CIA 医生宣称他在 50 年代和 60 年代时曾经通过催眠术和变更记忆的药物在名模坎迪·琼斯（Candy Jones）体内植入了一个名为阿琳·格兰特（Arlene Grant）的人格。格兰特被训练成一个超级间谍，她有着一个完整的记忆历史，知道最机密的信息，而琼斯对这些却一无所知。每当琼斯去参加名流聚会时，他们就会通过电话，用一系列的

---

1. 也称作"大脑控制"计划，被美国作家斯奇瓦兹在《绝密武器》一书中披露出来。美国中情局在长达 20 多年的时间里一直致力于这项计划，中情局专家梦想通过一种迷幻药物或催眠法，彻底控制另一个人的大脑，可以使其沦为美国情报机构随心所欲的间谍工具。

电子声音激活格兰特，让她执行她的秘密计划。即使是在严刑逼供的情况下，第一人格也永远不可能泄露出第二人格记忆系统里的信息，因此这样就可以造就最完美的间谍。现在这项技术被称为"无线催眠大脑控制"（Radio-Hypnotic Intra-Cerebral control），很显然，它来自苏联通过电磁控制原生质体的相关发现。

揭露不明飞行物的秘密

冷战后泄露出来的苏联机密，其中最具有轰动效应的是与不明飞行物和月亮相关的部分。1989 年 9 月外星人在沃罗涅什市公开登陆，这是当时世界各地的头版头条，自那之后，苏联军方接到了很多发现不明飞行物的报告，在新一版的《神秘发现》中我们得知现在克格勃的公开档案里就有这些遍布各地的不明飞行物报告。1989 年 9 月，上百个小孩和成人都看见了宇宙飞船着陆，许多巨大的外星人和小型的机器人相当自在地在扎沃斯基广场上活动，还有上千人看见巨大的飞碟在这个城市的核电站上空盘旋。

根据克格勃的档案记录，在下一年的 3 月，防空部队接到了上百个军队观察到的 UFO 报告。4 月，又接到了一个三百英尺大小的飞碟在苏联防空司令总部上空盘旋的报告。同样是在克格勃的档案里，还记载着匈牙利国防部长乔治·科勒蒂（George Keleti）的报告，科勒蒂从前是部队里的上校，他报告说在沃罗涅什事件的同时，有很多不明飞行物成群结队地穿过匈牙利，这些外星人飞船停靠在了匈牙利全国各地的空军基地里。科勒蒂还报告说四英尺大小的机器人甚至试图爬进匈牙利的米格尔飞机里，并用射线枪来袭击保安人员。当用机械枪向他们射击时，那些十英尺高具有人类特征的外星人就消失不见了。《神秘发现》里说，自 1990 年以来，从前被掩盖的"发现外星人、外星人着陆、近距离接触、外星人绑架等"事件都大量涌向新闻媒体以及那些新建立的UFO 组织。

但是那些从苏联太空计划里泄露出来的秘密更加令人激动。苏联空军中校马尼拉·波波维奇（Marina Popovich）1989 年在三藩市举行的一次会议上展示了一系列的照片，这些照片是由苏联用来探测火卫一的二号卫星拍摄的，照片显示了一个长达十五英里的物体正在向火星的火卫一飞去。1966 年 2 月 4 日，苏联的月球 9 号探测卫星降落在月球的"风暴洋"上，它拍摄了一些非常壮观的"宁静海"[1] 的三维照片，照片中可以看见一组尖顶，看上去像是方尖石塔的形状，属于非常明显的人造建筑结构。苏联太空工程师亚历山大·阿布拉莫夫博士（Alexander Abramov）将这些照片交给了一个复杂数学分析师，他得出

1.Sea of Tranquility（宁静海）和前文的 Ocean of Storms（风暴洋）都是月球上的区域名，并非真正的海洋。月球表面较光亮的地方称为月陆，较暗的地方称为月海，风暴洋是月海中最大的一个。

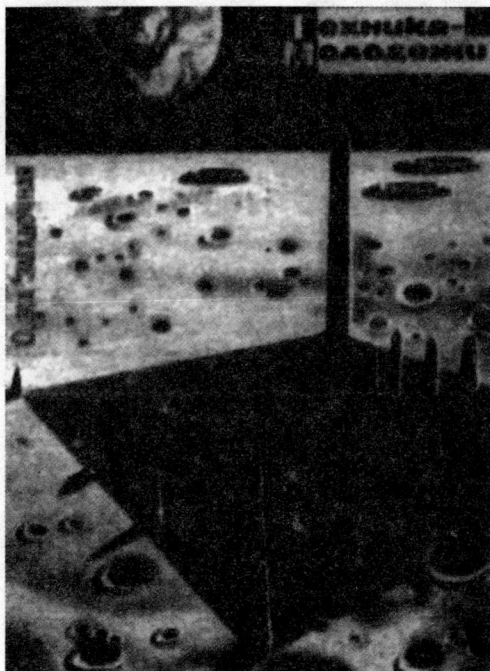

图29.2. 一张对苏联太空卫星所拍摄的月球上的尖顶结构的详细分析图。这张照片是俄国杂志《青年科技》某一期的封面。其中最高的尖顶有十五层楼高（图片由希拉·奥斯特兰德和林恩·施罗德提供）。

结论这些都是考古学的遗址。此外，他还告诉作者当把这些尖顶在月球上所处的位置移入一个阿巴卡（abaka）——一种四十九平方的古埃及的格子坐标系统时，他们和吉萨的金字塔所排列的模式是一模一样的。后来 S. 伊万诺夫博士——俄国最著名的科学家之一——在苏联杂志《青年科技》上发表了一个分析报告，这个报告宣称这些疑似考古遗址都是按照非常精确的几何规则来排列的，无疑可以证明这些是"远古外星人遗留下来的人工建筑"。

1966 年 11 月 20 日，美国轨道 2 卫星拍摄下的照片证实了苏联的发现。伊万·T. 桑德森博士（Dr. Ivan T. Sanderson）——《商船队》杂志的科学编辑——分析了这些照片，他宣称其中最高的建筑有十五楼高，最小的也有一棵杉树那么高。两位作者后来发现 NASA 将数百张月球照片全部纳入保密系统，仍然拒绝公开它们。

我们最后用前宇航员布莱恩·奥利里博士（Dr. Brian O'Leary）的一句话来简单明了地总结一下现在的情形，《神秘发现》一书也同样引用了它："UFO 的宇宙水门、外星人、意念控制、基因工程、自由能、反重力推进，以及其他的秘密会让水门事件和伊朗门[1]事件就像幼儿园游戏一样……但是，真相总有一天会得到昭示。"

1.Irangate：发生在美国 20 世纪 80 年代中期的政治丑闻。是指美国里根政府向伊朗秘密出售武器一事被揭露后而造成严重政治危机的事件。因国际新闻界普遍将其与尼克松水门事件相比，故因此得名。

30. 当科学遭遇通灵学：
新的研究强化了心灵对物质的挑战
帕特里克·马森勒克

在科学、商业、学术紧闭的大门后，秘密的聚会正在进行。

一所大学的电脑出了毛病，普通的错误纠察程序不能解决这个问题。于是，他们叫来了一个拥有超感觉感知能力的人，也就是我们通常所说的"通灵师"。她凭着直觉发现一处密封的电缆中有一个中断，这是任何人之前都没有发现，甚至没有怀疑过的地方。在另一个事例中，一个医生将血液标本、头发标本和唾液标本寄给了一个通灵师，希望他能帮忙确诊这个病人的病情。

专业人员基本上都小心谨慎地不去讨论这些现象，尽管这些现象在今天长足发展。他们不想变得可笑。但是为什么他们又会去做上面事例中的那些事呢？因为在很多情况下，它能起作用。在公众看不到的地方，通灵师被一流的大公司聘用去做各种类型的工作，从找出地球上地质断层的位置，以便预测地震；到帮助医生确诊病情；再到预测经济发展形势，帮助公司管理层进行商业决策。

科学前沿正在更加紧密地向着心灵和主观经验的方向发展，正如我们在力学和量子物理学这样的领域所看到的那样。如果是在早些年，现在这些研究者们探索的领域可能更适合《国家询问报》[1]这样的报纸，而不是科学研究杂志。科学的边界正在接近爱因斯坦的"统一场论"[2]，以及正在接近一个逐渐被认为是由意识所构成、而不仅仅是物质构成的世界。

科学世界正在上演着一次与微能量有关的革命，看起来它有两条不同的途径——中间交叉的两条不同途径。第一条是指有大量的人开始意识到在日常生活中直觉的价值，并实际上运用直觉。我们可以称这种情况为"工作路径"。另一条途径则是"知识路径"，是指那些从事科学前沿研究和调查工作的科学家，这些前沿领域包括混沌理论、场理论，以及前面提到的量子物理。很多这些前沿领域的科学家们发现他们必须要在研究中包括意识的部分，以及意识与世界的相互作用。

"工作路径"的一个例子是雷蒙德·沃利（Raymond Worring），他是蒙大拿州海伦娜市的野外调查研究站主管。沃利，同时也是《通灵犯罪学》（*Psychic Criminology*）一书的联合作者，他花了三十年的时间来开发一个将直觉用于广泛的实际用途的知识体系。他和来自社会各个阶层的几百位通灵师一起合作进行犯罪调查、寻找失踪人口和考古调查。

1.National Enquirer：美国一个通俗小报。

2.The Unified Field Theory：爱因斯坦晚年致力于建立的一个理论体系，他试图将电磁力、引力和核力联系起来，将物理世界的所有能量场统一成一种力，用来解释整个世界。

图30.1. 作家、通灵师乔治·麦克马伦，他将他的天赋运用于考古学领域和犯罪学领域。

沃利的联合作者是惠特尼·希巴德（Whitney Hibbard），他们俩和乔治·麦克马伦（George Mullen）一起开展了广泛的合作研究，后者是当今世界最著名的直觉工作师。麦克马伦是《白牛、红蛇、奔跑的熊和两张脸》一书的作者，他在北美和加拿大进行美洲原住民遗址的调查研究。麦克马伦在多伦多大学时，和后来的加拿大考古学家、人类学家诺曼·爱默生博士（Dr. Norman Emerson）一起参了军。麦克马伦协助爱默生发现了原始易洛魁人[1]和休伦湖印第安村庄的位置，包括"长屋"遗址、栅栏防御工事的后孔标志、原始埋葬场等。爱默生博士以自己的声誉为赌注，将直觉工作运用于考古学和人类学。他在写给加拿大考古协会的信里说："通过直觉和通灵的方式，我们将会获得一个关于人和人类过去的全新景象。作为一个在这些领域接受过训练的考古学家和人类学家，我有理由抓住机会去追求和研究这些方式提供给我的数据。"

自从和爱默生博士一起合作后，麦克马伦将他的考古学技术用到了全世界各地，包括厄瓜多尔、以色列、埃及，以及美国国内的许多地方。他与休·林恩·凯西（Hugh Lynn Cayce）一起旅行了一次，为的是确认埃德加·凯西（Edgar Cayce）[2]解读的在吉萨高原上存在着一个"记录之殿"。麦克马伦给了我们以下的信息："过去的某个时刻，斯芬克斯头上是有一个皇冠的。太阳升起的时候，斯芬克斯的皇冠会在地上形成一道阴影。这个阴影的地方就是记录之殿所在的地方。"

沃利和希巴德也与麦克马伦一起联合一些执法机构在犯罪学的领域工作。麦克马伦的技术被应用于调查谋杀和失踪人口。沃利、希巴德和麦克马伦一起

1.Iroquois：北美的印第安人可按语言分别为两大族系：阿尔冈昆人和易洛魁人，后者人数相对较少。

2.Edgar Cayce：1877—1945，是美国20世纪非常著名的通灵师。他说吉萨的金字塔是亚特兰蒂斯的移民建造的。亚特兰蒂斯移民还在吉萨高原上建造了一个"记录之殿"，其中放置了亚特兰蒂斯的历史和科技发明。

合作的这些调查工作，当然还包括其他一些通灵师的工作，最终形成了一本书：《通灵犯罪学》，它成为执法机构使用直觉进行调查的训练指南。密苏里州圣路易市的一个私人侦探里奇·布伦南（Rich Brennen）是这样来解释直觉的实用主义价值的："我使用通灵术、催眠术和远距离观察作为我的专业技巧。就像使用其他别的调查技巧，比如计算机数据库和电视监控一样。"

沃利和希巴德同样还和弗兰西斯·法雷利（Francis Farrelly）一起合作有关犯罪和考古的案例，特别是将直觉发展为私人侦探们必需的一项调查技术。法雷利长期从事在犯罪调查、医学、电脑故障排查、考古、股市预测等领域运用直觉的工作。她的正式职业是一名使用电子管的农业顾问，这项有争议的技术是由阿尔伯特·阿布拉姆斯博士（Dr. Albert Abrams）研发的，它是指将电子管对准单个的农作物，能有效防止蚜虫虫害。

图30.2. 享誉世界的通灵师尤里·盖勒。

另一个深受重视的通灵师是安妮特·马丁（Annette Martin），她是来自三藩市海湾地区的一名"无线电通灵师"。她的通灵工作包括诊断疾病、召开通灵听证会、协助犯罪调查、捉鬼，以及为公司担任顾问——比如休斯飞机公司、太阳微计算机公司[1]。她同时也在位于加利福尼亚州坎贝尔市的她的直觉研究协会训练通灵师。发现频道和历史频道都在 1998 年时播放过关于她的专题纪录片。

有些直觉工作者在多个领域使用他们的能力，但是有些就只在某个特定领域非常突出。有的通灵师专门从事某一种类型的犯罪，比如一具尸体、溺水案件、失踪人口，或者失踪的动物。不过其他一些直觉工作者，比如尤里·盖勒、英戈·斯旺，以及罗恩·沃尔毛斯（Ron Warmouth）似乎就拥有范围非常广泛的技能，但是他们同样在石油勘探和贵金属勘探方面具有特别突出的天赋。

盖勒开办了一个矿物勘探公司，他雇了一些工程师和地质学家作为顾问。贝弗利·耶格斯（Beverly Jaegers）和她的小组——美国 PSI 小队在密苏里州圣路易市建立了基地，大规模从事犯罪调查和失踪人口调查。耶格斯同时还进行远距离观察的训练和开发通灵能力。她的小组当前正在建立一个侦探、警察、通灵师共同合作的正式网络，一起来解决犯罪问题。

虽然这些现象都是无法证实的，在很大程度上也不能被主流科学所接受，但是的确有越来越多的各个领域的专业人士寻求通灵师的帮助。律师使用通灵

1.Sun Microsystems：是一家IT及互联网技术服务公司，现已被甲骨文（Oracle）公司收购。

师来进行协商；高级主管依靠他们来协助管理和下决策，以及财务预测、在问题还没有暴露出来之前发现它们等等。这些专业人员不仅和通灵师合作，他们同样期望自己能够接受通灵的训练，希望能够加强他们自身的通灵能力。

直觉的使用到目前为止仍然存在着高度的争议性。大多数专业人员不到万不得已不会求助于通灵师，而且他们会尽可能地保密。许多通灵师因为遭到过骚扰，因此他们也期望自己的工作能够保密。一个保守组织将他们的照片印在了海报上面，旁边是新纳粹的口号，这个组织给他们取了名字叫："魔鬼崇拜

图30.3. 实验室里的托马斯·爱迪生。

者"。安妮特·马丁说尽管她所遭遇的负面影响比较少，但是她仍然尽量"比较低调地和警方合作"；这样有利于她在工作中获得委托人的信任，同时也能保护自己，避免与极端反对者的冲突。因此在这里要额外提醒一句，那些需要使用通灵师的组织或公司一定要小心那些主要的、或全部的兴趣都只在公开宣传自己的通灵师。

当通灵师参与工作时，他们往往都不会承认自己起到了什么帮助，尤其是在和其他人一起工作的时候，联合工作是他们更能接受的一种工作模式。当我为了这篇文章搜集资料时，我联系的大多数通灵师和调查者都不愿透露具体的名字和经济状况，这就是由于"保密性的制约"。那些与通灵师一起合作的警察局局长、管理者、医生，如果被公众得知他们曾经利用过通灵师，他们也许会丢掉他们的工作，哪怕是这种合作取得了非常好的结果。在某一个案例中，有个从业者被逮捕了，因为他的工作太成功了，以至于威胁到了整个系统的结构平衡。

美国政府在远距离观察这一领域使用通灵术是有案可查的，它极大地帮助了通灵术得以进入公共视野。现在有很多机会可以去学习远距离观察的方法。除了贝弗利·耶格斯的小组之外，还有英戈·斯旺、林恩·布坎农（Lyn Buchannon）、埃德·戴姆斯少校（Ed Dames）、尤里·盖勒、安吉拉·汤普森（Angela Thompson），以及门罗协会（Monroe Institute），他们都以各自的方式教授着自成一套的远距离观察法。远距离观察的流行，以及它自身的固定化规则，也许是超感觉感知现象正在被广泛接受的标志。

实际上，世界上所有的文化——只除了显赫的西方工业文明以外——都把用超感觉的方式获得知识视作理所当然的，而且花了很多时间使人类的意识能

够更便于直觉操作。关于人类意识和身体的新的科学发现揭示了意识状态和现实经验之间存在着相互关系，而这一点却是很多非工业化的文化一直以来就习以为常的。这将我们引领向了一种与主观经验联系紧密的新的知识渠道。

再让我们看看催眠术，在清醒与睡眠之间的意识形态是我们每个人的日常经验，实际上它就清楚明白地显示了一个直觉的过程。安德烈亚斯·马弗鲁玛提斯（Andreas Mavromatis）在他的著作《催眠术》一书中写道：只有"主体的信仰以及经验发生的场景"才能将直觉经验和催眠术区分开来。很多科学家也许会觉得吃惊，如果他们知道直觉经验对科学发现有着多么大的贡献。比如说托马斯·爱迪生的小憩。每当托马斯·爱迪生进入一个思维瓶颈时，他就会小憩，通常只需要一小会儿，大多数醒来的时候他都会对他正在研究的问题有了一个突破性的认识。

从物理学的层面来说，最近一些研究者发现人类的大脑细胞里含有磁铁矿，这意味着人具有感知能量场的能力。这些细胞附近的脑垂体和松果腺让理查德·劳勒（Richard Lawlor）——《星期日的声音》一书的作者——认为这些腺体也许利用了从地球磁场而来的信息，并通过这些信息调节大脑荷尔蒙的分泌，从而直接控制着人类自主意识的程度。另外一些研究则显示了人体中有机晶体结构存在的证据，比如说视网膜的球果和杆体细胞中的视网膜紫质分子就集中在水晶样的平面上。

我们身体的这些特殊的结构也许暗示着人类具有一种能够和在我们周围空气中存在着的各种不同的能量场相互作用的能力。科学家们正在开拓着场理论的前沿领域，比如斯坦福大学的神经化学家格伦·赖因和核工程上校托马斯·比尔登就向世界展示了纯量场（Scalar Field）存在的可能性，纯量场可能会让直觉获取的信息域更加清楚明白。纯量指的一种巨大的、但是不动的量。压力就是纯量的一种。一种气体的压力是有一定的标准的，我们可以测量它，但是压力并不包含这种能量的运动，它并不运动。当应用于场理论时，纯量则指的是在常见的电磁能之外存在的能量和信息，以及可能的量。但这还是比较容易混淆，因为纯量场也许是与电磁现象联系在一起的。格伦·赖因曾经说过："纯量场……在时间和空间上是独立的（不像电磁场）；它们在较远的地方活动；它们也许会有负能量；它们甚至有穿越时间的能力！"

这些通常来说无法察觉的能量场具有高度的争议性，让我们很难研究它们。它们存在，但是隐形，我们看不见它们，直到其他某种形式的能量引发了它们，就像一道激光束射向一个感光平面时，一个全息的形象就出现了。认识到在我们的周围存在着纯量的可能，也许会让我们更容易接受其他类似零点能的理论——假设宇宙中的所有事物都存在着零点能，或者是鲁珀特·谢尔德雷克（Rupert Sheldrake）的由生物创造的形态场，或者荣格的集体无意识。这些场是神秘的，很难理解。但是它们所产生的不可否认的影响无疑证实了它们的存在，比如重力场和磁力场所产生的影响，以及有些人可能会说的通灵的现象。格伦·赖因用一个"水晶转换"的理论来解释了纯量波和生物系统作用的方式。

他认为："通过细胞薄膜中的液态晶体和我们在血液和生物组织中发现的固态晶体的作用，纯量能被转换成了我们身体里连续的电磁能。"在我们和这些场的相互作用中，这些场也许会向我们传递信息。

对微能量和主观意识的深入理解让我们清楚明白地看到从理智之外获得信息，或者直接靠感觉过程获得信息的方式。科学现在开始理解直觉工作者的主观经验。科学就是思想，科学家的思想和通灵师的思想经常都产生于同一个地方——不管你使用什么样的表述方式——都产生于高级的心灵媒介中、量子场中或者高级的意识中。一旦一个思想已经形成，剩下的就是机械的工作——梳理、证明，以及探索其他可能性。这对每个人来说都是最普通的基本程序，不仅仅属于科学家和通灵师。

现在我们正处于新的千年的开始。在我们的生活中进一步发展对这些微能量的理解会带来一个革命性的好处，而这个好处有赖于我们改变我们对现存世界结构的传统信仰系统。我们也许可以像实验物理学家尼克·赫伯特（Nick Herbert）一样看待这个世界："所有物理学家们能够解释的现象只是这个现实世界的很小的一部分……世界上存在着很多的意识，正如存在着很多的物质一样，而我们却根本没有意识到这一点。"人类现在抓住意识和信息——这些意识和信息在过去总是用宗教来解释——将它们融合在一起，形成一个具有活力和生机的新视界。当我和安妮特·马丁聊天时，她说道："你一定会惊奇到底有多少人相信在我们之外存在着其他的事物，在我们生活的这个美丽星球之外存在着其他的事物。"

31. 鲁珀特·谢尔德雷克的第七感：
和一个科学反传统派的直接对话
辛西娅·洛根

你曾经抬头看过天上的一群天鹅，然后惊讶于它们整齐划一的和谐吗？或者你曾经感到有必要回过头去，当你回头时你发现有人的眼睛在注视着你吗？这些都是很常见的经验，前沿生物学家鲁珀特·谢尔德雷克把它们称为："第七感"。不像第六感一样——谢尔德雷克说第六感已经被生物学家们断言是动物的电力的和磁力的感觉，扎根于时间和空间当中——第七感则"表达了心电感应的概念，基本的五种感觉和所谓的第六感都建立在我们已知的物理学原则之上，而感觉被其他人注视或者是某种预感看起来属于另一个不同的类别。"虽然我们所看到的天鹅有一个内置的生物罗盘，让它们能够回应地球的磁场，但是谢尔德雷克认为不仅仅是磁力让它们在天空中飞成一条线的。

这个剑桥毕业的"异端"科学家，除了对动植物的爱，和擅长于遣词造句外，已经写了好几本获奖著作，这些书的内容都和它们的名字一样让人充满了好奇。《狗知道它们的主人什么时候回家，以及其他难以解释的动物能力》（*Dogs That Know When Their Owners Are Coming Home: And Other Unexplained Powers of Animals, 1999*）获得了英国科学和医学网络图书年度大奖；《七个能改变世界的实验》（*Seven Experiments That Could Change the World: A Do-It-Yourself Guide to Revolutionary Science, 1994*）被英国社会发明研究所评为年度最佳图书；谢尔德雷克同时还是《过去重现》（*The Presence of the Past: Morphic Resonance and the Habits of Nature, 1988*）、《自然的再生》（*The Rebirth of Nature: The Greening of Science and God, 1990*）的作者；他还和拉尔夫·亚伯拉罕（Ralph Abraham）、特伦斯·麦肯纳（Terence McKenna）一起合著了《在西方边缘的三人谈》（*Trialogues at the Edge of the West: Chaos, Creativity, and the Resacralization of the World, 1992*）和《心灵革命》（1998）。他最近的著作——《被人注视的感觉》（*The Sense of Being Stared At : And Other Aspects of the Extended Mind, 2003*）深入钻研了类似的感觉——他认为这是非常值得进行研究的。他写道："我认为那些不能解释的人类能力，比如心电感应、被人注视的感觉，以及预感，并非超自然的现象，而是我们的生物本性中的一个普通的组成部分。"

谢尔德雷克感觉到在 17 世纪、18 世纪的哲学家那里成长起来的偏见严重阻碍了当下的科学研究和探索。"如果我们尽量开阔我们的心胸，努力去理解，那么我们会得到新知识给我们的巨大回报。"

谢尔德雷克不仅觉得我们应该调查在此之前没有人关注过的现象——他尤其注重这一点——而且我们应该把科学重新还给那些像你和我一样的外行

人。谢尔德雷克解释说科学是建立在以观察或实验为依据的基础之上的，因此他说："亿万人都经历过类似的无法解释的现象，但是科学机构却一如既往地将这些经验看作是'轶闻趣事'（Anecdotal），这个词到底是什么意思？'Anecdotal'这个词来自希腊语词根'an'和'ekdotos'，意思是'没有公开的'。也就是说'轶闻趣事'就是没有公开的故事。"他指出今天的法庭非常重视"轶闻趣事"似的证据，往往通过这样的证据来判定被告有罪或无罪。他同时也指出了在医学研究中，"当病人的故事被公开之后，他们就被提升到了'病历'的高度"。将人们真实的经验抹杀掉并非科学的做法，而是不科学的做法。

图31.1. 英国生物学家和作家鲁珀特·谢尔德雷克。

在过去的十五年里，谢尔德雷克一直将他的科学兴趣聚焦于系统是怎样组织起来的，开拓他称之为的"形成动因假说"（Hypothesis of Formative Causation），这个假说由"形态场"（morphic fields）和"形态共振"（morphic resonance）组成。谢尔德雷克说：感谢《恐龙战队》和其他小孩子的玩具，现在我们中的大多数在使用"变种"（morph）这个词时，意思都是"变为"或"进化"。谢尔德雷克的工作是从今天被广泛接受的生物学概念"形态发生场"（Morphogenetic fields，这个概念是用来解释，比如说，为什么我们的手和腿都拥有一样的基因和蛋白质，但是它们的形状却是不一样的）所停滞的地方开始的。

谢尔德雷克推测形态场与他们所组成的和协调的系统一起变化发展。既然场是一种"影响范围"，那么形态场就是那些能够改变或发展这种影响范围的"场"。他说我们的个体细胞、组织、器官、有机体、社会、生态系统等等都被形态场环绕着——形态场是由过去的经验所形成的，它通过一个叫作"形态共振"的内置记忆形成。他解释道，这就是为什么直觉和"种属特异性"能力会不断发展的原因。鸟儿在天上整齐划一的飞行就是因为形态场的作用，形态场让它们和经过千年的进化形成的共振记忆联系起来。

他说道："'天性'是一个用来形容遗传的行为模式的相当模糊的概念——传统生物学认为天性是被编码在基因里的——我认为基因被抬得太高了，它只起到了我们吹捧它的一半的作用。它们干的事只不过是编排氨基酸和蛋白质——形成恰当的化学产物。"在《七个能改变世界的实验》这本书里，他仔细观察了白蚁，它们是怎么聚集的，怎么修建拱形的巢穴。他说道："当然，昆虫们都有遗传密码促使它们按一定的模式来行动，但是它们建巢的实际过程、它们聚居的地方的和谐一致，都是由形态场来完成的。"对于那些觉得"形态场"这一概念很难理解的人，谢尔德雷克给了这样的一个解释："就像一个磁场能够影响在它的控制范围内的铁屑的活动，一个形态场也能影响其中的个体细胞的运动或组织里的某个成员的行为。"他同时还坚持就是这种形态场形成了主人和他们的宠物之间的联系。至于这个是他最喜爱的研究内容：宠物和人之间互相关爱、互相学习。

谢尔德雷克在全球范围内征集了研究助理（其中包括伦敦、苏黎世、加利福尼亚、纽约、莫斯科、雅典等），因此他收集到了一个非常庞大的宠物主人数据库，这些宠物主人参加了"你自己来做"的实验，这个实验非常简单但是很严谨，完全可以给他提供他想要的证据。他宣称："数百个录像带录制的实验表明狗的确可以预感到它们的主人，就像心电感应一样。"另外一些数据显示猫、鹦鹉、信鸽和马也具有非常高的心电感应能力。

虽然有些人认为他的观点和结论都是无稽之谈，但是实际上谢尔德里克有一个非常雄厚的学术背景，值得我们严肃地对待他的理论。他在剑桥学习了自然科学，在哈佛学习了哲学，他曾是弗兰克·诺克斯（Frank Knox）的研究员。他于 1967 年时在剑桥拿到了生物化学的博士学位，他是剑桥大学克莱尔学院的研究员，毕业后直接在那里从事生物化学和细胞生物学的研究一直到 1973 年。作为英国皇家学会的一名研究员，他主要研究植物的生长（主要涉及激素促进性生长），以及细胞的老化。在皇家学会的这七年时间，他享受到了非常具有启发性的学术讨论和奢华的居住招待。

他回忆道："我住在一个 17 世纪的房子里，它有一个很美丽的院子。当铃声响起来时，我就穿上我的学院长袍，穿过院子，坐在一张盛满了可口的饭菜和醇酒的桌旁。吃过饭后，我们坐在一个专门的'普通'房间里，喝着波尔多葡萄酒，谈论数小时。因为我们都从事着不同的专业，因此和这些人的谈话让我有了跨学科讨论的宝贵机会。"

学术交流和轻松的人际交往混合的模式非常适合谢尔德雷克。他在各种科学杂志上已经发表了五十多篇论文了，对于各种批评来者不拒，他说："健康的怀疑主义在科学研究中扮演着很重要的角色，可以激发创造性的思维和进一步的研究。"他区别两种不同的怀疑主义，其中一种是头脑开阔的、健康的怀疑主义，这样的人主要对证据感兴趣；另一种他则界定为是那些坚持超自然的现象是不可能的人。在他的规模很大的个人网站上（www.sheldrake.org），他列举了好几个怀疑主义者对他的具体批评的地址。他建议道："如果你想知道他们对我关于动物的无法解释的能力的意见，请点击他们的名字，你同时还可以看到我对他们的回复。"尽管他被其中的一些人嘲笑奚落（"当我说我要去打一个电话时，我的一些同事会建议我别打电话了，就用心电感应吧"），当然同时也有其他一些科学家认为他的观点很有意思，而且很有可能是正确的。

比如说量子物理学家大卫·博姆（David Bohm）就在谢尔德雷克的"形成动因"和他自己的理论——在显析序的物质世界背后存在着一个看不见的"隐缠序"[1]——之间看见了许多相似的地方。

谢尔德雷克 6.2 英尺高，看上去瘦长、精力充沛、一副深思熟虑的样子。一双没有被眼镜遮住的眼睛熠熠闪光，看上去就是一个科学精英。让他描述自己是外向型还是内向型的性格时，他说"在中间"。他是那种你会在一个聚会上去找他聊天的人，你和他在一起可以进行热烈的、富于启发性的谈话。如果你运气好，他也许还会表演钢琴演奏，大多数情况下会是巴赫。如果你也有机会弹奏一番，他会很高兴地和你来个二重唱。在家里的时候，他喜欢和他的儿子们一起玩游戏，他的儿子们都继承了他对动物的热爱，喜欢参与他的实验。

年轻的时候，谢尔德雷克养了信鸽。他说："我一直都对植物、动物很感兴趣——是它们让我投身于生物学。我同时也对化学很感兴趣，一部分是因为自己的兴趣，另外就是我父亲的影响。我父亲是一个药剂学家，同时也是一个热心的自然主义者。我的父亲在自己家里就有实验室，他喜欢做业余的显微镜实验。"谢尔德雷克没有其他的兄弟姐妹，只有一个弟弟，他是一个很有前途的眼科医生。

谢尔德雷克的理想是"能够开阔科学的世界，让那些现在被忽视或者被否定的现象进入到科学的领域中来"。他希望这种对科学的"扩展"能够让我们更好的理解我们自己和植物、动物，以及和宇宙之间的相互关系，把地球看作是一个整体。他说道："这样的科学不会再和精神性的东西相冲突，而且还会成为它们的补充。同时它也能治愈科学和宗教的分裂对我们的文化所造成的破坏。"在他自己的生活当中，这种分裂已经被治愈了，虽然花了一些时间。

谢尔德雷克成长于英格兰诺丁汉郡的纽瓦克市，他的父母都是虔诚的卫理公会教徒，他最早上的是一个圣公会寄宿学校，在这个地方他发现自己处在了一个极端的新教传统和一个"愤怒的、具有天主教的所有缺点"的英国天主教的夹缝之中。他对大自然的热爱和学校所教授的机械的生物学之间的矛盾更加突出。偶然之间他发现了一篇德国哲学家歌德的论文，这篇论文认为一个完整的科学不会把注意力全都放到事物的具体细节上，同时也包含直接的经验和一个人的感觉，这篇文章激发了谢尔德雷克的好奇心，并启迪了他。正是出于这样的兴趣，他去哈佛大学学习了一年的哲学和科学史（"在这里我觉得每个人都把我当个孩子一样对待"）。谢尔德雷克回忆道："我读了托马斯·库恩（Thomas

---

1.David Joseph Bohm：1917—1992，量子物理学家，他的研究领域包括：等离子体物理学理论、金属理论、高能粒子理论以及 AB 效应等等，对玻尔创立的量子力学正统观点提出了挑战。Explicate order 和 Implicate order 是他提出的两个概念，我国著名物理学家洪定国教授将其译为：显析序和隐缠序。前者指"在显层面上事物是可分析的"，而后者则指"在隐层面上事物是相互纠缠、相互参与的"。

Kuhn）的著作《科学革命的结构》（*The Structure of Scientific Revolutions*），它大大地影响了我，给了我一个全新的视界。"

从哈佛回到剑桥之后，他继续他的毕业设计，同时巧遇了一个名叫"顿悟的哲学家"（Epiphany Philosophers）的组织，这是一个兼收并蓄的小组，成员包括哲学家、物理学家、嬉皮士、治愈师、神秘主义者以及修道士。他说道："我们隔一段时间就一起在诺福克海岸边的风车房里住上一个星期，一年四次，一起讨论量子理论中的新思想、科学的哲学观、通灵学、另类医学以及其他60年代的话题。我们就像某种先锋。"

1974年至1978年间，他是国际半干旱热带作物研究所（ICRISAT）的主要植物生理学家，在印度海德拉巴市工作。在那里，他研究热带豆类植物的生理学，一直担任生理学的顾问，直到1985年。之后有一年半的时间，他住在比德·格里菲恩斯（Bede Griffiths）神父的修行所里，后者是生活在印度南部的一个本笃会[1]僧侣。在这里，他写了《生命的一种新科学》（*A New Science of Life*）这本"巨著"。当然，生活并不仅仅是工作，完全没有消遣。正是在印度，他遇见了他的妻子——吉尔·珀塞（Jill Purce）。1982年国际超个人协会的会议上，他们俩都是发言人，那一年会议的主题是"古老的智慧和现代科学"，她演讲的是"古老的智慧"，而他演讲的则是"现代科学"。自那以后，这种融合就一直体现在他们身上。现在这对夫妇生活在伦敦，他们有两个儿子、三只猫、一条金鱼和一头迷你猪。

就像著名的内分泌学家甘德丝·柏特（Candace Pert）一样——柏特发现了大脑中的鸦片成瘾体——谢尔德雷克认为意识并不局限于我们的大脑。当柏特博士致力于挖掘可以证明神经肽遍布于整个身体的化学依据时，谢尔德雷克博士建议意识所能扩展的影响范围，远远超出了我们的身体和大脑，它连接我们的思想和意图，就像在自然中制造"记忆"一样。他写道："我认为形态共振的发展直接穿越了时间，而并不是被储存在某个特定的地方，就像数据存在一个光盘或一个硬盘上一样。"谢尔德雷克发现阿卡西记录[2]的精神理念"就像一个以太的档案柜"，"太专门化和太局限了"。不过，他还发现"以太（能量）体"这个概念和他的理论很吻合。他解释道："形态场拥有很多种类型，而形态发生场则是组织身体的那一个，在某种程度上，也是给身体以生命的那一个。"

谢尔德里克认为遗传并不仅仅通过基因的这种观念最后转到了细胞的老化问题上。虽然他研究细胞老化的文章在他的理论形成之前就发表在了《自然》杂志上，谢尔德雷克一直以为它是很恰当的。他说道："大量的信息都不是通

1.Benedictine：是天主教的一个隐修会，又译为本尼狄克派。

2.Akashic records：Akashic 由梵语 Akasha 而来，意译为天空、空间或以太。在婆罗门教的文献中，阿卡西被解释为构成物质世界的基本单位，阿卡西记录指的则是在非物质存在层面中的知识集合体。

过基因遗传，而是通过形态共振。既然这些形态场含有一个内在的记忆，他们就能改变和进化。"作为一个坚持了二十五年的素食主义者（大部分出于道德的原因），他觉得我们能够通过饮食、锻炼以及冥想来影响老化的过程，但是细胞积累的缺陷最终将不可逆转。

"我们不能完全地将我们的细胞重新设定。虽然我们能减缓衰老的过程，但是我不认为我们可以完全扭转它或者让它停止。老化是一个与形态场相对抗的机械过程。"出于现实的和实际的立场，谢尔德雷克在某种程度上能够理解，但同样也能在需要的时候送出一拳。他沉思道："其实我们已经知道了很多，但是我们所受的教育从来都教我们否定自己的经验。我认为我们应该把更多的注意力集中到我们所看到的动物身上，和我们自身的经验上。不要被今天仍然在科学界和媒体中占据主导地位的教条主义、机械论和唯物主义的观点给吓到了。"

谢尔德雷克现在为三藩市理论科学研究院工作，他看到了他的"场"所产生的一种效应——"影响个体的责任感和意图"。注意到社会场的建立依赖于围绕着他们的能量，进而影响集体的行为，比如说"聚众暴力"，谢尔德雷克警告道："形态共振在道德上是中立的。我们必须意识到我们的思想和意图是能够产生影响的，我们必须对这个星球上的所有事物负责。现在我们的世界里发展速度最快的习惯是消费主义……全世界的孩子都想要模仿美国的孩子。但是想一想，通过那些祈祷和冥想的组织又能够发生些什么？"

对于谢尔德雷克来说，一切都进展得很好。更多的书在计划当中，包括另外一本和神学家马修·福克斯(Matthew Fox)合著的书。他之前和马修合作过《自然的恩惠：关于科学和灵性的对话》（*Natural Grace: Dialogues on creation, darkness, and the soul in spirituality and science*，*1996*）和《天使物理学》（*The Physics of Angels: Exploring the Realm Where Science and Spirit Meet*，*1996*）这两本著作，其中一本详细记录了他的实验情况。他对于自己目前的生活很满意，他认为这是在今天这个繁忙的社会中能保持的最平衡的生活方式，他对于自己所扮演的这一在科学研究和探索上的先锋角色同样非常满意。

32. 电话的传感术：
尽管引发了怀疑的怒火，鲁珀特·谢尔德雷克似乎还是赢得了围绕 ESP 电子稳定系统而展开的争论
约翰·凯特勒

　　PSI 研究中的圣杯一直以来都是一个简单的、可以轻易重复的实验，可以得出具有统计学价值的重要结果，远远并非是偶然现象。猜到了吗？反传统的生物学家、自由科学思想者和作家鲁珀特·谢尔德雷克，也许他最为著名的是他的形态发生场理论——这一理论认为物质都像是肉体一样，他们都有一个内在的能量骨骼（就像著名的基尔良摄影术里的那个被切断的叶子一样）——看上去刚刚完成了这一实验，他用现在的家用电子和个人电子开发了一系列大规模的 PSI 研究。

　　这是一个使用家用电话进行测试的简单的实验，有四个没有标明身份的人作为打电话者，他们都和接电话的人有着非常紧密的关系，而接电话的人必须在接起电话之前就说出是谁打的电话。这个实验按照盲目猜对的几率统计是百分之二十五。但是谢尔德雷克博士所进行的数百个测验的结果显示，他的测试者有百分之四十五的正确几率，差不多是随机结果的一倍。这个结果不管是对于 PSI 研究还是正统的科学标准来说，都是相当令人惊讶的。正是因为这样，谢尔德雷克在通灵学的杂志——比如《通灵学杂志》和《灵异研究协会杂志》[1]——上发表了一系列的论文，并在此之后应邀在具有同行审查科学标准的杂志《感知与运动技能》上发表了一篇名为《测试电子邮件联系中的心电感应》[2] 的论文。

图 32.1. 用电话进行实验被一些 PSI 研究者采用，比如鲁珀特·谢尔德雷克就用此来调查心电感应现象（兰迪·哈拉贡 [Randy Haragan] 为《崛起的亚特兰蒂斯》提供的插图）。

　　实验中采用了多种形式来防止作弊，在电话的两头都有摄像

---

1. 要阅读或下载谢尔德雷克的所有论文，请登录：www.sheldrake.org/Articles&papers/papers/telepathy/index.html。（作者注）
2. 鲁珀特·谢尔德雷克和帕梅拉·斯马特（Pamela Smart），《测试电子邮件联系中的心电感应》，《感知与运动技能》101，771—86。（作者注）

全程监控，这些结果不仅可靠，同时也和阿姆斯特丹大学的实验结果完全一致。

我们把这些实验和传统守旧的实验比较一下，现在我们知道后者是最优秀的 PSI 杀手。在后一类实验中，看上去很吓人的科学家会穿着白色的实验外套，在无菌的实验室里，拿着冗长麻烦的实验指南，他们盯着那些齐纳卡片[1]（正方形、圆圈、星星和其他），先是机械化的断面轧制，然后是计算机化的硬币抛掷，等等。更为糟糕的是超感官知觉全域实验（Ganzfeld experiments），在这类实验中，接受实验的人最初使用棉花，后来使用切成两半的乒乓球蒙住眼睛，以此来隔绝其他感官感觉。然后用戴在头上的耳机聆听传输过来的白噪音，全身上下被照射着红色的光，他们在这种情形下分辨随机选择的录像带通过心电感应传递过来的图像。

PSI 研究中的"观察者效应"[2]非常著名。那些能够接受 PSI 现象或者支持它的观察者的实验结果总比碰运气要强；那些不知道 PSI 的观察者的实验结果基本上就是碰运气而已；而那些不相信的或者一直积极反对的观察者的实验结果还不如碰运气。"观察者效应"一直以来都是真正有效的 PSI 研究的最大敌人。

谢尔德雷克的出现

因为拥有 PSI 实验中最稀缺的物品，以及在英国最顶级的资源形式——真正的大学拨款，获得了著名的剑桥三一学院佩罗特－沃里克（Perrot-Warrik）基金（特别注明是"完全用于通灵学研究"的基金），谢尔德雷克博士最终能够将先前的 PSI 研究方式完全摒弃，用了一种简单的实验方式来替换。这种实验方式可以让研究者离开那个 PSI 杀手的实验环境，回到大多数人都会觉得安全和放松的地方——他们的家里去，在这里他们最有能力进行心灵表演。就如一个又一个的研究告诉我们的一样，心电感应通常发生在关系非常密切的人们之间。在电视上或者电影里我们能看见的两个最常见的例子是：双胞胎之间的心电感应，以及要么是妻子和丈夫之间的、要么是母亲和孩子之间的心电感应。最著名的就是在许多战争片里，陆军部可怕的电报还有好几天才能寄到，母亲或者妻子半夜里尖叫着醒来，知道她们爱的人已经去世了。

此外，他几乎是独自一人将 PSI 研究推向了电话、电子邮件、短信的领域，这不仅仅是首次利用了最新的当代科技，同时也打入了最具有无限的能量和无止境的好奇心的人群——青少年。就是这样，他大大地扩展了他

1.Zener cards 齐纳卡片是用来进行课外感官知觉（ESP）实验的，由知觉心理学家卡尔·齐纳在 1930 年代初与他的同事一起发明出来。一幅完整的奇拿卡片分为 5 组，每组 5 张，共有 25 张，每张卡片上印有一个简单、易于区分的图案。
2.Observer Effect：指的是被观察的对象会因为观察者的观察行为而受到一定程度或者很大程度的影响。

的实验基础。

2006 年 9 月 7 号，他就做了一次类似的实验。他参加了 BBC 无线广播第 4 台的一个小组讨论节目——"物质世界"，这个节目是在英国诺维克东英格兰大学的科学发展英国协会（B.A.A.S）的年会上播出的。在节目开始的时候，观众们就投票表决他们相对来说对类似 PSI 事物的接受程度，然后在节目结束时，他们又投票表决他们现在的观点改变了些什么——如果发生了改变的话。正如主持人昆汀·库伯（Quentin Cooper）竭力想要指出的那样，科学发展英国协会年会被公认为是传统科学的一座城堡，但是它有一个非常长的、隐蔽的、没有公开的历史——那就是该协会的一些优秀成员有着"越界"的思想，包括著名物理学家和化学家威廉·克鲁克斯爵士（Sir William Crookes）。克鲁克斯发现了铊和氦，但同样著名的是他证明了灵媒大卫·道格拉斯·霍姆（David Douglas Home）的漂浮实验。霍姆从一扇窗户飞了出去，向上飞了几层楼高，围绕着这个建筑的角落飘落，然后从另外一个窗户又飞了进来，而这一切都是在克鲁克斯的直接观察下发生的。现在，克鲁克斯最常让我们想到的是克鲁克斯辐射计，这是你可以在科学博物馆的礼物区购买到的用光驱动的旋转玩具。

上面说到的这个节目的在线文章[1]非常不错，而时长只有半个小时的这个节目比我们能够想到的都要更加精彩，它把许多具有不同的科学背景的观点和一些怀疑主义的观点都聚集到了一起，参加了这个开放的、值得尊重的讨论。讨论不仅针对实验和方法论，还包括基础问题、科学哲学、真正的怀疑主义者——"让我看看"和虚假的怀疑主义者——"任何证据都不能说服我"，以及穿着怀疑主义的外衣的科学卫道士之间的区别。这个节目同样还讨论了如何在 PSI 研究中保证调查结果，以及科学发展中的两难问题，还有边缘实验成果很难被公开发表的问题等。同行审查的科学杂志一般来说都不愿意出版类似的实验性成果，因此 PSI 的论文都很难在主流科学杂志上发表，就更不用说那些伟大的鬼怪学术要如何获得基金了。

这些讨论得到了一些奇怪的建议，比如说他们建议那些远距离行为影响实验应该认真考虑在大学基金委员会的门外徘徊。节目结束后的观众投票显示，有一些之前的 PSI 反对者变成了 PSI 支持者，而没有任何一例相反的情况发生。

《物质世界》毫无疑问是谢尔德雷克博士唯一的一个取得这么好效果的实验。的确，虽然 BBC 的无线电 5 台也现场直播了一次由怀疑主义者阿特金斯教授（Atkins）对谢尔德雷克的访谈，但很遗憾的是链接（www.sheldrake.org）已经失效，访谈结果也只有一个简短的汇报。太遗憾，真的，我们可以看看这个牛津大学的化学家是怎样来总结这次访谈的："虽然从政治上来说，不去考虑那些我们无法理解的观点是不正确的，但是在这件事里，完全可以猜想得到：心电感应不过只是一个骗子的幻想。"他的声音并非是第一个权威科

1.www.bbc.co.uk/radio4/science/thematerialworld_20060907.shtml

学机构反对派的怒吼，正如那一天的《时代周刊》精辟的评论 [1]。

《时代周刊》的科学编辑马克·亨德森（Mark Henderson）写道："科学发展英国协会。心电感应和死后有灵的理论在顶级科学讨论会上制造了骚乱。科学家们宣称有证据证明人死后有灵，昨天在英国最重要的科学年会上心电感应引发了一场热闹的争论。科学发展英国协会（BA——B.A.A.S 的简称）的组织者们因为允许那些具有高度争议性的话题直播而遭到了指责，被指责为向那些标新立异的超自然理论出租了科学公信。"

"科学权威机构的管理者们批评了 BA 的决定，认为他们展示那些宣传心电感应和死后有灵的论文是极端不妥的。这些管理者认为像心电感应之类的观点，是广大专家都极力反对的，它们不应该没有任何怀疑地出现在年会上。"

伦敦哥尔德斯密斯学院的怀疑主义者克里斯·弗伦奇教授（Chris French）可能会是一个例外，他参加了上面我们说到的讨论会，并且接受了现场采访。

除了上面列举的以外，还有其他一些例子。科学发展英国协会的前主席温斯顿爵士（Sir Winston）作为一个多方面的专家，他说道："就我所知，没有任何已有的严肃适当的研究可以让我觉得这些思想不是无稽之谈。我认为召开这样的会议是完全合理的，但是同时应该让那些从事正规心理学研究的科学家们对它进行有力的评判。"

牛津大学赫特福德学院的院长、遗传学家华尔特·博德曼爵士（Sir Walter Bodmer）说："我很惊奇 BA 居然会让事情这样发生。我们应该小心，不要压抑其他思想，即使这些思想非常离谱，但是像这样没有提出一个更加有说服力的观点就召开这样的一个会议是更加不恰当的。在这个事件里这一点尤其重要，特别是对 BA 来说，他们代表着科学，代表着人民愿意相信的对象，他们应该提供一个对立的观点。"

读者们，你们在闲暇的时候还可以再想一想这些明显的事后诸葛亮们说的话，但至少对我来说，这些人说的话到底是什么意思是非常清楚的。对于这样的一个完美的靶子，《时代周刊》的编辑成员尽情地开展了一次公开的论辩，他们不仅攻击了科学权威机构，而且攻击了许多在大多数场合里保持神秘的其他反对者（www.sheldrake.org）。这次攻击很短、非常简练，而且最终在论辩结果里完全不带任何的怜悯。《时代周刊》是一个非常受人尊敬的、影响很大的期刊，根据它所得出的论辩结论，也许我们最终可以把这次论辩看作是主流媒体向以唯理主义的、简化的、唯物论的方式来看待现实的保守派敲响的一次丧钟。

头脑风暴

这篇文章到现在还没说到心电感应是否真的有效。你是不是也在疑惑呢？

1.www.sheldrake.org/D&C/controversies/times_report.html

我当然也认识到了这一点，要不然这篇文章就完全没有必要写了。

看起来，有一些怀疑主义者仍然很顽固——他们拒绝聆听他们内心的声音——仍然用愚蠢的经验主义来看待心电感应，认为它不仅是难以置信的，而且根本就是不可能的。对这些人，我们必须大声地说出来：意识与意识之间的交流已经获得了充足的证明和认可，它已经出现在了科学发展英国协会的年会上。这对电信及其他通讯产业来说是一个可怕的消息。那些"珍稀"职业，比如说特工、外交官、国防部发言人等，如果他们不能掌握这项最新的重要技术，他们也会倒霉。那些专业的赌牌高手这下要走厄运了，撒谎会变得前所未有的危险，而人类的求爱方式也会完全改变。

如果要实现完全的公开，那需要我们了解厄普顿·辛克莱（Upton Sinclair）所说的"心灵接收"，就如同我们了解传统的印刷术一样。前者因为鲁珀特·谢尔德雷克在 B.A.A.S 上演示的一个实验而引起了深度的恐慌，这个实验是邀请参与者来猜四个朋友中到底是哪一个马上要打电话给他（她）：正确的几率是百分之四十五，这证明了心电感应的存在。暴躁的传统主义者说这什么都证明不了，只不过是直觉和愚蠢的运气罢了。我们考虑到《时代周刊》的输入－输出理论——又名"不足取理论"——则认为："我们每天都吸收这么多的食物、水、灵感，我们的大脑皮质因此产生了这么多的电力活动，如果再认为其中的任何一次活动都没有形成可以传送的脑电波形式传输出去，这是很荒唐的。这就是我们正在思考的，也是为什么思想很重要的原因。"（《时代周刊》，主编按语，2006 年 9 月 6 日）

2006 年 10 月 5 号，谢尔德雷克博士参加了 ABC 全国广播节目：《对话》，主持人是罗宾·威廉姆斯（Rboyn Williams），这个节目在网站上的链接仍然有效，读者不仅可以在线收听广播，而且还可以阅读转写的报告。不过，这个节目与实验没有什么关系，主要是关于谢尔德雷克本人的——为什么这个曾经"非常受尊敬的植物学家"如今走到了一个离科学如此遥远的领域呢？这个访谈主要打听了他如今的生活怎么样、他怎样看待他自己、他在想些什么。在这次访谈中，谢尔德雷克说他们已经完成了大约一千五百个电话心电感应和电子邮件心电感应实验，其中三百个电话心电感应实验达到了百分之四十五的准确率，如果只是单纯的随机标准的话，结果只能是十亿分之一的实验能达到百分之四十五的准确率。（www.abc.net.au/rn/inconversation/stories/1006/1754367.htm#）

别把我们的话也当作理所当然的

那些喜欢自己亲身试验的读者可能想要去登录他的实验网站，在这里你可以了解到怎么样参加一系列不同的范围极广的实验，这些实验已经扩展到了整个世界。（www.sheldrake.org/online exp/portal/）

范围到底有多广？他的实验表明心电感应完全是与距离无关的，那些发起在英国、接收在澳大利亚的实验已经证实了这一点。有意思的是，本文作者发现了同样的真实事件，这就是在本文作者的另外一篇文章《生命通灵人》（《崛起的亚特兰蒂斯》第 27 期）提到的"地球通灵人"，他们能够清楚地感觉到地球另一端的地壳运动、火山压强，其中的一些甚至能在科学监测卫星接收到实际的排放物之前就能发现太阳的巨大变动。

当然，这恰好符合了当下认为所有的事物都存在着相互关系的观念，不管是那些关于量子问题的奇言怪语，还是玄学的那些无影无形的原理，以及美国土著的神灵、众多"星球大战"粉丝的无形中的影响，或者鲁珀特·谢尔德雷克博士的形态共振和形态场理论。我们还应该注意，他对意识的研究与他对心电感应现象的研究这二者之间的联系，因为事实上，通过一个特别的超导量子干涉探测（SQUID）头盔，维也纳人进行的实验早在几十年前就已经成功地实现了在神经系统向肌肉组织发出任何电化形式的"命令"之前（发出速度每小时两百英里），对人的大脑所发出的意识信号进行科学探测和估量。"……微磁领域……比自愿的行为早了千分之一秒。"这里面暗含的意思是摧毁性的："意识是管腔内部的活动，它绕过了大脑平常的神经网络。"

当一个电话打进来时，甚至是在打电话的人发声之前，就能分析判断出是什么人打的电话，像这样的电话心电感应是因为电磁能量的作用吗？

这就是一个卫兵——一个后背面临着潜在的攻击危险的卫兵——当他突然向后转时，是因为他在杀手行动之前就已经得知了杀手的暗杀意图了吗？

当我们面临生命危险时，我们的哭声是否真的会像乘着光的翅膀一样飞到我们所爱的人的耳边？

这就是谢尔德雷克博士现在正在调查的一些关键问题，不管他的目的是不是如此，这都涉及了我们到底是什么、我们会变成什么、我们为什么会在这里等本质的问题。

第八部分
外星人因素

33. 罗斯威尔的逆向工程：
一个美国计算机制造者为他的外星人科技开拓计划而战
约翰·凯特勒

在自己的网站上问了一个有的人不想要答案的问题后，一家小型的计算机公司正在为了生存而战，为了人们知道真相的权利而战。这家公司就是美国计算机公司（ACC），位于新泽西的克兰福德，它的管理者是计算机设计的创始人之一杰克·舒尔曼（Jack Shulman）。他以颇为幽默的方式提出了这个问题："假如"，他想问的是——也许晶体管并不是由贝尔实验室发明的，相反，它是在所谓的"罗斯威尔失事"的残骸中被发现的，然后再被逆向发明 [1] 出来。

舒尔曼和他的公司相信他们掌握着证据——主要是一个巨大的"实验室笔记本"——可以证明这种逆向发明确实发生过。根据一个匿名者的透露，这个"笔记本"记录了贝尔实验室的整个发明过程的所有细节，他们在 1947 年时拿到了罗斯威尔的失事残骸，然后从它发明出了许多重要的专利成果，其他还有一些获利者分别来自航空航天工业和计算机科技领域。ACC 说这个"笔记本"的可信性已经得到了法庭的独立鉴定和认可。ACC 同时还说他们发现了这个残骸的许多重要科技还没有被发明出来，所以他们希望能靠他们自身的能力来进一步地开拓它。

假如 ACC 真的能够证明贝尔实验室没有发明晶体管，这意味着什么？美国政府是否发现了一个充满外星科技的失事残骸，他们弄明白了其中一些的工作方式，然后秘密地、而且不合法地将这些无价的科技转送给了贝尔实验室？假如贝尔实验室接着逆向发明了这些科技，申请了专利，大规模的制造出来，然后赚了几十个亿？

图33.1.美国计算机公司总裁杰克·舒尔曼。

假如专利权不过是骗人的把戏，这意味着什么呢？它根本不值得拥有发明的荣誉，而诺贝尔奖也授予了根本不存在的科学突破？而且罗斯威尔失事本身到底是怎么回事呢？

官方关于罗斯威尔的说法是没有任何外星飞船在地球上失事。但却有很多

1.Reverse Engineering：是对产品设计过程的一种描述。是相对于"正向工程"而言，正向工程是指先设计有图纸，然后按图纸加工出产品实物；逆向工程产品设计则是根据已经存在的产品实物，反向推出产品设计数据（包括设计图纸或数字模型）的过程。本文中多次用"back-engineering"和"Reverse Engineering"表达这一概念。

图33.2. 退休上校菲利普·科索在国会上作证。他的著作《罗斯威尔之后》披露了他自己参与了隐瞒罗斯威尔的计划。

证据证明确实有东西（源头未明）撞上了地球，而且它拥有着令人难以置信的先进科技，正在被开拓和重新恢复。

因为退休上校菲利普·科索（Philip Corso）的那本了不起的著作《罗斯威尔之后》（*The Day After Roswell*），这一故事再次得到了证实。在那本书里，科索详细地描述了自己在1961年时接到了当时的军队研究和发展中心的主管特鲁多将军（General Trudeau）安排的任务——将军队在罗斯威尔失事中发现的外星科技设备秘密转移到贝尔实验室、美国国际商用机器公司、孟山都公司以及其他地方。这些公司随后发展了这些科技，然后把它们当作自己的成果申请了专利。

ACC认为正是因为他们提出的这一问题引起了许多的恶性攻击。这家公司（www.accpc.com）是一家生产个人电脑、网站服务器以及他们的董事长和首席执行官舒尔曼所说的使用了"虚拟公司结构"的超级计算机的电脑公司。简单来说，这意味着一小部分高度熟练的技术人员正在从事着关键的设计和工程工作，不过他们公司有许多工作都是外包给别的公司进行的。

公司的管理者们说，自从提出了有关罗斯威尔的问题后，他们遭到的各种攻击就变得猛烈起来。这包括经常性的网络攻击，以及生命威胁行为。他们的公司总部所放置的机密文件遭到了一次非法的入侵；他们还收到了一个奇怪的机密传真文件，是关于之前没有人知道的"深蓝"太空站的。

这些攻击最主要的一种方式是贬低ACC，说他们根本就不存在，或者说他们是一家非常小的、无足轻重的公司，完全没有必要去关注他们和他们的神奇发现。前一种说法我们马上就能推翻，因为这家公司就位于邓恩和布拉德街，拥有新泽西的商业许可证。有一名美国空军士兵公开宣称ACC是一家"只有一个办公室"的公司。实际上，这家公司的总部拥有一整套的办公室，而且在别处还有许多分公司。

另外一种攻击方式则是在全球多个网站张贴所谓的ACC的"把柄"，这些"把柄"各式各样，另外还有针对舒尔曼个人的攻击——包括毫无意义的谩骂和充满反犹太人意味的侮辱。他们的目的就是要在公众的面前抹黑ACC，诋毁ACC的信誉。

ACC采取了激烈的反抗措施，他们开始了大范围的网络防御，在他们的许多网站上设置了反入侵程序，可以发觉、抵御恶意的攻击，甚至还能追踪到攻击者的位置，以及对攻击者的网站进行反攻击。

ACC小心谨慎地在网上监测针对他们的各种谩骂和攻击，不管是什么地

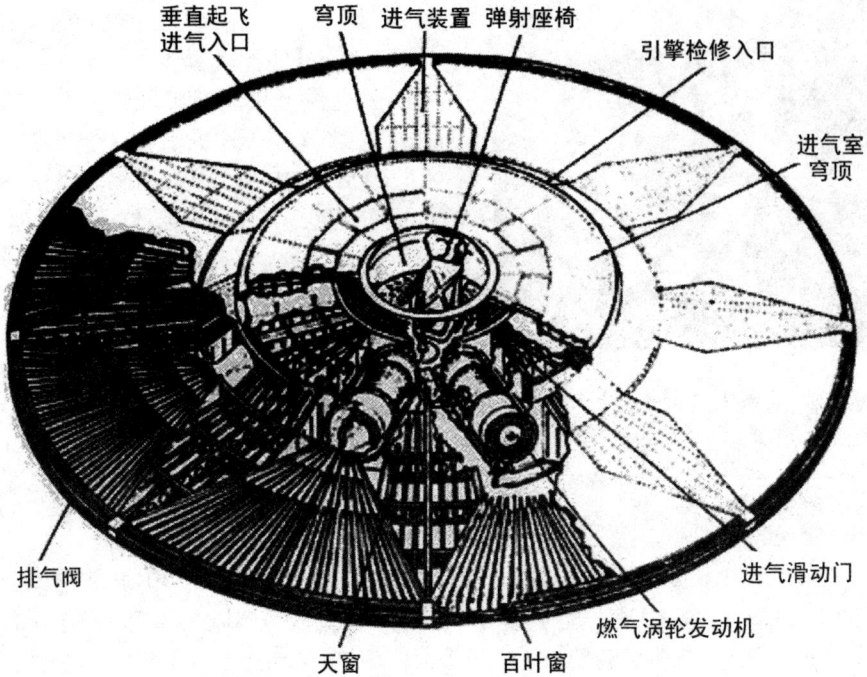

图33.3. 银虫飞行器的技术分析图。

方发出的诽谤性语言或文字他们都能发现。某个网站在收到了 ACC 法律顾问的严重警告后，立即向 ACC 的"外星科技论坛"发布了一条求和声明。

ACC 公开宣称朗讯科技、美国空军、瓦肯哈特保安公司[1]的工作人员参与了其中一种或几种类似的攻击。全部具体细节都可以登录 ACC 的罗斯威尔网站和超链接中的外星科技论坛查看。

1998 年 3 月 18 日，在新泽西联邦州高等法院，ACC 公司以诽谤和恶意中伤起诉了兰·兰菲尔和温德蔡斯有限公司。在这起案件中，兰菲尔先生和温德蔡斯先生不仅被控恶意中伤诽谤了 ACC 公司和杰克·舒尔曼，而且还秘密威胁了 ACC 员工和舒尔曼的生命安全，他们鼓励其他人用暴力的方式来攻击舒尔曼、ACC 公司主要的职员以及他们的家人。被告试图让法院撤销这一起诉。

然而，ACC 要与之斗争的不仅仅是诽谤而已。他们说他们现在正准备着另外一个要起诉的案子，这一次是起诉美国空军，起诉内容则是关于他们封锁了罗斯威尔失事的消息。如果真的起诉了，ACC 公司准备用美国空军自己的规章制度来反驳他们。ACC 公司认为空军把罗斯威尔飞船纳入他们自己的一个飞行器机密研究计划中——一个名为银虫（silver bug）的计划——可能违反

1.Wackenhut security：美国最大的私人保安公司。

了规章制度。在空军的这一计划当中，一系列的涡轮喷气式碟形飞机已经被研发出来，据推测，正在进行试飞。

几年之前，一个出席美国空军内利斯基地航空表演的嘉宾，开着吉普车在基地里不小心转错一个方向，他看到的可能就是银虫，银虫的外壳就像那些空中宪兵队的飞机一样是深蓝色。这不过是一种伪装而已，很显然他进入的是一个非常敏感的秘密区域，这样他才能及时见证一个银色的金属盘——配置着气泡式座舱罩，身着美国空军制服的人正在控制台驾驶着它——咆哮着冲向天空。

下面这个图（见图 33.3）就是 ACC 根据一个信息自由法案从空军那里得到的，毫无疑问的，它看上去和上面那个目击者所描述的东西有一些相似。不幸的是，空军还没有发布这个不同寻常的飞行器的性能数据。但是，我们还是可以肯定这个设计看上去很显然借鉴了德国飞碟设计（《崛起的亚特兰蒂斯》第 7 期封面）和《看杂志》1956 年 6 月号上所描述的"阿弗洛"（Avro）飞碟[1]。

如果 ACC 真的起诉美国空军的话，那么法院会要求空军公布罗斯威尔失事的具体情况、它的残骸和机组成员的遗体，以及美国空军对这个飞船以及机组人员都做了些什么样的分析——如果这些情况确实存在的话。如果空军宣称："我们没有罗斯威尔失事飞行器，这件事从来没有发生过。"那么，ACC 认为，他们将会合法地要求政府服务部门提供一个有关这个重大计划的严格的、全面的解释——自 1947 年一直延续到今天，在政府内部或者其他地方一直采取着压制、泄露、故意制造假情报、鉴定等等手段。当然，这也包括危害公民权益的与这个计划有联系的任何行动。

同时，在正式起诉之前，ACC 正在完善它的行政管理工作。正如杰克·舒尔曼所说的那样："如果我们自己不首先穷尽信息自由法的所有可以利用的渠道[2]，那么政府法官会很高兴把我们的起诉撤销的。"他同时还说道：彼得·格斯滕博士（Dr. Peter Gersten）和反对保密不明飞行物公民组织（CAUS）在 ACC 向空军提出起诉问题但是没有得到任何回应的同时，也因为罗斯威尔事件起诉过军方和空军。

与大多数反对者宣称的相反，ACC 从来没有说过罗斯威尔飞行器是外星人。ACC 只是简单地认为这种飞行器并非生产自国内。除了暗示是外星人之外，ACC 还明确地指出了另外的可能性——这个飞行器也有可能是来自第二次世界大战德国或日本的"黑色"计划，来自那些在战争爆发之前从德国移民到美

---

1. 由加拿大 AVRO 飞机制造公司研发的飞碟型飞行器。

2. 为了要在美国最高法院起诉空军——只有前者才具有对后者的司法权——起诉当事方首先必须尝试过其他所有可行的合法解决方案（除了实际判决以外的任何可能方案，如果双方都同意的话，包括请仲裁人仲裁）。再考虑到政府对律师的无条件支持，和律师拖延案件的娴熟技巧，如果这个案子一直没有解决，那么在 ACC 的起诉正式被提交给法庭之前，这很有可能需要二十年的时间。（作者注）

国来的科学家们或者科学工作者们。

法医鉴定官比尔·麦克唐纳德（Bill McDonald）则对此没有这样的怀疑，他对罗斯威尔飞行器的描述是当前最流行的说法的源头。麦克唐纳德严格地访问过幸存的目击证人，包括当时在场的情报人员。在经过了五年的调查，仔细阅读了所有的证词之后，麦克唐纳德说他认为罗斯威尔飞行器是由一种地球之外的文明所制造的，他们为了调查地球的核试验而失去了五位成员，他还把这个事件和"宇宙的一次星云现象"联系了起来。在描述罗斯威尔飞行器和它的机组成员时，麦克唐纳德使用了一种非常安静、几乎有些虔诚的声音，他说道：他不会使用"外星人"这个称呼，这太不尊重了。

ACC 目前正准备开发他们在多达千多页的"实验室笔记本"上发现的几种新技术，他们宣称，"自从 1947 年以来，这几种技术一直被忽视"。

其中三项新技术已经被公开确认了，它们是：电容传递——ACC 已经将其以 Transcap 和 TCAP 的名字注册了；光量子发射器（Photonitron）和磁力液体记忆。

TCAP 很显然是一种电子神经电池，它来自一个几乎全靠感觉神经来操纵的计算机，据说这种计算机就是用来控制罗斯威尔飞行器的。ACC 已经决定要大规模生产这种设备的试用版，这一设备主要是与数字电源管理器联合使用，可以将电池寿命延长百分之十三，特别适用于他们最近生产的老虎和黑豹两款笔记本电脑。这看起来似乎没有什么大不了的，但是一般的笔记本电脑的电池寿命只有几个小时。TCAP 之所以能延长电池寿命，是因为它所需要的电压非常小，而且几乎不怎么损耗，就像一个室温半导体。

ACC 同时还生产销售了一系列的 TCAP 专利设计和配套元件，他们的目标消费群体很广，既包括小型的专门公司，也包括大型的工业巨头。读者如果想要知道更多的信息，可以去 ACC 的罗斯威尔网站。ACC 不会出售这项技术，但是允许为了特殊的目的使用它，最终希望能适用于各种不同的公司。

为什么你们要大惊小怪的？你知道贝尔公司从他们自称的晶体管发明中获得了什么样的商业利益吗？假如一个公司拥有最新的存储技术——比我们当前最快的电脑还要快一万到十万倍——那会怎么样？或者一个筹码大小的固态存储器能够储存 900 亿个字节的数据，那又会怎么样呢？这相当于将十五部完整长度的电影储存在一个激光磁盘上，或者更多。

这项技术目前还处于初始阶段，即便如此，它也已经产生了巨大的影响，根据 ACC 的报告，他们已经接到了一个报价，用 5000 万美元来购买 TCAP 和其他技术，但条件是同时要毁掉"实验室笔记本"。尽管这些钱是 ACC 公司很需要的，但他们还是没有答应。

ACC 需要面对很多挑战，从一大群想要买他们技术的买家到一些大公司，再到政府。政府已经警告了他们，宣称 TCAP 和其他好东西都是属于政府的。ACC 回应道："你们从 1947 年开始就有机会去开发这些技术！走开！"

根据舒尔曼的描述，光量子发射器是一个能"同时发射光量子和微波的"

装置。它工作的方式在某种程度上来说就像激光全息投影机，只不过它所产生的图像不仅是三维立体的，而且还能反射雷达。在对抗性战争和精神性战争中使用这种装置对于军队来说是十分有利的。舒尔曼说他有证据证明赖特－帕特森空军基地就有这么一台设备，他们正在积极地进行测试。我们也向基地公关官员询问了这件事，但是他们没有给予任何答复。

磁力液体记忆可以实现之前我们闻所未闻的信息存储密度。关于 TCAP 目前最新的进展是：ACC 公司已经弄明白这个机器到底是怎样运作的，完全可以去申请专利了。舒尔曼特意告诉《崛起的亚特兰蒂斯》这个消息："我们知道它是怎么运作的了！"早在 1997 年 8 月 4 号，ACC 公司就宣布他们已经完成了两个 TCAP 超级存储设备样机的研发。PHS I 相当于一个 8.4GB 的硬盘。PHS II 相当于一个 90GB 的硬盘。

他列举了继续为 TCAP 申请专利的原因——远非单纯出于对知识产权的保护：

1、"看看美国政府是否会行使国家安全法中的专利和商标法。"这一法律可以让美国政府任意地分类一个发明，根本不顾这个发明本身和发明者的意图。

2、为合法转让这类技术奠定基础。

3、"为了在我们经历环保署的能源之星计划[1]时能够保护它。"所有新的电脑都要经过政府对其能量系数的认证。为了获得这一认证，公司需要向政府详细展示这类电脑在设计上的特殊性。问题在哪里？ACC 说在他们调查罗斯威尔事件的过程中，他们发现他们的一个强大而且有力的竞争对手美国电话电报公司（AT&T）利用了与洛克希德·马丁（Lockheed Martin）——政府能源之星计划的承包商——的私人关系，很明显已经获得了在能源之星认证计划中的关键角色。据说 AT&T 也上交给专利和商标部门一个类似的婉转"报告"。

就在这篇文章正式发表之前，ACC 宣布他们打算在没有专利权的情况下也继续生产，同时，他们打算公开出售所有 TCAP 的说明书，以此来杜绝其他任何人去申请这一专利。

从前，ACC 的调查研究获得了一万次访谈，以及超过十万页的文字记录。在经历了政府和与政府同一战线的大公司的攻击之后，这一数据不降反升。

对于这个饱受攻击的公司来说，未来会怎样？在和那些实力强大的公司，以及政府的对抗当中，这个小公司能够幸存下来吗？

1.Energy Star：是美国能源部和美国环保署共同推行的一项政府计划，旨在更好地保护生态环境，节约能源。包括电脑，家用电器，制热、制冷设备，照明产品等在内的电子设备都要经过政府认证，看是否符合节能标准。

坐在火力中心点的是杰克·舒尔曼，他毫不避讳他希望事情变得丑陋。所有的一切都是为了 ACC 能够保护专利权和向市场推销革命性的新技术，即使这样会威胁到那些大的商业集团的利益。

他担心吗？也许。害怕会阻止他吗？他说："我不是那么容易被吓到的人。"

34. 为外星人科技而战：
杰克·舒尔曼面对不断增长的威胁仍然保持着顽强的态度
约翰·凯特勒

　　《崛起的亚特兰蒂斯》第 16 期（1999 年）上发表了一篇文章，读起来好像是《X 档案》[1]里才会有的故事。这篇文章叫作《罗斯威尔的逆向工程》（本书第 33 篇），讲述了新泽西一家小型计算机公司的故事。这家公司叫作美国计算机公司（ACC），他们的研究严重威胁到了某些社团、科学机构、政府和情报机关的利益，以至于他们遭到了多方面的攻击：他们的公司被人入侵、他们的网络被政府机构中断、他们的一个服务器供应商——西门子软卡网络（Softnet）也被黑客攻击。他们还有一个专门用来储存网络数据和其他客户数据的存储仓被毁掉了。ACC 和它的客户都成为各种我们能够想象到的恶毒攻击手段攻击的目标。有人试图向 ACC 总裁敲诈一百万美元，还有人雇佣黑手党来恐吓公司，ACC 的主管们大都接到了死亡威胁。主管们的孩子的照片和地址被公布在了网上，还包括他们的行程表，简直是公开邀请犯罪分子去绑架他们。这些人还联系了 ACC 正在洽谈的客户们，然后威胁他们。这些都是非常严重的威胁！

　　ACC 究竟干了什么，怎么会引起这么大的反应？为什么像《X 档案》这样的电视节目这么喜欢拍摄外星人的故事？也许是因为真的就存在着外星人！ACC 通过一个名叫杰夫·普罗斯考尔（Jeff Proskauer）的绅士的帮助获得了机会，暂时有权使用一个名为"实验室笔记本"的东西。这个笔记本被 ACC 和一群专家进行了仔细的分析。ACC 同时还开始了一项重点调查，这项调查花费了差不多一百万美元。调查的目的是为了独立的确认这个笔记本，以及它背后的故事。那么到底这个笔记本背后有着什么样的故事呢？据说里面所记载的内容与 1947 年贝尔实验室和 IBM 对著名的罗斯威尔飞行器的联合技术研究有关。

　　实际上，这个笔记本的内容只有很小的一部分被公布出来了，但只是这一点就震惊了某些部门的核心成员。其中一项发现是晶体管，历史上认为这个东西是由贝尔实验室的巴丁（Bardeen）、布拉顿（Brattain）和肖克利（Shockley）发明出来的，但是在笔记本里却记载道：晶体管是由政府"提供"给贝尔实验室，然后完成的逆向发明。这一发明可以拿诺贝尔奖、有着巨大的科学的和商业的价值、可以申请一系列的专利，当然也能获得数不清的钱。不幸的是，在对晶体管的初始研究的调查当中我们发现，应该是晶体管原型的那个设备所使用的是完全不同的基本技术，而这一技术根本不可能产生出晶体管。

　　花几分钟仔细想一想这意味着什么。现代技术文明最重要的、最基本的一

1.The X-Files：是在美国福克斯电视台播出的科幻电视剧，1993 开播第一季，2002 播出最后一季——第 9 季。内容主要是关于外星人等超自然现象。

图34.1. 贝尔实验室的工程师巴丁、布拉顿和肖克利。他们享有着发明晶体管的荣誉。

项发明很有可能根本不是我们自己的。它有可能是秘密被转化的一项外星人科技。正如已故上校菲利普·科索在他的那本充满启示性的著作《罗斯威尔之后》里所描述的一样。

科索在书里说道他由他的上司——当时的军队主管特鲁多将军，同时也是军队研究与开发中心的主席——指派去秘密处理罗斯威尔飞行器里的珍贵科技产品，比如说先进的夜视设备、可以拉伸的超级纤维（Kevlar）和光纤技术。科索说他们将这些东西秘密移交给了特定的公司，他当时就意识到这些公司会将这些东西当作自己的专利、当作自己的发明或科学发现生产出来。相似的情形在 IBM 世界贸易部主席杰瑞·哈特塞尔（Jerry Hartsell）的自传里也有提到，在自传出版后不久哈特塞尔就辞职了，他提到的技术是电子器件。很少有人知道，IBM 世界贸易部是这个蓝色巨人（Big Blue）[1] 的海外发行部门，它负责直接与国外政府打交道，以及和其他跨国公司打交道。

如果上面说的都是真的，那就意味着现代科技的整个历史都可能存在着缺陷，而且还有可能构成了史上最大的一起诈骗案。我们所拥有的科学领域的天才们是否真的就比苏联的那些科学小偷更好呢？他们通过对西方科技的逆向发明而获得了斯大林奖章，而这些发明是苏联自身根本就不可能完成的。

这些令人震惊的披露只不过是我们讨论的开始。笔记本还揭露了另外一项技术，这项技术所达到的境界是"突破"这个词都完全不足以形容的。是的，欢迎来到电容传递的世界——TCAP，它就像一阵咆哮的狂风席卷了我们这个时代。

一台非常快的台式电脑的运行速度是 1.2 千兆赫兹[2]（GHz），或者说是每秒运算 12 亿次。如果你知道这篇文章是在一台运行速度只有可怜的 233 兆赫兹（MHz），也就是说每秒运算 2.33 亿次的电脑上写出来的，你就会觉得前面那台电脑的数据有多惊人了。假如有人发明出来一台运算速度有 12 千千兆赫兹（THz）、每秒运算 12 万亿次的电脑，那又该有多惊人呢？假如运算速度达到 50 千千兆赫兹？是的，这样的电脑已经被发明出来了。ACC 公司已经设计出并运行了一个拥有四种功能的电路板、编程速度达到 50

1.Big Blue：IBM 公司的绰号。
2 目前电脑 CPU 的主频单位分别是赫兹（Hz），MHz（兆赫兹），GHz（千兆赫兹，或者叫吉赫兹），THz（千千兆赫兹，或者叫太赫兹）。

千千兆赫兹的计算器。加利福尼亚州伯克利市的劳伦斯实验室则拥有这一设备的一个更加粗糙的版本。

TCAP 还有其他一些特点，让它更具有吸引力。比如说，即使是现在它还处于一个比较初级的阶段，它也能够允许超大容量的信息存储——90GB（900 亿字节），相当于十五部完整长度的电影存储在一个只有筹码大小的空间里。再加上，TCAP 基本上是一个室温超导体，几乎不会耗费任何能量。

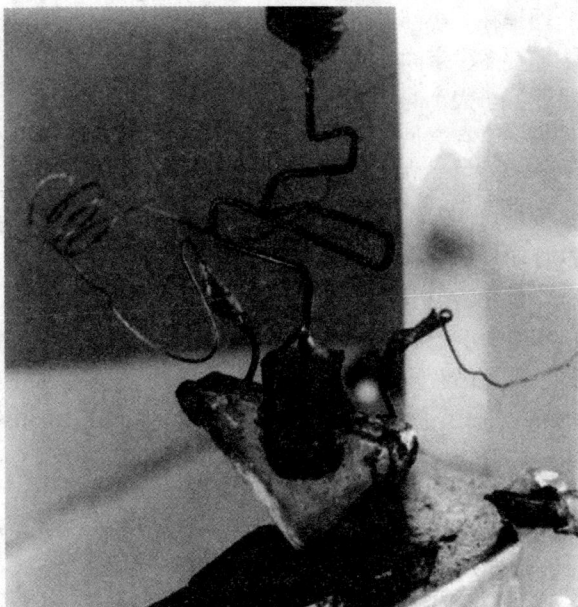

图34.2. 第一个晶体管，发明于 1947 年。

它的能量需求消耗得非常慢，这对一个电子产品和能量存储都迅速激增的时代来说是一个天大的好消息。ACC 在他们开发的老虎笔记本里使用了一个基于 TCAP 技术的早期能量控制器，这将电池使用寿命提高了百分之一十三。这听起来没什么，但是你必须意识到现在我们所使用的大多数笔记本电脑的电池寿命都只有几个小时。

在前一篇文章里，我们说到 ACC 决定要直接将 TCAP 技术投入生产。现在，ACC 又给了它的竞争对手们另外一个惊喜。这家公司引用了一个 1967 年制订的联合国空间条约，这个条约规定每一个民族都享有对外太空的所有权，太空并不仅仅属于那些有能力登陆太空的少数国家。因此 TCAP 的基本理论和技术——在专利法里被界定为"艺术"——应该属于大众，这样就杜绝了任何人想要将 TCAP 申请为专利的企图。ACC 之所以援引这一法律条文，是因为他们的研究——已经接受了一万次访问，并且花费了大量的资金——显示 TCAP 技术的源头并不属于地球上的文明，因此它应该受到了上面所说的联合国条约的保护。我们知道之前从来没有过类似的例子，一个商业公司自愿宣布放弃一个价值根本无法估量的发明的专利权（晶体管技术就价值万亿），而将它提供给所有的人类。

TCAP 技术仍然在不断发展当中。ACC 和他们的技术伙伴彻底重新界定了这项设备运算的最大潜能，并且将它的尺寸减低到了可能的最小极限。现在所估量的 TCAP 能达到的最快速度是难以置信的"两百万千兆赫兹"。而这一设备的尺寸大小所要求的只是其内部的结构能够正常运行。一个 TCAP 的工作原理是在一小部分轨道里不时而改变一个单电子轨道的状态，理论上来说这并不需要多少空间和时间。它确实不需要。最乐观的估计是这个设备的尺寸可以是亚分子大小的。是的，你没有看错：每一个分子上都可以承载几个这种设备。作为一个存储设备来说，TCAP 的潜能是难以置信的——它是处于存储矩阵中的一群原子的原子能和排列方式。不仅如此，最近 ACC 发现 TCAP 还可以用来操纵光。因此，反射的光束可以通过纤维光缆直接读取 TCAP 存储的数据，这将实现计算机和 TCAP 之间快速直接的光学交换。TCAP 的这个新的变化被称作是 TCAP 光学干扰素。

所有的这些进展都是以高昂的代价换来的，对于 ACC 来说，他们公司曾经、现在仍然处于困境当中。免费美国在线网站的"外星人科技论坛"（www.aliensci.com）上演了一场可怕的故事，他们在论坛里张贴各种诽谤性的文章，用来迷惑群众、诋毁 ACC。这场故事的主角是黑客们，以及各种损害（网络入侵、否认 TCAP、破坏路由器和转换器、攻击整个网络），通过这种种方式他们污蔑或者试图污蔑 ACC 以及 ACC 的合作伙伴们（网络服务器和设备运营商）都是骗子和小偷。接着又是当前的经济形势，以及它对计算机行业所造成的冲击。

如果你对华尔街或者信息技术比较了解的话，你肯定知道早在 21 世纪初，计算机行业出现了一次大的衰减。销售额大幅度下降，以至于很多大公司的股票价格都受到了重创。这次衰减最后演变成了大规模的裁员。

对于一个小公司来说，这更加糟糕。即使是像 ACC 这样的一个所有权不明的小公司，它也并不拥有它的那些大的竞争对手所拥有的巨大资源和后备力量。当 ACC 的数字用户线路（DSL）供应商北点通信公司（Northpoint communications）被迫宣布破产后，ACC 遭到了更大的打击，因为 ACC 是一个拥有众多网站、主要从事在线交易的公司，而这导致了它的网络全部中断。更糟糕的是，北点通信公司的所有资产被 AT&T 廉价收购——而后者正是贝尔实验室的后继者，ACC 在 TCAP 战役中最凶猛的对手。（AT&T 宣称 TCAP 是属于他们的）。这个事件最终导致 ACC 在新泽西的日常交易全部被扰乱，而且让加利福尼亚六十万北点 DSL 订阅户的网络中断。最终，加利福尼亚公用事业委员会（PUC）进行了一次公开裁决，裁决结果是 AT&T 不能私自中断服务器，要把网络交还给用户使用。这是一个好消息。但是同样还有一个坏消息：尽管 PUC 的裁决是完全正确的，但这次突然事件是由破产法导致的，因此 PUC 实际上根本无权去实施它的判决。所以，既然北点已经不复存在了，PUC 还能强制谁来继续提供网络服务呢？

Transfer Capacitor 90GB Storage Device

(c) Copyright American Computer Company 1998

图 34.3. ACC 公司的 TCAP 晶片（图片由 ACC 公司提供）。

突然的断网严重扰乱了 ACC，但这只是暂时的。新的威胁又出现了——新泽西黑手党。就像 HBO 的热播电视剧《黑道家族》（*The Sopranos*）——一个以新泽西为背景的犯罪故事，主要描述了当地黑手党的二当家和他的手下——里所描述的一样。

"垃圾处理厂"只不过是托尼·瑟普拉诺（Tony Soprano）[1]隐藏身份的手段而已，相对来说德卡瓦尔坎特（DeCavalcante）家族[2]的安东尼·罗唐多（Anthony Rotundo）隐藏自己的身份就没有那么成功了。在他的保释听证会上，警方播放的一段秘密录影带表明他本人就是《黑道家族》的粉丝之一，他说这个电视剧："真是太棒了，了不起的表演！"1999 年底，罗唐多和他的四十个手下被一个非常笼统的联邦法案《反勒索与受贿组织法》（RICO）起诉，罪名包括：谋杀、密谋、敲诈勒索，以及赌博。

ACC 宣称新泽西北部的这个黑手党团伙曾经用以下这些方式来威胁过他们：敲诈勒索，一个接一个经济诈骗，收到了大约 2.5 万美元到 5 万美元的假支票，偷了公司大量的金钱和服务器——价值 2.5 万美元到 12 万美元，利用他们的前台公司购买了 ACC 的大量电脑，但是从不付钱。通过本文作者的深度访问，我们还得知了更多的类似消息。

当本文作者直接联系 ACC 公司，并询问他们是否已经提起刑事诉讼或者民事诉讼时，ACC 的首席执行官和技术主管杰克·舒尔曼回答道："我不会回答这个问题。"但他暗示到：最好不要在诉讼审理期间谈论诉讼审理、证据收集和犯罪调查的情况。

对于那些认为黑手党的日子已经结束了的人，舒尔曼给予了他们警告："黑手党不会消失的。他们只是变得更加聪明了。过去，他们通过垃圾处理、货运和娱乐业来掩饰身份；今天，他们的工作直接在 IBM 和美林证券 的保护之下。"

我们调查后发现，这正是如今的状况。黑手党们变得越来越高科技，在他们的传统职业之外，如今他们还从事华尔街的商业诈骗、网络犯罪（色情、赌博、在线欺诈等等）、银行业、贩卖军火、非法技术转让、贩卖人口等等，不胜枚举。

新的黑手党往往以一个低调的、不为人知的小公司为据点，然后形成连锁的、全球性的联系网络，这种结构非常可怕，如果某些机构想一想类似的国际性恐怖组织就会明白。而对于黑手党来说，更加可怕。因为新的黑手党在经济上自给自足，他们在全球各个地方的安全港进行操作，甚至买卖官职。

2001 年 1 月 8 号，《三藩市编年史》发表了一篇名为《西西里黑手党的新面貌，高科技变形——伸向全球的触手》的文章，后来美国黑手党网站(www.americanMafia.com) 全文转载了这篇文章，这篇文章的主要作者弗兰克·维维阿诺（Frank Viviano）在文中描述了新的西西里黑手党——Cosa Nuova（西西

1.《黑道家族》中的主人公。
2. 美国著名黑手党集团，总部在新泽西的纽瓦克。《黑道家族》就是以其为原型的。

里语。意思是新的事物、新的组织）。他说这个新的黑手党组织起源于那些旧的黑手党余孽们，他首先是从财政状况上认识到这个组织的存在：西西里的官方经济情况属于第三世界，但是不知怎么地，它却有足够的金钱使得巴勒莫城市附近的每一个街区都充满了汽车经销商，而且让西西里成为整个国家某些特殊美味佳肴的最大消费地。

与舒尔曼先生联系比较紧密的、让他更加困扰的问题是 COSA NUOVA 仅仅只是勉强被制止了对墨西拿大学的控制。维维阿诺先生写道："10 月 18 号，几百名戴着面具、穿着防暴衣服的警察袭击了墨西拿大学，墨西拿大学是意大利南部最为古老的教育机构。当一切烟消云散时，这个大学的 79 名工作人员被逮捕归案，罪名是组织犯罪。当这个案件正式被公布时，这一人数还会大大地增加。"

调查显示，行贿、恐吓和勒索让这个案子重新被掩盖起来，而且其中大部分的活动都集中在这所大学的科技部门。这篇文章还继续说道黑手党几乎控制了整个大学，政府的行动只是刚来得及开始。这篇文章同时还说，大学之所以能被黑手党控制是因为经济的糟糕和他们想要发展的心愿。过去那些拥有高等教育文凭的人，现在只能在大学里做职员，他们想要在一个严重缺乏高科技的地区从事高科技的工作。

强大的商业竞争对手的攻击、公开的或隐蔽的政府干涉（请登录免费美国在线网站：www.aliensci.com 和 www.roswell internet..com 查看更多细节），都试图骗取本该属于这个公司的研究成果，然而这些只会让 ACC 为它的超级先进的科技感到兴奋。不过还有黑手党、黑客、糟糕的市场环境，这些攻击一直从过去延续到了现在——对 TCAP 的污蔑，以及对 ACC 员工，包括杰克·舒尔曼的暗杀计划。

"虽然只有很小的可能你是一个真的人，而不是舒尔曼的某一个别名，你应该去看看……关于奇怪的杰克的报告和幻想的 TCAP——送信的人。"（这句话出自本文作者在浏览了免费美国在线网站,或者叫罗斯威尔互联网网站后,所收到的一封匿名信。）

第九部分
另一种维度

35. 非正常状态：
人类意识内部研究的最新进展
帕特里克·马森勒克

你可能见过一个神情恍惚的人光着脚走过铺着烧红的煤块的地面，两只脚却连一个烧伤的地方都没有。也许你听说过一个被催眠了的人安静地坐在椅子上，就算拿一根针去扎他的手臂，他也感觉不到任何的疼痛。有时候这个人还是睁着双眼，目睹这一个过程完成。这就是我们所说的灵魂入定现象，以及意识的其他非正常状态。

在过去好几百年里，西方的思想家们并不相信这些说法。但是今天这一情况有所改变。目前，神经系统科学家、物理学家、心理学家、精神病学家、医生、通灵学家等都在试图了解这类现象是怎么发生的，以及它们有着什么样的意义。

图35.1. 一个虔诚的印度人正在准备进行深度的冥想。

意识的非正常状态（ASC）[1]通常被定义为某一个体或者一个实验对象，他完全失去在正常的、清醒的意识下的精神状态。ASC既包括普通的白日梦，也包括神秘的、癫狂的濒死体验（请看下一段）。以下一些标志可以表明一个人是否处于意识的非正常状态：思想改变、时间感紊乱、失去自我控制、情感表达方式改变、身体状态或感知改变，以及感觉扭曲等。

所有的ASC都与我们的正常意识状态不同。大约在三十年前，一个名叫查尔斯·塔特（Charles Tart）的人写了一本《意识的非正常状态》，他建议我们应该把正常的意识状态称为"集体无意识"（consensus trance）。这是因为我们对现实的感知是由我们的信念和所处的文化状况所共同构成的。任何时候，当我们感觉到我们的某一个信念是绝对的、无可更改的，那我们就是在无意识。我们生活的"恍惚迷离"也许可

1.Altered states of consciousness：可译为意识状态改变、意识状态变化、变性意识等，缩写为：ASC，指不同于正常意识状态下的其他意识状态，比如灵魂入定、催眠等，本文统一译为：意识的非正常状态。

Mind Expansion

狂喜

幻想

意识与控制最高点

直觉知识

积极想象力

离体经验

超感官知觉

冥思

极度失控

极度控制

错觉

过火仪式

失语

灵媒式的恍惚与着迷

被附失神状态下驱魔

分裂与完整性缺失控制
最低点

分裂

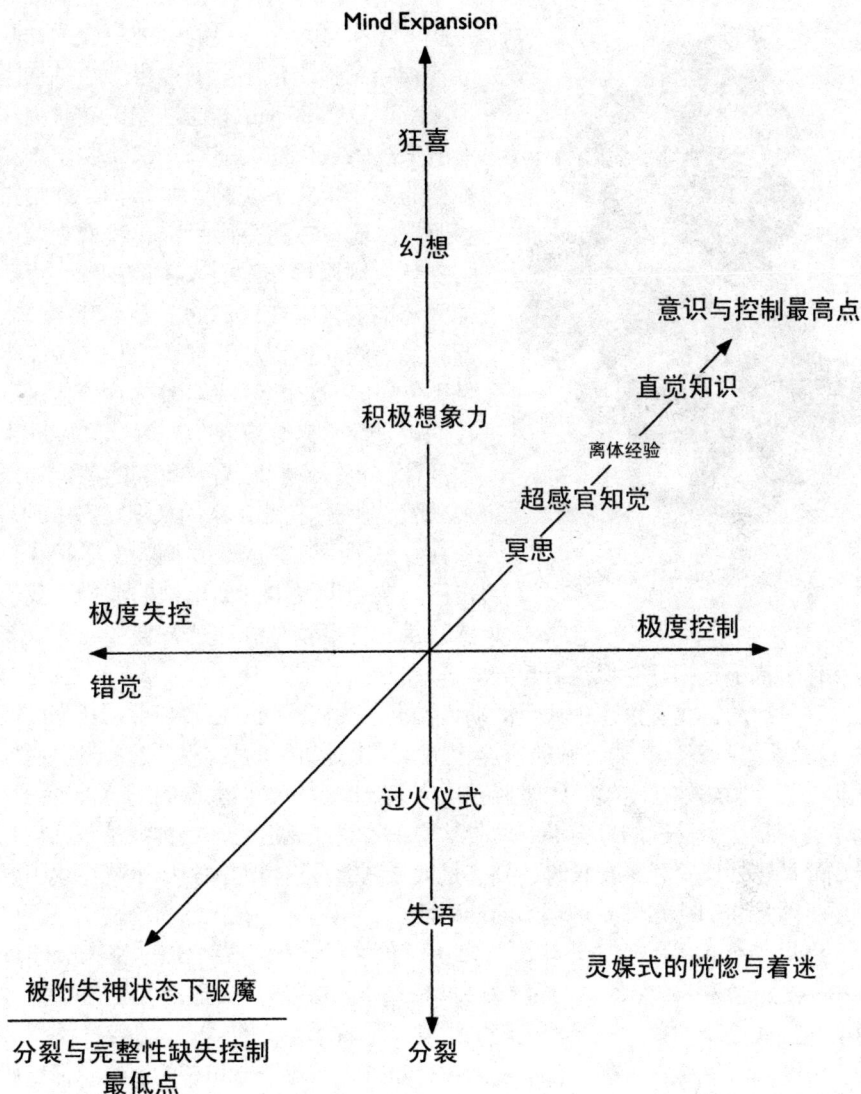

图35.2. 不同类型的意识状态的图解表（图片由帕特里克·马森勒克 Patrick Marsolek 提供）。

以解释为什么我们很难理解无意识和 ASC。不管是支持 ASC 价值的人，还是怀疑 ASC 价值的人，他们都坚定地保卫着他们各自的信念。有没有一种方式可以让我们在信仰之外去理解这些非正常的意识状态？让我们先来看看几个科学的研究结果，它们既包括我们对大脑的客观看法，也包括我们从自身经验得来的主观看法。

传统的神经系统科学家认为我们所有看到的、听到的、感觉到的和想到的

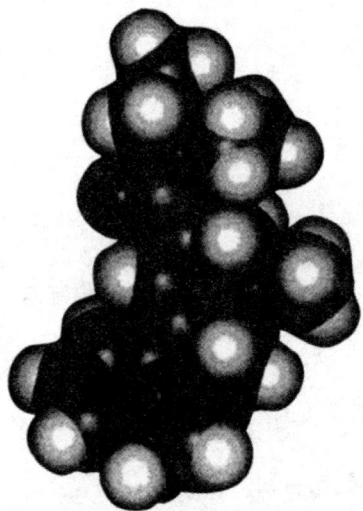

图35.3. 迷幻药的一个分子模型图。

都是由我们的大脑产生出来的。他们中的一些人还在努力为心灵的、神秘性的体验寻找神经病学的依据。安德鲁·纽伯格医生（Andrew Newberg）通过在关键时刻往大脑里注入放射性的追踪剂，绘制出了在神秘的冥想状态下人的大脑结构，并拍摄了照片。他说在这个照片中，我们大脑中的安静区域显得非常引人注目："一大群神经元细胞聚集在我们的顶上小叶中，靠近我们大脑的顶部和背部，这一区域完全是黑色的。"这个区域，叫作协调方向区，我们正是靠它来分辨我们在时间和空间中的具体位置。它同时需要我们的感觉输入来激活。当我们在非正常的意识状态中时，它就安静了下来，因此我们失去了把我们自己从这个世界中分离出来的能力，我们感知每一样事物如同在感知自我，感觉与每一件事物都是相互交织在一起的。

这一活动，或者说这一缺乏活动，告诉了我们大脑的运转与意识状态的关系。这是否意味着这些非正常的意识状态本质上是机械的呢？其实并不完全是。试想一想，假如你在吃橘子的时候拍摄你大脑的图片，你大脑的所有神经元活动不会否定这个橘子的真实性。纽伯格说："我们无法得知当神经系统活动和我们的神秘性体验联系起来时，到底是大脑制造了这样的体验……或者说刚好相反，而是我们感知到一种真实的神秘性。"

在另一个相关的实验当中，加拿大劳伦森大学的迈克·珀辛格（Michael Persinger）使用一种设备向人的大脑发射一个弱电磁场，从而影响大脑的颞叶。这会造成人产生神秘的、灵魂出窍的、甚至是着了魔似的体验。在某一次研究中，一个女人说她每天晚上都会经历仿佛是被"圣灵"造访了的感觉，最终研究显示这是由她床头的一个闹钟所造成的。"这个闹钟所产生的电磁脉冲和让小白鼠发生癫痫、让人类神经受损的电刺激类似。"在另一个实验当中，一个曾经有过"着了魔"经历的记者——他描述之前的情形是"恐怖的冲击"，还包括出现视觉幻象——在实验当中，他产生了类似于之前的那种经历。因此，珀辛格认为这类实验也许可以帮助研究者们理解是环境的影响造成了这类现象的最初产生。

在另外一篇文章，他同样证明了他的观点。这次他把发生在加拿大安大略湖马莫拉市克瑞斯特和玛丽身上的故事，与当地一个充满水的露天磁铁矿矿场联系在了一起。他还认为当地的地震震中也在逐渐向这个矿场靠近。他说道："大多数奇怪的灵异体验往往发生在一些非常敏感的个体身上，而这通常是在全球性的地磁活动加剧的一两天之后。"这个实验很显然为一些灵魂体验提供了一个非超自然现象的合理解释。

有些研究者相信当大脑的某些部位——比如说协调方向的区域——安静下来，这是从更高的功能倒退回了一个相对原始的状态，也就是无意识的状态。劳伦斯·O.麦肯尼（Laurence O.McKinney）说道："无我的意识状态对于信仰宗教的西方人来说是上帝恩赐的一种经验，对于印度教和佛教来说则是三昧和开悟的经验。"但是他又说道，这种自我诱导的状态实际上是一种"较低级的意识"。不过，麦肯尼相信这样的经验是可以有益处的，"自我意识缓慢消退的时刻是很有益处的，而不是具有破坏性的，因为这一个过程是一个主动的、有目的的……每一次我们重复做某件我们喜爱去做的事时，我们就增加了我们的联合能量网络。"像这样一个倒退到更加原始的意识状态中去的过程之所以会有益处，仅仅是因为它是由我们高级的意识来掌控的吗？

神经病学家罗恩·约瑟夫（Rhawn Joseph）质疑了像这样的一些假设："为什么大脑的边缘系统会拥有专门的神经元和神经网络……用来经历或者产生天使、幽灵、生物的魂灵等念头，但是当这些念头都不是真实的时候，又把它们消除掉？我们能听见是因为声音是可以被感知的，而且我们拥有专门的脑部组织可以分析这些声音信息。首先是传来声音，然后专门的神经细胞分析它的振动频率，接着我们就听到了声音。同样的，如果并没有什么事物在我们眼前需要我们去看的，那我们就不需要分析这些信息的眼睛或视觉皮质。视觉刺激在我们的大脑神经元感知它以前就已经存在了。这是否是一个在所有的大脑边缘系统和宗教性经验中都行之有效的普遍准则呢？"

神经外科医生怀尔德·彭菲尔德（Wilder Penfield）对癫痫患者的研究极大地增强了我们对大脑和意识之间的关系的认识。他发现我们的大脑并没有疼痛感应器，因此他可以直接刺激一个清醒的病人的头部。例如，他刺激这个病人头部的某一点，这个病人的手臂就会动，刺激另外一个点，病人就会突然闻到柠檬的味道。彭菲尔德通过许多次实验最终证明我们大脑的每一个不同的区域掌控着我们不同的经验感知。虽然他发现意识的内容在很大程度上依赖于我们大脑的神经元活动，但是这一活动"总是因为一个自主意识的强势辐射包围而产生"。他的实验没能发现这个自主意识到底属于我们大脑的哪个区域。他后来的研究完全转了向，虽然他曾经的实验都建立在大脑产生意识的原理之上，但是这些实验却刚好证实的是相反的情况。

莱斯·弗赫米博士（Dr. Les Fehmi），普林斯顿的心理学家和神经反馈研究家，他同样研究主观经验的价值，以及大脑已知的物理构造。他发现当我们进入一种开放式的精神聚焦状态（open focus state）时，大脑会产生阿尔法波。当他尝试做某件事，最后又失败的时候，他自己亲身实验了阿尔法波。"在放弃的那一时刻，我经历了一种深深的失望之感。幸运的是，我放弃的时候还是和脑电图扫描仪连接在一起，因此仍然能够得到大脑的反馈。令人惊奇的是，我发现我在放弃的时候比在放弃之前制造出多了五倍的阿尔法波。"在知道了要怎样释放他的注意力，制造阿尔法波后，他"感觉更加开放了，更加明白，更加自由，更加精力充沛和自然。我产生了一种更开阔的想法，这让我可以更加完整地、细腻地去理解事物。随着我真的完全放弃，我感觉我可以更加亲密、更加直接地去感知事物、感受情感。"

弗赫米博士发现想象空间是让大脑停止焦虑而进入"开放式的聚焦"的一种方式。他是这么来描述这一经历的："一个广阔的三维立体空间，虚无的、什么都没有，绝对的安静，没有时间限制。我们注意力集中的范围不仅仅是被扩大的，而是进入了一个无限广阔的世界。这样，我们经验的场所会变得更加具体，我们也能更加清楚地感觉到自身的存在，产生一种集中的、统一的意识，我自己、我所感觉到的所有事物都像在漂浮一样，漂浮在一个巨大的没有重量的意识当中。"这听起来和那些冥想者的报告一样，当他们冥想的时候他们的大脑中的方向感就安静了下来。如果你想要的话，你现在就可以试试开放式的精神聚焦。在你阅读的时候，你想要接近词语，理解它们的意思，你就会注意到字与字之间的、页与页之间的空间。你能同时还注意到你和书之间的空间吗？在同一时间，还能同时注意到你周围的声音？如果你尝试开放式的精神聚焦的话，在你阅读、理解你阅读的对象的同时，其他的一切还是与你同在的。

弗赫米认为我们注意力集中的方式非常重要。如果某一个人总是注意力集中于一个很狭窄的范围的话，那么不管他注意的内容是什么，他都会开始感到压力、紧张。弗赫米就总是处于狭窄的注意力当中，这是他为什么试图要突破自己的原因。他最终改变了自己，进入了开放式的精神聚焦状态。如果考虑到我们的社会长期就处于狭窄的注意力当中的话，也许更能解释滥用药品的糟糕情况，同时也能解释为什么现在冥想类的精神治疗那么兴盛。这些方式能够帮助缓解我们在长期的狭窄注意中形成的压力。

改变我们的注意力所带来的解脱不仅仅是感觉很好而已。弗赫米的开放式精神聚焦、催眠，以及其他迷狂入神的精神体验已经在减缓许多与压力有关的精神疾病上取得了很大的成就。比如说慢性疼痛、失眠、甚至是眼睛和皮肤的失调症。那些过去注意力最为狭隘的人也能取得最不可思议的进展。经过持续的训练，大多数人都能发生彻底的转变。

虽然大多数这类改变是主观的，很难进行测量，但是有些研究已经证明我们的注意力也许能改变我们大脑的物理结构。苏珊·格雷菲尔德（Susan Greenfield）发现伦敦出租车司机随着他们服务年限的增加，他们大脑的海马体也在逐渐增大——这可能是与他们的记忆能力相关。她还发现坚持练五天的五指钢琴，会增强大脑里与数字相关的区域。更加令人吃惊的是，她发现只用在头脑里想象类似的运动，也能在大脑里起到同样的变化，最终改变大脑的物理结构。

既然想象能够改变大脑的物理结构，那么也许意识的非正常状态能产生其他超自然的现象就不那么难以置信了。在火上行走的人和被催眠的人所展示的控制痛苦和抵抗火烧的能力，也许是天生的，虽然我们很少去运用它，但也许它正是心身互相联系的一种潜能。通灵学家拉塞尔·塔格（Russell Targ）和简·卡特拉（Jane Katra）认为量子物理学里所说的连通度（interconnectedness）可以用来解释通灵能力，比如说远距离千里眼和隔空治疗。我们控制大脑和意识的能力使我们的经验与现象无法分别。这本质上就是那些神秘主义者说了上千年的道理：我们心灵与身体的分离、我们自己和他人的分离、甚至是空间和时间的所有现象，都只是幻象而已。弗赫米的注意力训练和冥想，以及其他改变意识状态的训练也许远比我们所能想到的更加具有心理学和生理学的意义。塔格和卡特拉说："我们选择将我们的注意力集中在什么地方，这归根结底是我们最强大的自由。我们所选择的态度和注意力不仅会影响我们自己的思维和经验，同时也能影响其他人的经验和行为。"

如果你在阅读这篇文章的同时用你的注意力去改变你的意识，你也许会感觉到改变你的意识是一件多么简单的事。你的经验也许看起来和一个在火上行走的人、或者和一个萨满法师的出神入定完全不一样，但实际上二者是有联系的，只不过是程度不一样而已。如果你能很好地接受这类温和的控制精神状态的方法，也许你就能更加开放地去接受那些更加怪异的、更加不普通的方式。为了满足个人和社会的需要，萨满法师们使用那些比较极端的方式已经有千年的历史了。即使是像爱迪生和爱因斯坦一样的科学家也会靠自己的能力，让自己进入一个自然的出神入定状态，然后实现思维上的突破。爱因斯坦甚至说过他的有些方程式并不是通过研究和计算得出来的，而是"或多或少像是清晰的图像一样的心理想象"。

许多冥想者、催眠疗法病人和开放式精神聚焦法的练习者都说非正常的意识状态让他们觉得更能够控制自己的生活。从这些活动中所直接产生的经验可以让他们更加灵活地放松他们头脑里的"集体无意识"。一个世纪之前，威廉·詹姆斯（William James）说："关于自我扩张、结合和解放的神秘感觉并不需要特殊的智力基础……因此，我们没有权力去将这些夸大为某种特殊的信仰。"现在这些大脑和意识的研究者帮助我们认识到，即使没有信仰，我们所拥有的这些心理学和生理学的知识也是有价值的。我们并不需要是信仰者，或怀疑者，我们同样能够开拓我们的意识状态，变得更加灵活、清晰和开放。我们会喜欢，也许还会惊奇于我们所能发现的。

36. 探索统一的场：
作家林恩·麦克塔格特追踪着世界上最奇异的研究，
试图发现一种神秘的力量
辛西娅·洛根

  调查类新闻报道记者林恩·麦克塔格特（Lynne McTaggart）也许看上去像是一个小精灵（她可以轻而易举地去扮演彼得·潘、小叮当，或者《仲夏夜之梦》里的帕克），但是你可千万别被她顽皮的笑容迷惑了！她那双大大的、温暖的眼睛深藏着惊人的洞察力，可以看到别的人都忽略了的东西。她对很多事物都充满了热切的好奇心，她同时还具备了睿智的头脑、决断力和将复杂的信息条理化的能力，这些特质共同构成了她过硬的专业背景，使得她成为行业里的翘楚。再加上，她总是有着好的理想。在 20 世纪 70 年代时，她假扮成一个未婚妈妈，为的是替她的第一本书搜集材料，这本书就是《婴儿代理商：美国的白种婴儿买卖》（*The Marketing of White Babies in America*）。这本书揭露了美国收养婴儿的灰色市场。"我花了好几年时间来揭露国际性的婴儿订购，"她说抢先的"独家新闻"往往会威胁到那些不那么勇敢的报道。她的后一本书是《医生不会告诉你的事》（*What Doctors Don't Tell You*），揭露了医疗机构不希望你们知道的那些治疗流程。她最近刚发表的一篇文章名为《场：探寻宇宙中的神秘力量》（*The Field: The Quest for the Secret Force of the Universe*），则揭露了将要永远改变你的人生的革命性科学发现。

  麦克塔格特从 7 岁开始就对写作很感兴趣，她还记得当时对她影响很大的两位作者——鲍勃·伍德沃德（Bob Woodward）和卡尔·伯恩斯坦（Carl Bernstein）。就是这两位作者写了《总统班底》（又译为《惊天大阴谋》），正是这本书揭露了水门事件阴谋。"在我还是一个少年的时候，我看着他们扳倒了一个总统——这显示出了媒体进行彻底调查的力量和责任，媒体的这种调查维护了人们的权益。"麦克塔格特出生在新泽西的瑞吉伍德市，她从小就喜欢故事，同时也受到了另外两位作者的影响——汤姆·沃尔夫（Tom Wolfe）和琼·迪德恩（Joan Didion）。她说这两位作者的写作将纪实性、全面的调查研究和"深度的报道"融合在了一起。长大后，她考上了西北大学医学院的新闻专业，后来又转到了本宁顿大学。在这里她学习文学，其中一项学习要求是一个为期九个星期的工作实习，她从中受益颇多。"我在《花花公子》杂志做编辑助理，那时他们有很多纪实性的报道。那会儿又是 70 年代早期，发生了许多的惊人故事。第二年，我在《亚特兰大月报》工作——这是两次非常不同的经历。"毕业之后，她在《纽约新闻》集团旗下的《芝加哥论坛报》做编辑，同时也为《星期六评论》撰稿。她说："关于医疗系统的故事激怒了我，我从此成了专职的侦探。"

  80 年代中期，她移居英国，然后生了一种奇怪的病，于是她把侦探技巧

图37.1. 作家林恩·麦克塔格特。

用在了看病上面。她回忆道："我去了正规的医院，也求助了一些歪门邪道的另类疗法，但似乎没有办法能让我好起来。我意识到我只有自己去调查，然后看能不能找到一个人来帮助我。"幸运的是，她最终找到了一个营养学方面的专家。她说："我们一起合作来治疗我的病。"（白念珠菌生长过快，现在这种病已经广为人知。）再加上她的丈夫和生意伙伴布莱恩·哈伯德（Bryan Hubbard）的帮助，她开始发表一个名为《医生不会告诉你的事》（书是1999年出版的）的新闻简报。一直到今天，这本书都非常流行。她说道："这本书是经过大量的调查写出来的。我们搜查了所有的医学资料。它可以告诉你很多不可思议的故事，这些故事是关于医院里的工具是如何的不起作用的。"他们同时还出版了《证据！》，这本书调查了另类医疗法。她说："我们用对待传统疗法的同样态度来审视了另类医疗。"这包括将一些标本送到一些独立实验室去检验，看它们是否真的具有他们所说的那种疗效。他们的新闻简报订阅者不断增大，她说道："我们看上去好像成了判断哪些有效、哪些无效的小百科全书。"

在开展这个工作的过程中，麦克塔格特不断地"发现顺势疗法、针灸和精神治疗有很多科学的良好证据"。虽然她相信另类／辅助医学，但她仍然会怀疑到底这些"微能量"是从哪里来的，以及是否真的存在着人类能量场这样的东西。她解释道："如果像顺势疗法和隔空治疗这样的方式真的行得通，它无疑就反驳了我们所相信的这个世界的真实。我身体里的怀疑天性仍然觉得迷惑不解。"因此，她将她的天赋又转到了科学的领域，并取得了"一个重大的进展"。首先是获得了出版界巨人哈伯科林斯（Harpercollins）出版公司的支持（在书出版之前就能在三个国家卖出版权，这对我们帮助很大），其次是与五十个"前沿"科学家进行了一系列的会议和访谈。"最开始我完全是出于个人的好奇，想知道科学界里是否有任何前沿的科学家可以给我一个解释。我到世界各地去访问那些物理学家和一流的科学家，美国的、俄国的、德国的、法国的、英国的、南美洲和中美洲的科学家。他们的理论和实验已经意味着一种新的科学，一种彻底的新的世界观。"

她参加会议、研究学术杂志，消化吸收他们的概念（阅读了几百种科学书籍和论文！），学习他们的语调。她说道："大多数科学家不喜欢离开实验数据来说事，也不喜欢综合概括。他们就像婴儿学步一样，一步一个脚印地分析，这让他们通常很难看到一幅全景的、大的图像。他们用方程式来交流——物理学的语言。我想要讲述他们的故事，偷偷地溜进科学里去。"《场：探寻宇宙中的神秘力量》第一次尝试了将分散的研究综合成一个统一的整体。著名作家韦恩·W.代尔（Dr. Wayne W. Dyer）说在这本书里："麦克塔格特为那些心灵大师们告诉了我们几百年的事提供了科学的依据。"

"场"指的是零点场，在此之前，零点场被认为是存在于真空空间当中的一个量子能的亚原子王国。（实际上，科学家们早就知道了零点场的存在，但是他们在计算中都把这个额外的量子能排除掉了，因为他们认为它并不重要。）狄帕克·乔普拉（Deepak Chopra）说这就是"统一场"，而麦克塔格特则说："有点像《星球大战》里的原力。"它由宇宙中的所有粒子的微小运动组成，它充斥在我们周围的巨大空间里，是一个庞大的、不可穷尽的、超动力的能量资源。麦克塔格特在书里向我们解释道（她用实际的、富于创造性的类推法在整本书里为我们做了尽可能详细的分析）："给大家打个比方看看这种能量到底有多强大——1立方码的真空空间里的这种能量就足以将我们地球上的所有海洋烧开。"随着传统的燃料能源危机迫在眉睫，像是在普林斯顿和斯坦福这类一流大学里的科学家们，或是欧洲的许多最重要的研究机构里的科学家们，都开始意识到零点场有着巨大的应用潜能。

天体物理学家们将零点场称为"宇宙的免费午餐"。如果真的能够成功地利用这个无尽的能源，他们也许能够建造出反重力的曲速引擎和汽车，这些汽车根本不需要燃料就能跑起来。也许在不远的将来，我们就能到太阳系以外的地方去——美国航空航天局和英国航空航天局都正在研究在真空中回收这一能源的可能性。此外，麦克塔格特还提到《超人总动员》里的那个小坏蛋也提到了零点能！当然，也许更重要的是她所认为的：零点场的存在暗示了宇宙中的所有事物都由量子波互相联系在一起，量子波存在于时间和空间中，无穷无尽，它将宇宙中的任一部分都和其他的部分联系在一起。就像一个看不见的网络，这个场将宇宙中的所有事物联系起来。"这个场的观念刚好为我们提供了一个科学解释，可以解释为什么神秘主义的观点认为存在着生命力这种东西。"

她认为这种可能性很令人欣慰："这就好像，在现实的最小层面，宇宙关于整个时间的记忆全部包含在我们每一个人无时无刻不与之接触的真空空间里。"这与我们从现代科学那里继承来的思维方式截然不同，与其说是还原论的，不如说是培养论的。虽然她在写作《场》这本书时，已经相对来说很容易接受科学的概念了，然而她还是有一些障碍需要克服。"我必须要搞明白的最难的观念是：这个巨大的能量场在超越时空的情形下运作，那么人类也在超越时空的情形下对我们周围的世界产生着影响。既然亚原子的粒子能够在所有时间和空间中相互作用，那么由这些亚原子构成的大的物质也应该可以。过去的观念认为存在着绝对的时间和空间，我们必须要把它抛弃掉，关于宇宙的更真实的图像是：宇宙存在于一个巨大的'一点'上，这'一点'代表了一瞬间的所有空间和时间。"

　　麦克塔格特写道：就我们最基本、最自然的本质来说，"我们不是一个化学反应，而是一个能量守恒的过程。所有活的生物都是在一个能量场里的一种联合的能量……这个脉动的能量场是我们生命和意识的中央引擎，是我们存在的开始和结束。"换句话说，这个场是我们的大脑、心脏和记忆。现在有许多科学家都认为我们的大脑更像是一台无线电，而不是计算机。麦克塔格特自己的研究显示："一大堆的环境问题影响了这台无线电，阻塞了我们的信号接收器。"她特别提到环境污染和记忆力丧失之间的联系，"大多数杀虫剂都对大脑有着很严重的影响……而且我们补牙用的汞合金里的水银和老年痴呆症之间也有着紧密的联系。"

　　麦克塔格特的这些各种各样的发现，以及这些物理学的或玄学的思想，没有一样比那些卫生保健方面的改变更能让她激动。说到底，这才是她的兴趣所在。她说道："在五十年内，使用药物和手术来进行治疗将会被看成是很野蛮的方式。"她认为我们将来可以操纵人类的能量场，就像现在很多研究者使用尖端科技正试图做的那样。她举例说有一组法国医生正通过分子频率来鉴定特殊的细菌和病菌。另外还有一组德国医生正在通过测量量子发射来确认食物的质量。

　　麦克塔格特一家住在温布尔登[1]附近，麦克塔格特自己也说，因此他们家也具有了很多的运动气息，喜欢骑自行车和游泳。麦克塔格特夫妇有两个女儿：卡特琳和安雅，他们的家庭非常团结幸福。她说："我们周末都不工作，以便大家可以一起做很多事情。"他们每周都会吃一次未经加工的有机食品，再加上叫的中国菜外卖，以及给夫妇两人准备的葡萄酒——她笑着说："我们喜欢享受生活。""我们家的任何食物不含小麦。自从我们发现现在的食物都不如过去的那么营养丰富了，我们都会采取一些补救的措施。"

　　最近，她和她的丈夫哈伯德，以及他们的公司WDDTY，领导了一个健康自由行动的小组，这是一个非营利性质的组织，他们宣称要和欧洲以及国际性的法律斗争，这些法律威胁到个人选择使用天然药物的自由。英国的皇室家族都在使用顺势疗法和针灸来预防疾病。麦克塔格特说道："另类治疗法在英国正在蓬勃发展。"麦克塔格特的牙医不仅避免使用汞合金等补牙材料，而且同时还了解中国的经脉体系，以及牙齿和这一经脉网络之间的联系。麦克塔格特说："在这个国家你可以恣意放纵——我有一本另类疗法实践者的名单。"她说在英国越来越多的病人选择另类疗法来代替去医院看医生，有三分之一的英国人在他们家里使用不含有毒物的清洁剂。她评论说："英国的医疗系统正在面临破产，因为每一个人都认为他们应该得到免费治疗。如果所有的人都能够得到免费治疗，这当然是好事，但这可能需要排一个很长的队。"

　　相比之下，麦克塔格特认为在等待的过程中形成的独立电影《我们到底知

1.Wimbledon：英国著名的网球公开赛驻地。

道多少？》（*What the Bleep Do We Known?*）似乎更能鼓励人。在她看来，无论它是在什么地方拍摄的，它都显示了人类在总的智慧上的积极的、正面的转变。这部电影让观众直接面对量子物理学的意义和可能性，访问了很多前沿的专家和科学家——正是她希望能更多地看到的那类事情。

37. 意识与物质之间的联系：
我们一直在寻找的科学证据终于在 2001 年 9 月 11 日
这一天被发现了吗？
约翰·凯特勒

　　玄学家、神秘主义者和神学家，以及类似的人们，他们一直以来都坚持认为根本不存在纯粹的思想：一种思想就是一种事物，它能发挥出真正的作用。有些物理学家也开始接受这样的观点。正是出于这样的原因，我们在神秘主义的和神学的领域总是能够发现，他们不停地警告不能有不受控制的思想。我们可以发现一个又一个的训练和练习，首先用来将人们聚集在一起，然后要求他们清理好自己的思绪，把注意力集中到需要思想的对象上来，或者干脆什么都不想的冥想——进入脑海里完全静止的、什么思想都没有的意识状态。

　　与上一种对思想的控制刚好相反，我们还发现了另一种发展高度活跃的、兴奋的大众意识的倾向，这是一种除了不集中、不平静外什么思想都包含的意识状态。这种意识状态，不管是自然产生的，还是人为刺激的，都是政治家的、宣传人员、广告代理商、公共关系公司、魔术师、精神病专家等，以及所有这些类型的人活动的领域，更不用说还有政府的、组织的、个人的各种类型的秘密操作了。有意思的是，它同样也成为主流大众 PSI 调查的意外宝地。

　　怎么会呢？为了要回答这个问题，我们必须要首先向前追溯一下很久之前 PSI（超自然现象）研究是怎么样开始的，而此后它又是以什么样的方式继续开展的。

随机数和 PSI

　　PSI 研究的最大目的就是发现 PSI 现象的重复、确凿的证据——首先是在每个方面都无懈可击的实施实验，排除所有可能的错误、失误或者其他。这类实验主要是使用一种真正的随机事件发生器，这些发生器可以通过严谨的统计学手段来进行检测，它们产生出的是完全随机的数据。然后，再以它们所受到影响的程度来统计 PSI 现象是否真的存在。

　　最早的工作，是由先锋人物——杜克大学的 J.B.莱因（J. B. Rhine）——在 20 世纪 20 年代开始的。他首先是受到了硬币投掷和发牌技巧类手册的启迪，然后发展成了自动化的，最终则完全计算机化的实验方式。他的工作同样也导致了齐讷卡片的发展。这种卡片上面印着我们熟悉的星形、十字架，和类似的图案。具有超感官感受能力的人作为心电感应的"接收单位"，会接收到这些图片所传来的强大的、单独的精神图像，最终完成心电感应传递。

　　计算机的出现改变了一切。它大大地提高了所能进行的实验的数量和速度，而且得出的速率数据可以通过统计学的方式进行分析。计算机自身就是随机数发生器（RNGs），但是研究者很快发现用来输入随机数发生器序列的大量"种子"本身就影响了所生产的数的随机性。这又导致了对一种真正的随机现象的寻找，这可能需要非常辛勤的工作，最终发现其中一种可能是放射性衰变。

很多年前，公共电视节目新星（Nova）直播了一个PSI实验。这个实验是通过一个上面说到的衰变来操作一个随机数发生器，这个发生器决定在一个熄灭的圆形光环里的光的方向。我们知道这种物质的衰变率，但并不知道一个特定的衰变事件的确切时间，正是因为这种不确定的时机，可以随机的"驱使"

图37.1.迪恩·拉丁，意念科学协会的资深科学家，PSI现象探索者。

这个光要么顺时针的围绕着光环，要么逆时针的围绕着光环。这个实验的方式是要求实验对象根据现场科学家的命令使这个光的方向恰好是他的意愿要求的方向。令人惊奇的是，在一定的时间里，实验对象就真的让光的方向一直处于一个特定的方向。

放射性物质通常有一定的安全保护措施，需要合法的管理，因此最近改换成了对随机数发生器进行特定的电磁屏蔽，然后利用几种类型的特殊事件（电阻器噪音和量子隧道），让它们来激发随机数的产生。在以互联网为基础的全球意识项目（GCP）的赞助下，目前在世界范围内大约有五十个（根据具体的电脑保护情况更多或者更少）类似的仪器可供科学家进行实验，在所有的时刻，他们的输出都处于最细微的监测中。从理论上来讲，如果对这些仪器进行正确的操作，而且不对其进行篡改，它对人类或其他的干扰是免疫的。但是几次全球性集体创伤事件也许显示了个体研究者在他们的实验室里不能做到的影响——在现实世界中人们集中意识的影响。

在这种影响中，正确的认识全都存在于玄学的层面、宗教巫术（作者使用了magick，用来区别magic）和祈祷中——什么都不需要，只需要用思想的能量来影响现实世界。前宇航员埃德加·米切尔（Edgar Mitchell）和位于加利福尼亚佩塔卢马的意识科学研究协会的内部研究员迪恩·拉丁（Dean Radin），在《科学探索期刊》[1]上发表了一篇非常优秀的文章：《物理事件和人类集体注意力之间的关系研究：问一问丧钟为谁而鸣》（*Exploring Relationships Between Physical Events and Mass Human Attention: Asking for Whom the Bell Tolls*），这篇文章也许可以很好地为 PSI 现象提供一个被我们长期忽视了的确凿证据。

当随机数发生器偏向一方

在一系列关于精神和物质的关系的研究中，迪恩·拉丁的论文是目前最新的一个。这一系列的研究在早期主要是向"高度集中的和一致的群体性事件"输出"基于电子噪音的、真正的随机数发生器"，并在这一过程发生之前、之中和之后研究它产生的效果。

迪恩的结论令人大吃一惊："总的来说，这些研究结果显示：精神和物质以某些基本的方式联系在一起，尤其是当群体性的精神注意力集中到一起时，它们在真正的随机数据流中也会和负熵（非随机性）的起伏联系起来。"换句话说，集中的群体意识明显会影响随机数发生器所输出的随机数——按照这个发生器的设计和工作原理，理论上这是根本不可能发生的。

要验证迪恩的结论，我们很难想象一个比 9·11 事件更好的测试对象。2001 年 9 月 11 日，世贸中心大厦被飞机连续撞击两次然后迅速倒塌对美国和全世界(有接近七十个国家的人民在这一事件中丧生)造成了难以估量的打击。在一天之内见证数以千计的悲惨死亡，这一毁灭性的场景迅速通过电视传播到了全世界。根据迪恩·拉丁的假设，这样的灾难肯定会影响随机数发生器所产生的数据流。他是对的。他辛勤的工作和分析显示：在 2001 年 9 月 11 日这一天，产生了整个 2001 年全年最大的一次负熵值。而且，这不仅仅发生在少数独立的随机数发生器身上，而是被整个网络记录了下来，它是全球性的，一大把的随机数发生器在那天都出现了故障。不过迪恩只分析了那些根据特定的参数进行运作的随机数发生器。为了使他的假设得到认可，所有的设备都经过了一系列的严格检测，其中包括一个由"100 万 200 位检测"构成的校准测试。

宣称 2001 年 9 月 11 日发生了整个 2001 年全年最大的一次负熵起伏，这只是第一步。而通过一系列严格、精确的统计测验来证明正是这一事件引起了这一结果，这才是更重要的。因为也许还有其他的一些因素影响了这一结果。有没有可能，研究者刚好在这组条件下选择了一个事件发生窗口，造成了数据异常？为了避免这种情况，迪恩测试了所有可能的事件发生条件。有没有可能是取样过程中的人为因素？因此迪恩又使用了各式各样的取样方法重新进行了实验，结果并没有什么变化。迪恩又考虑到是否是周围环境的不寻常因素影响

1.Journal of Scientific Exploration 16, no.4(winter 2003):533—47。（作者注）

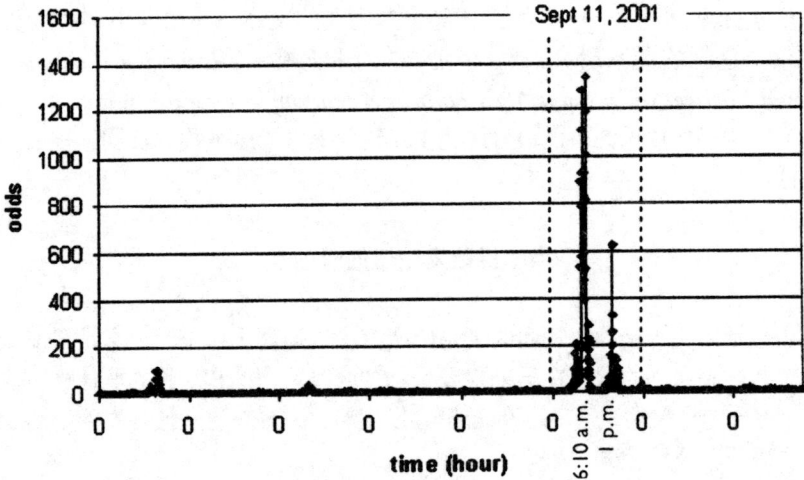

图38.2. 这个图标显示了将平滑的 Z 分数作为让步比，与之相联系的双尾概率。在事件发生的时候有一个非常突出的顶点，在第一架飞机撞上世贸中心大厦时，这个顶点被拉得更大了，它的重心是在六点十分，与 Z 分数的顶点相一致。第二个顶点大约出现在七个小时以后，重心大约是在下午一点。X 轴上的"0's"表明每一天的开始（图片所有权属于科学探索协会）。

了实验，比如说日光条件（他们暗示晚上时会有电子干扰）或者手机信号可能扭曲他的数据，但结果还是一样。没有任何明显的发现可以证明全球意识项目所提供的这些随机数发生器受到了其他的影响。

为了保证他不是从结果出发来提出这一理论，迪恩又继续进行了多次测试。他逐日审查了 2001 年发生的各种大事，比如被几家媒体报道、覆盖面积有多广等。根据这些信息，他在其他的重大事件中也运用了同样的统计方式，结果发现他所预计的测试结果符合实际的结果，比如说戴安娜王妃的葬礼。换句话说，除了 911 事件之外，其他引起公众强烈关注的重大事件在随机数发生器的网络中也同样产生了负熵起伏，只不过这种起伏值要小一些。

有些人认为科学研究往往不会立即对他们提出的问题给予回答，而这刚好相反。实际上，即使我们知道怎么制造和传播电力，在几个世纪的研究之后，我们仍然并不了解具体的过程。迪恩·拉丁的情形与这很相似，他相信他发现了一个反常的现象可以证实意识对物质的影响这一假设。但是他现在需要把这一结论告诉他的同行们，然后进行更多的实验，进一步地彻底排除一些模糊的分析所造成的特殊效果以及其他的各种可能性。在他进行他的工作的同时，我们有充足的时间去思考这个惊人的发现所暗含的意义。

在一个非常深的层次上，人类总是表现得好像意识和物质之间存在着某种联系一样，在我们的历史开始之初，我们的某些宗教仪式就证实了这一点，一直到今天，世界的某个角落举着蜡烛祈祷的人同样相信这一点。我们在暴乱的时候愤怒地冲上街头，在其他时候，又安安静静地举行罢工，为了我们最为珍视的信仰公开地站出来。我们为了共同的原因走到一起，在自然当中、在人造的城市当中，正如我们在建设的时候与我们的环境角力，我们通过祈祷获得安慰，我们为了我们的需要发出请求，我们为了个人或者群体集中我们的注意力。我们甚至有遍布全世界的、在互联网上联合到一起的集体祈祷者。

也许现在正是时候，让我们用我们集体的精神力量来为我们大家谋福利！

38．"量子博士"的高见：
弗雷德·阿兰·沃尔夫为那些暂时的问题寻找确切的答案
辛西娅·洛根

如果你用 GOOGLE 搜索"弗雷德·阿兰·沃尔夫（Fred Alan Wolf）"这个名字，在 0.24 秒内你会得到 241 万个有关交叉天文学的搜索结果——这对一个出现在独立电影《我们到底知道多少？》（*What the Bleep Do We Know？*）里的理论物理学家来说是一个很适当的结果。沃尔夫称呼自己为"量子博士"，他同时是一个作家和教授。1963 年时，沃尔夫在加利福尼亚大学洛杉矶分校拿到了博士学位，其后他因为向大众读者普及复杂的科学概念而获得了一定的声誉。他的著作《量子跃迁》（*Taking the Quantum Leap*）获得了国家图书奖（1982 年），直到今天这本书都还像它第一次出版时那么畅销。（"我的书，很不幸的，可能是这一领域里写得最好的一本。我不想这么说——但我的书对那些头脑开阔，愿意接受神秘事物的人来说尤其适合。"这本书被美国图书馆协会列为史上最好的著作——关于科学的著作！）沃尔夫同时也是以下这些书的作者：《平行的宇宙》、《梦想的宇宙》、《老鹰的追求》、《精神的宇宙》、《意识到物质》、《物质到感觉》，以及《时空旅行的瑜伽术：思想怎样击败时间》。他最新的一本书名为：《关于量子博士的高见的小册子》。

沃尔夫写了很多优秀的学术论文，因此在学术界享有很高的声誉，他在以下一些学校担任过教职：圣地亚哥州立大学、巴黎和伦敦的一些大学、耶路撒冷的希伯来大学、伦敦大学伯克贝克学院，以及柏林的哈恩－迈特纳（Hahn-Meitner）核物理研究所。他现在主要从事职业演讲、关键问题发言人，以及担任一些企业和媒体的顾问。他除了在《我们到底知道多少？》里的精彩演出外（记得里面那个活力热情的、微微有些秃头的男人吗？他有着修剪得很整齐的灰色小胡须，戴着一副眼镜？），沃尔夫现在是探索频道知识地带栏目的专门物理学顾问，他在电视和收音机里的各种谈话节目不仅遍及全美，而且在全世界都有很大的影响。

沃尔夫说他自己是一个"内向的人，但假装很外向"，他像一个舞台上的魔术师一样在观众面前表演。他承认："也许我生来就是一个表演者。"即使是在做收音节目时，他也通过改变音调的方式来传达他的信息，这种方式既让他的观点显得有戏剧性，同时又强调了他的观点,80 年代早期的时候，他突发奇想（这是一个他经常使用的单词），想要创造一个容易记住的角色来帮助人们理解复杂的理论物理学。之后，他和他的表弟一起想出了"量子上尉"——一个衣冠楚楚的、穿着披风参加会议的形象。《未来》杂志把这个上尉创造为了一个卡通版的沃尔夫。后来，电影《我们到底知道多少？》的制片商也想要使用这个形象。然而，这个名字已经被一个棋盘类游戏注册为了商标，因此，沃尔夫说："我们把它改成了'量子博士'。"现在，他和电影的制片商一起

图38.1. 物理学家、作家和演讲家: 弗雷德·阿兰·沃尔夫。

成为这个商标的共同拥有者。《我们到底知道多少？》这部电影的扩展版《掉进兔子洞》（*Down the Rabbit Hole*）充分利用了量子博士的卡通形象，让他到处"做卡通类的事情"。据沃尔夫说，扩展版比它的前一部要长四十五分钟。他还泄露道："故事情节是一样的，没有增加其他动作场面。主要是更新了一些发言人的讲话，再增添了一些其他发言人的讲话。"

这部电影的主旨是我们通过意识和量子力学创造了我们的现实，这也是沃尔夫一再重申的主题。他解释道："新时代运动认为那种'不管在我身上发生了什么，我都是了不起的'的思想是错误的，而且有点不得体，因为我们这个世界充满了更多其他我们所不了解的事。这不仅仅是那些喜欢鼓动人心的演说家的口号（'你要站起来，做你自己的事！'），这些与我们世界的本质没有关系。我想要让大家了解量子力学的深度。"他最新的一些想法，录制在 CD《量子博士出场了：了解你的宇宙的指南》（*Dr. Quantum Presents: A User's Guide to Your Universe*）里，里面包含了量子力学的基础知识、意识的本质和作用、平行宇宙的可能性、想象的世界、宇宙中的时空旅行，以及性、魔术、萨满教的世界等等话题。

沃尔夫认为这部电影成功的要诀在于迎合了这个国家正在转向的中间立场。他说道："它既不是极左的，也不是极右的。"他又补充道："我成长于中西部，这可能导致了我看待事物习惯于中间的立场。"沃尔夫成长于芝加哥，他对物理学的兴趣来自他 10 岁时的某一天下午，他在当地见证了世界上的第一颗原子弹爆炸。虽然他对体育的兴趣也一直延续到了高年级，但他还是选择了去伊利诺斯州立大学攻读数学和物理学。毕业之后，像我们前面提到的那样，他去了加利福尼亚大学洛杉矶分校，获得了博士学位。

读研究生的时候，他上过诺贝尔获奖者理查德·费曼（Richard Feynman）的课，也与现代物理学之父沃纳·海森堡（他因为测不准原理获得过诺贝尔奖）交流过思想，沃尔夫现在所研究的是可以用来调查观察力本质的一种意识模型。是否有的人是比另外一些人更好的观察者呢？这是一个相对来说比较新的"测不准理论"，它仍然符合量子物理学的框架，但却暗示了我们可以模拟一个观察的过程，不管它是准确的还是不准确的。沃尔夫认为那些不准确的观察所给我们的观察结果，受到了未来的测量行为的影响，换句话说，未来的测量行为似乎能够影响当下的观察数据。

沃尔夫的家在三藩市，他不仅在这里思考这类问题的数学方程式，他同时还思考着人类意识、心理学、生理学、神秘主义和灵魂之间的关系。他以古代的思想为例，认为哲学、宗教和灵性之间实际上是没有分别的。他提到："希腊人谈论地球、天空、水和火。他们讨论一种完美的性质（第五元素），他们把它称为'physis'，它代表了世界所有事物的灵性特征，物理学这个词就来自它。因此，我觉得在我们当前的意识状态中，这种桥梁是能够建立起来的，而且会非常稳固。"

建立这样的一座桥，而且从上面走过去，正是他的目的，而且他希望一切可以简单具体。他是一个非常实际的人（"我不喜欢 24 克拉的钻石——我又不能吃了它，连擦屁股都不行"），但他却相信这个物理的世界有一个灵性的基础（"当我们仔细观察时会发现这个世界在不断地变化，这就导致了一个问题：我们原本要观察的是什么……什么是意识？你一旦进入了意识的领域，你就不能再停留在身体的领域了，因为意识并不是大脑。"）。他现在所发现的唯一一个与他在量子物理学上的发现相关的问题存在于浩如烟海的古代神秘主义文献中。"我在现代的神秘主义文献中什么都没有发现，他们都太复杂难懂了，而且与我在量子物理学里发现的基本观点并不相容。现在的人只是在编造他们自己的故事，完全与科学无关。"另一方面，他列举了一些新的作品，这些作品是由"一些高度智慧的哲学／科学思想家"写就的，"他们的观点是也许我们还不知道答案到底什么"。他说他的观点是："我们的科学给了一个关于我们的世界是什么的崭新的概念，我们无法否认意识影响现实的这一问题。这并非是机械的……这是神奇的，需要我们敬畏和好奇。否认它，相当于否认了我们的生命那令人敬畏和好奇的一面。"

他尽量让自己生活得多姿多彩（他喜欢他散步时的感觉，同时也喜欢他做白日梦时的感觉，他相信"要让生命像烟火一样"），他发现所有的灵性传统都有一个基本的观点，那就是这个现实是虚幻的。他们所认为的道路是从我们生活的这个虚幻的梦中醒来。不过沃尔夫并不像有些人那样认为"我们被遗弃在了极乐世界（Nirvana）之外的森林里"。他并不愿意详细论述自己的信仰（他说过的最详细的解释是，并不知道有什么信仰），他简单地总结道："宗教其实是一个瓶子，它希望能装下精神的灵药，但大多数情况下，它只是一个空瓶子。"

在他看来，大多数人都不能从宗教那里得到宗教原本应该给他们的愉快的精神体验。他自己对精神体验的界定类似于"啊哈"现象——像突然间被启悟的闪电击中了一样。他说道："我有过许多类似的突然清醒的时刻。它们大多数发生在我去世界其他地方旅行的时候。有一次，在印度的一个寺庙里，不管你信不信，当一只苍蝇飞到我脚上时，我突然间受到了启迪。当时那些佛教徒正在聊天，一只苍蝇突然飞到了我的脚上。我感觉到我的意识和苍蝇的意识仿佛成为一体。当我抬起头看那些佛教徒在什么地方聊天时，我看见一个无穷大的佛教僧侣正在一路退回到时间的起点。那就好像我是在目视着一个无穷大的镜子一样，而且一切都发生在一瞬间，这让我印象非常深刻。"

沃尔夫与已故物理学家大卫·玻姆（David Bohm）关系非常密切："我在伦敦伯克贝克学院工作时，我的办公室就挨着他的办公室。他常常会走进来，告诉我他想聊一聊，但是基本上，我都只是听他说而已。他心脏病发作之后，我发现他变了。在他去世前六个月，他似乎有了一个神秘的特性；他练习了如何放弃，这是我们每一个人在死前都要做的事。"据沃尔夫说，很多科学家在遭遇了亲近的人的死亡后，都会经历一次精神性的启悟。"突然间，他们认识到生活到底是什么，他们开始看到永生只是一种幻想而已——他们开始接受一种可能性：当你把整个世界都看成是只有法则和混乱、而没有神的宇宙时，你的头脑里会满是恶魔。"

自从他的儿子和妻子在六年的时间里相继去世之后，沃尔夫认真地思考过死亡这一问题。他认为这个问题似乎回到了他所说的"大象"。"这是很有趣的——灵魂就像是房子里的一头大象，它很巨大，但是却没有人能够看到它。大象就是你的精神本质，你的绝对自我。当然，它不同于你的主体自我，或者说你用你的身体和意识来界定的那个自我。实际上，这个另一种形式的意识似乎真正掌控着我们，但是我们却不知道它是谁，或者是什么。一切证据似乎都指向了一个结论：在整个宇宙中只有一个真正的观察者。而死亡就是回到那一个观察者那里去——不管你是想称呼他为上帝，还是宇宙的灵魂，或者大精神（big kahuna）[1]，我都不介意。但一切好像就是这样的。"

虽然世界上仍然有那么多的死亡和毁灭，但是沃尔夫认为我们的世界越来越好了。在他看来，人们有些过于悲观。"虽然害怕越来越严重，但世界也变得越来越好。我认为通过我们对金钱和贸易的明智管理，已经取得了很大的进步。我认为我们发展的方向是正确的。贸易关卡应该被取消——我不知道该称呼它为共产主义还是民主主义——但我们确实已经进入了一个国际性的社会，而这很好！"

沃尔夫去过很多地方，他记录了在印度和墨西哥所发生的根本性进步。他的著作《精神的宇宙》被译为了简繁两种中国语言，在那个充满巨大商业潜能的国家受到了热烈的欢迎。然而，似乎并不是每一个人都欣赏他对世界的看法。

《科学美国》的专栏作家迈克·舍曼（Michael Shermer）同时也是一个专业的批评家，他说道："我很喜欢他这个人，虽然他对我所说的每一句话都不赞同。"在一篇名为《量子骗局》的文章里，舍曼用一种幽默的方式来报复了电影《我们到底知道多少？》，他写道："这个电影的代言人是新时代的科学家们，这些人的各种专业术语听起来无非就是加利福尼亚科技协会的物理学家

---

1. 夏威夷土语。

和诺贝尔奖获得者穆雷·盖尔－曼（Murray Gell-Man）某次所描述的'量子梦话'！"

　　沃尔夫是这样回击的："我发现怀疑主义者是很有趣的谈话对象。"即使他和俄勒冈大学的物理学家阿密特·戈斯瓦米（Amit Goswami）有一些不同的观点，但是他们在很多问题上都意见一致，因此沃尔夫提出：大多数的科学家都有"语言障碍"。（坎达斯·珀特博士 [Dr. Candace Pert]，他发现了大脑的麻醉感应器，同时也是《情感的分子》一书的作者，他开玩笑地说科学家们宁愿用对方的牙刷，都不愿用对方发明的专业名词。）沃尔夫说："我们愿意被人发现我们热爱着我们自己、我们自己的观点，而不是别人的。我们都是这样，你要不是这样你成不了科学家。"但是沃尔夫不仅理解他的批评者们，而且很欢迎他们。"我认为我所说的很多事情都应该被质疑。我不会宣称我拥有绝对的真理，我只不过是表达一下自己的观点，尽量地表达得更清楚一点而已。"不管你是否同意他的"可能性矩阵"，量子博士确实为我们提供了很多精神的养料，而且有一件事是可以确定的：量子博士的观点既不乏味、也不无趣！

第十部分
未来

39. 对宇宙蛋上的裂缝的进一步研究：
约瑟夫·奇尔顿·皮尔斯的新书探索着超验的生物学
辛西娅·洛根

觉得那些电话推销员很烦人是吧？他们（更不用说那些电脑自动控制的电话推销了）能够激怒我们中间最有礼貌的人。但是这都无法与五十年前，一个家庭所遭遇的麻烦事相提并论。半夜的时候被门前一直不停息的敲门声惊醒，房子的女主人终于把门打开以后，发现最近刚崭露头角的作家约瑟夫·奇尔顿·皮尔斯（Joseph Chilton Pearce，《宇宙蛋上的裂缝》、《神奇的孩子》、《革命的终结》等书的作者）正站在那里。皮尔斯是来推销银器的，他受到了一股他称之为"不冲突的行为"的鼓舞，他后来承认当时他感觉到了一股力量，当然他错误地运用了这股力量。

当这个愤怒的母亲、睡眼惺忪的女儿和迷惑不解的父亲站在他们的客厅里盯着面前摊开的一堆闪亮的银器时，皮尔斯感觉到他的肾上腺素正在上升，他觉得这笔买卖一定可以成功。他回忆道："每一次这个妻子对丈夫发火，怒吼着'把这个小老鼠赶出去时'，我都感觉到了一阵兴奋，我忍不住开始大笑，一直笑到眼泪都出来了。我笑得越大声，这个母亲变得越生气，而父亲和女儿则看起来越迷惑不解。他们变得越来越失去控制，他们就会越脆弱。"最后，皮尔斯带着一大笔订单和预付的定金离开了这家人，在他离开的时候，这对夫妇手挽着手把他送到门口，还一再叮嘱他以后再来玩。"我意识到，当普通人处在不确定、怀疑、害怕等复杂矛盾的精神状态时（这就是我通常的精神状态），他们面对不冲突的行为，不仅毫无力量，而且还会严重被这一行为所吸引。"

皮尔斯开始意识到："现实的结构是可以改变的。"在他22岁的时候，他有过三次昏倒的经历，每一次昏倒他都感觉到他的意识已经离开了他的身体去了别的地方。后来，他白天在大学里学习，晚上则工作八个小时的夜班，每周六天，没有间断。他发现他可以根据自己的意愿进入"不冲突的状态"。于是，他的身体十分清醒地在一旁检查着他被指派给的机器，而他的意识却在另外一个地方，补充着他需要的睡眠。这样的安排效果很惊人：其他许多工人每个晚上都会被无数次的要求重新检查，但是皮尔斯却一次错误都没有犯过。

这类经验（还包括其他的经验）使他完成了他在70年代时的畅销书：《宇宙蛋上的裂缝》（The Crack in the Cosmic Egg），这本书开始写作于1958年，出版于1970年。"裂缝"指的是卡洛斯·卡斯塔尼达（Carlos Castaneda）所说的"一立方厘米的机会"，和狄帕克·乔普拉（Deepak Chopra）所说的"间隙"，在一瞬间的时间（我们所说的是十亿分之一秒）中，我们可以进入意识的另一种状态，进入一瞬间的超验性思想当中。这听起来很荒诞，但是皮尔斯说当我们完全接受死亡的时候，我们可以进入生命的另一个广阔的世界，这个世界是历史上的许多人都曾经描述过的。而且，在他最近的一本著作《超验

图39.1. 重要思想家、作家、主张教育革新的约瑟夫·奇尔顿·皮尔斯（照片由欧文·S·彼得森提供）。

的生物学》（*The Biology of Transcendence*）里，他宣称我们生来就是要超越我们目前的进化能力和局限的，同时他还解释了他所谓的"头脑"（head brain 智力）和"心脑"（heart brain 智慧）二者之间的动态联系，他说："智慧联系着生命最深的直觉，联系着我们存在的根本。"

"智慧存在于我们生命黑暗、神秘的内部。如果我需要用二元论来划分的话，那么智慧从本质上来说是阴性的。它是主观的、内倾的。在另一方面，智力则是客观的，向外的，在表面上影响我们的。智力以大脑为中心，是分析性、逻辑性的线性的。它总是在提问题，喜欢把事物分成一块一块的，然后再用新的方式把它们组合起来。它具有创造性。以脑为中心的、客观的智力是智慧的一种高度具体化的形式，也是我们进化取得的最新成就。"他还说道，智力必须和我们的心一起合作，而且如果低级的大脑结构要求比本身必需的更多的关注，那么智力会受到阻挠。

目前的生物学认为我们的大脑具有四个神经中心：第一个是脑干，或者叫"爬虫类脑"；第二个是在中部，或称为"缘脑"（因为处于脑干边缘，因此得名）；第三个是前脑，或称大脑皮层；以及第四个前额叶。皮尔斯认为，最后这一个负责了我们超越的能力。最新的前沿神经心脏学认为我们还有第五个神经中心——位于心脏。

很早以前，皮尔斯就开始对心脏感兴趣，他认为心脏"远远不止是一个水泵而已"。1995 年的时候，皮尔斯造访了位于加利福尼亚博尔德河的心脏数学研究院，他说："他们从全世界搜集各种研究资料，其中包括一卷从牛津大学搜集来的又大、又厚的医学资料，名为'神经心脏学'（Neurocardiology）。他们在这一领域的发现，远比在量子力学里发现非定域性更让人吃惊！"

皮尔斯概括了这门新学科的三个主要发现：1.百分之六十到百分之六十五的心脏细胞属于神经细胞，与大脑里的神经细胞一样。2.心脏是我们身体里最重要的内分泌腺，它产生了大量的激素，影响着我们身体的运行。3.心脏的每一次跳动都会产生 2.5 瓦特的电子脉冲，由此产生了一个与地球磁场相似的电磁场。他的新书里包括了许多心脏数学研究院提供的图表，而且详细地解释了所谓的"定格"（Freeze-Frame）程序：当我们处于压力当中时，一种用来获得心脏智慧的方法。

皮尔斯认为不管我们是要获得超越的体验，还是要铭记我们的文化对这个星球的暴力危害，获得心脏的智慧都是非常重要的。他说道："我们对自身的暴力、对这个星球的暴力，大大地嘲弄了我们所有的伟大抱负。最新的研究发现如果我们要解决我们文化中所存在的病态暴力，我们就必须弄明白新生婴儿、孩童他们的和平行为和暴力行为是怎样编码形成的，以及是怎样产生和发展的。"皮尔斯认为，大脑的生理结构实际上显示了一个人的兴趣癖好——他的著作里包含了一幅"普通"人的大脑扫描图，和一幅暴力成性的人的大脑扫描图，两幅图差别非常大，相当令人吃惊！

皮尔斯于 1926 年出生在肯塔基州的派恩维尔市，他从小就狂热地喜爱着圣公会教堂，而且一直是"西南维吉尼亚教区最虔诚的侍僧"。他后来拿到了南部地区最好的私立中学的奖学金（随后是大学奖学金和神学院奖学金）。不过，他的母亲站出来干预了他的未来。他回忆道："她提醒我，我们全家都是从事媒体工作的——她的兄弟和父亲，以及我的父亲——都是编辑和作家。"不过，第二次世界大战更严重地干预了他的未来。他的青春期后半段全是在陆军防空部队度过的，那时的他在为《我们为什么要战斗》这类电影抹眼泪，这个电影主要表现了各种暴行，用来激励未来的飞行员和炮兵队员面对各种大规模的战斗。

在空闲的时间，他读了威尔和艾丽尔·杜兰特（Will & Ariel Durant）所写的历史书籍。他说道："我在荧幕上所看到了那些恐怖景象，和这类书籍所具有的智慧的洞察力，让我顺理成章地成了一个无神论者。然而，我还是秘密地热爱着耶稣，而且以一种非常浪漫的方式来想象着他，许多年里，这就像是在内心保持着一份秘密的爱一样。我对上帝有很多质疑，但是对耶稣，这个最伟大的人、我们最伟大的榜样，我从不质疑他。"

战争结束之后，皮尔斯在一系列非常优秀的研究机构里继续了自己的高等学业，他去了朱利亚音乐学院、伦敦大学国王学院、洛杉矶音乐学院、美国南加州大学、威廉玛丽学院、印第安纳州立大学、日内瓦神学院，拿到了人类学的学士学位和硕士学位。他后来就在大学里教授人类学，一直到 1963 年。此后，他出版了七本著作，而且在美国的许多著名大学都演讲过，还包括英国、澳大利亚、新西兰、印度、加拿大、日本、意大利、比利时和泰国的一些著名大学。

皮尔斯的妻子在 35 岁时就去世了，他成为四个孩子的单身父亲。在此之后，他经历了一系列严重的超自然事件，致使他"几乎失去了正常生活的能力"，不过，又是一系列的奇迹让他保住了他的工作、他的孩子，让他能够继续写作。后来，他再婚，又生了一个女儿，现在这个女儿已经 21 岁了。现在，皮尔斯住在维吉尼亚的蓝色山脊地区，他很享受和十二个孙子孙女一起的生活，更让他高兴的是，他的大多数孙子孙女都是在家里出生的，就像他的大多数儿子女儿一样。自然生育、母乳喂养，以及华德福教育[1]（由鲁道夫·斯坦纳[Rudolf Steiner]创建，皮尔斯对其评价非常高，认为它是未来教育的体现），华德福教育是皮尔斯认为唯一不需要被摧毁的一种教育形式，在他看来，它对精神性的发展至关重要，他在他的书里经常都提到这个教育法。他说道："我的七本书、儿童发展的四个中心，已经被很多大学的课程所采用了。"

的确，皮尔斯这个瘦小的男人，是孩子们的一个巨大的守卫者，他一直领导着人类发展运动——许多年来，一直坚持不懈。他是瑞士荣格研究院的工作人员；在印度超个人心理学的第七次年会上作了题为《人类发展的新模式》的发言；牛津大学请他为现代分娩技术对智力发展的影响做了演讲；在加拿大政府发起的一个专题讨论会上，他和土著美洲人一起讨论怎么防范暴力和滥用药物。索尼公司举办了一个为期十七天的系列讲演，主题是日本的未来教育和夏威夷的预防犯罪委员会，邀请皮尔斯来讨论了目前在那里引起犯罪和暴力的因素。路易斯安那州发起了一个关于美国家庭所面临的犯罪的演讲；哈佛大学、加利福尼亚大学和斯坦福大学的三个不同部门分别发起了与他的工作有关的教育研讨会。加利福尼亚政府（前施瓦辛格政府）邀请皮尔斯为他们的两个立法项目进行演讲，这两个立法项目是关于儿童和家庭所面对的挑战的。去年，哥伦比亚大学也邀请他参加了一个特别会议，会议的主题是21世纪的教育。

不过，他仍然有时间去从事他认为具有特殊价值的事。他以社会的方式来定义文化，认为文化是一种"学会生存的战略知识，我们通过教育和示范传递给下一代"。因此，文化就其本身来说，是由我们的爬虫类脑干来驱动的，它同时连接了我们反射性的、基本的防御生存本能。另一个方面，一个社会，则包含了我们通常所谓的"文化性"的内容：艺术、文明、有教养的行为等等。因此，他表达了他的观点——关于将孩童们错误地"社会化"的观点，尤其是当孩子们第一次探索这个世界时，我们不应该总是对他们说"不！"他说道："当我们听到那些我们无条件信任的人对我们做出负面的评价时，我们的内心就会经历复杂的冲突和自我蔑视。"

这种负面的评价最终导致了我们文化的形成，皮尔斯说道："现在我们能够看到的新闻，基本都是负面新闻。不管是以什么样的形式：新闻、电视、政治、经济、生态学、健康、教育或者宗教，如果不是以负面的消息来吸引我们，我们根本不会去注意它。"他同时还提出了在我们的婴儿时期，缺乏养育、爱、活泼玩闹的行为，以及母乳喂养都会造成一系列的大脑反常以及抑郁、好斗、不能控制自我、滥用药物、肥胖和暴力。

让我们再回到心脏的（阴性）智慧，这同时也是女性力量的回归，特别是涉及繁殖、生育和抚养时，皮尔斯希望女性是人类未来之"心"。他把这称为

---

1. 华德福教育是一种以人为本，注重身体和心灵整体健康和谐发展的教育。由奥地利教育家鲁道夫·斯坦纳于1919年在德国创立，现已遍布全球。

"夏娃的复活"。创作《夏娃的神秘嫁妆》（*The Secret Dowry of Eve*）一书的格林达·李·霍夫曼（Glynda Lee Hoffman）认为夏娃产生于亚当之前。皮尔斯戏谑地说："只要是个生物学家，都确信这一点。"他同时还引用了柏拉图的名言："给我一个新的母亲，我就给你一个新的世界。"母亲的角色就是他所说的"大自然的必然模式"。

他说道："发展需要一种可以促使大脑获得能力的模式。如果没有这种模式，就没有发展。人、自然和这一模式的特性决定了人、自然和智慧的发展。如果我们希望我们的孩子成长为什么样的人，我们就得是这样的人。"

虽然，皮尔斯后来也研究过穆塔南达尊者[1]，与 SYDA 瑜伽教派基金会合作了十二年，而且他认为大多数有智慧的人都有过超越的体验，但是每当皮尔斯想要描述我们追求的到底是什么时，他还是会回到他幼时的英雄那里去："现有的文化既孕育了宗教和神话，同时也被宗教和神话所孕育，作为一个新的智慧进化的模板，耶稣因为现有文化的作用，而遭遇了、或一直遭遇着一个无情的命运。但是对我们来说，十字架既象征着死亡，也象征着超越——我们文化的死亡和我们对它的超越。如果我们把十字架从它的宗教神秘性和《圣经》神话传说中提取出来，十字架就是我们文化宇宙蛋上的一个裂缝，它打开了我们对自然的新的看法，是我们文化发展的真正方向。"

虽然，他还没有网站，但是你可以登录迈克·门迪亚（Michael Mendizza）为"接触未来"创建的网站在线了解一些皮尔斯的观点。（ttfuture. org——select "Joseph Chilton Pearce"）

1.Swami Muktananda：印度神秘主义大师。

40. 质疑公认的现实：
一个最新的流行电影让人们开始思考那些不能思考的问题
帕特里克·马森勒克

电影《我们到底知道多少？》让人们讨论了是什么构成了现实，以及我们的意识对现实有着什么样的影响？这部电影以量子物理学为切入点，试图建立一种另类的宇宙观。这部电影要告诉我们的信息其实很简单：我们的意识确实在我们所经历过的现实中扮演着一个重要的角色。

这个信息引起了许多人的兴趣。像一神论教会、巴哈伊宗教[1]组织，以及意念科学协会[2]这样的团体都认为这个电影所表达的内容与他们的信仰相符。但是在另一个方面，保守的宗教、主流科学界和心理学家则认为这部电影错误地阐释了科学，是在误导观众。

我们来看看这部电影——一般意义上的量子物理学——是怎样质疑我们通常所认为的现实，以及是怎样颠覆我们的信仰的。稍后，我们会给你一个简单的练习，你可以自己来挑战你对现实的理解。

在量子理论中，有很多关键的概念都在威胁着主流的唯物主义观念，而后者在我们的文化中占据着主导地位。这些关键的概念包括：构成现实的基石不是物质，而是量子，也即一团又一团的能量或信息；现实依赖的是事件，而不是事物；量子事件是没有因果关系的——更准确地说，一切东西都天生具有不确定性和不可预测性；事件具有互补性，我们必须用既是身体的、又是能量的方式来描述它们；最后，量子事件具有一个奇怪的特性——观察者的意识往往会影响量子事件。

正如电影里所展示的那样：观察者效应通常被用来作为那些非唯物主义者们的"依据"——那就是，意识非常重要，它并非仅仅是我们大脑的副产品。在量子物理学中，意识和物质是互相联系的。科学唯物主义者——那些无条件的坚持物质第一位的人——很讨厌这样的联系。意识的地位现在变得越来越高，这也是为什么这部电影会在两个阵营里都引起这么大的反响的原因。

量子物理学给了我们一个全新的世界观，这个世界观与我们曾经被灌输的什么是现实的观念完全不同。即使是那些善于接受新事物的人，也会发现短时间里很难掌握非定域性、量子相关的、宇宙的基本不可预测性这类概念。就像这个电影所做的那样，当我们认真思考这类问题，会让我们每一个人都质疑我们公认的那些关于现实的真相。这一整个思考的过程会严重颠覆所有我们认为

1.Baha'i：巴哈伊教源自伊斯兰教什叶派，创建于19世纪的波斯，但由于教义发展已经脱离了伊斯兰教的观点，形成一个新的宗教。现已遍布世界各地。

2.Institute of Noetic Sciences：由米切尔博士于1973年创建，主要从事科学与精神层面的相关研究。

图40.1. 在《我们到底知道什么？》的电影中，由马莉·马特林（Marlee Matlin）表演的怎样通过图片与阿曼达（Amanda）建立大脑的精神联系。

正常的观点，也许会让人很不舒服。

心理学家查尔斯·塔特（Charles Tart）创造了一个词：公认的现实导向（Consensus Reality Orientation，简称 CRO），用来指称我们普通的、日常的意识。他同时认为这是一种精神催眠。当我们被催眠的时候，它可以让我们每一个人融入我们的社会当中去，同时也会将我们限制到一种单一的世界观中。这种文化催眠比我们曾经有意识地接受过的任何建议、催眠都更加强大和彻底。我们当前所接受的唯物主义观点已经统治世界超过三百年的时间了。这种公共的催眠从我们出生就开始影响我们，贯穿了我们的整个成长过程，在我们接受高等"教育"时达到顶峰。这就是为什么我们不能接受另外的世界观的原因。那些受"教育"程度最高的科学家通常就是最坚持"公认的现实导向"的人。

当然，总是会有一些人提出一些与公认的思想不同的观点，这通常会引起相当严重的后果。两千四百年前，苏格拉底的思想被人们认为是非常危险的，因此他被判了死刑。他的学生柏拉图因此提出了"洞喻"，他让我们想象人们都被限制在一个洞穴里，只能看到一个影子的世界。他的这个寓言故事无疑是对社会"公认的现实导向"所作的评论，同时也指出了要改变思想是多么的困难。如今，为了维护文化的 CRO，仍然存在着巨大的压力。不久之前，一个敢于冒险提出非唯物主义观点的科学家，很快的就被拉入了黑名单，变得声名狼藉。给一个科学家贴上"疯狂"的标签就如同判他入狱一样。

改变 CRO 有着十分强大的内在困难。那些经历过濒死体验的、灵异事件的或者宗教觉醒的人有时会出现精神和情感上的不稳定。一方面，他们也许会感觉完全与他们的日常生活失去了联系，无法交流他们的经验。另一方面，他们也许会遭到压制、批评和嘲笑。不幸的是，对他们中的一部分人来说，自我

图40.2. 作家、教授查尔斯·塔特是国际著名的超个人心理学研究家、通灵学研究家和精神状态改变研究家。

毁灭和死亡是唯一的解决方式。而另一些人，也许会重新获得健全的理智，但是却很难再掌握它。就像在你清醒了之后，很难继续做之前的梦一样。如果一个经验无法融入你个人的或者文化的 CRO，那么它就很难被记住。

从另一方面来说，如果我们能够坚持来自其他的"公认的现实导向"的深刻经验，那么这些经验足以改变我们的生活。一分钟"灵魂出窍"的迷狂体验可以产生一个能够延续一生的全新的目标感。

如果我们对这部电影或者对量子物理学的含义有着任何正面的和负面的反应，那么我们应该特别注意。我们的反应也许会让我们接触到我们的"公认的现实导向"的最基本的假设。问题也许就不是"什么是现实？"而是"如果我们总是通过我们个人的'公认的现实导向'这个过滤器来感知事物，我们怎么能知道什么是'真正'的现实呢？"我们都根据我们自己内在的"公认的现实导向"来接受或者抵制不同的思想。当我们想要相信某件事时，我们就相信，根本不会考虑那些相反的证据。琼斯镇上的那上千名吉姆·琼斯 [1]（Jim Jones）的追随者显然相信他们正走在一条通向真理的道路上。我们这些思想"没有解放"的人当然不可能理解他们选择死亡的含义。我们把我们自己看成是幸存者，我们肯定他们都是错误的。

当我们改变想法的时候，我们会从每一种"错误的"催眠中走出来，我们能更好地理解现实，这样我们才能生活在一个更真实的现实当中。在这一过程当中，每一次"公认的现实导向"的改变，都会成为一个新一轮的催眠，否认之前的所有判断。就绝对的真实而言，没有任何观点是真实的。如果我们只知道阴影，那么阴影就是真实的。只有传统的理性主义才会寻求对绝对真实的具体化，妄下判断。如果意识是制造的，那么这就意味着我们总是在改变我们的意识和观点。谁能肯定我们当前的"公认的现实导向"是真实的呢？

那些属于新时代运动的人认为这部电影再次确认了他们所了解的现实，或者说确认了他们想要去了解的现实。但是对那些唯物主义者来说，这部电影明显是错误的，它提出了一个威胁到现实的根本基础的危险思想。这两个结果都

---

1. 吉姆·琼斯 1953 年在美国创立人民圣殿教。最初这只是一个普通的宗教团体，后来变成了邪教组织。1978 年 11 月 18 日，这个教派的上千名信徒在南美洲圭亚那琼斯镇发生集体自杀事件。

足以证明我们上面提到的关于"真实"的观点。

我们的意识很擅长于将这个世界融入于一个科学的思维模式中，知道这一点是很有帮助的。我们能够制造一个观点、一次观察和一次经验，然后再决定我们的知识和经验是否符合这个观点。科学思维要求我们用真实的经验来检验我们的观点，而不是根据我们的喜好。但问题是，我们无法判断什么样的经验是真实的。在不同的"公认的现实导向"中，一个经验的真实性是不同的。唯物主义者说只有可以被客观研究的才是真实的，但是这个定理无法运用于那些无形的现实，比如重力、爱和意识。然而，科学家们却正是由此来决定重力存在的真实性和上帝存在的真实性。唯心主义者则认为这只不过是意识而已，"我在"存在于所有的经验当中，这就是最终的"真实"。在不同的"公认的现实导向"体系中，以上两种观点都可能被看作是正确的。

量子物理学将科学家和唯心主义者拉拢到了一起。量子物理学家大卫·玻姆（David Bohm）深深地为意识如何影响现实而着迷。他认为我们的语言以一种强有力的、细微的方式将我们的世界建构为碎片化的和静态的。思想倾向于在我们的脑海中创造一个固定的结构，这会将动态的事物固定化。玻姆用一个慢动作的方式来说一个名词，这是指我们的思想是怎样缓慢地固定化的。举个例来说，你正在阅读的这本书的这一页很显然是一个固定的存在，但是我们都知道就在这一刻这一页都在发生着变化，它无疑正处在逐渐变为灰尘的过程中。

在量子物理学里，单纯的对量子——能量和信息的最基本的组成形式——进行观察会导致他们要么进入一个物理电子学的领域，要么进入一个能量波的领域。与之相似的，我们的思想也将宇宙中无边无际的创造力变为了具体的客观对象，而后者不过是前者的影子而已。当每次我们试图用语言来描述一个对象，或者思考一个问题时，我们就在进行着这样的变形。

只要我们继续用逻辑的思维方式来寻求现实，继续用语言来构建我们的思想，我们就永远处于局限当中。寻求一个"真实"的现实，同时就是建构一种思想，它限制了我们的意识。玻姆会说没有一种绝对真实的现实比得上一个真实的日出、一个吻和一首诗。我们所寻求的真实，实际上，也许就是一个不能被概念化的创造过程。动词"求真"（truthing）可能是一种用来描述我们所经历的更加真实、更加有意义的事情的更好的表述方式。

所以，我们根本不用惊奇，为什么玻姆对量子物理学的研究会让他在后期转向了对意识和意义的研究。他认为假如我们能够在与人交谈时，或者在自然世界中，保持对我们思想过程的自觉意识，那么我们就能够学会怎样消除我们思想中固有的假设和信仰。玻姆的这种对话方式，不是为了获得一种特殊的真实，也不是为了劝说他人接受你的观点，而是为了分享有意义的经验。我认为这也是为什么《我们到底知道多少？》会产生如此大的影响的部分原因。这部电影就是为了获得这种开放式的对话，将我们从我们自己占主导地位的 CRO 中解放出来。不管我们想要提出的是什么样的真理或者还是非真理，任何意识的改变都是有意义的。

塔特多年来一直致力于研究集体无意识和催眠术，他发现当个体处于深度的催眠当中时，或者处于其他迷狂的恍惚状态时，他能够让超出他自身的CRO发生改变。我自己也是一个催眠术疗法治疗师，我在工作中见过类似的情况。当你重复问一个正在进入催眠状态的人相同的问题时，比如说："你是谁？"他或者她最初也许会回答你名字、工作或者其他身份标志，但是随着他或她的精神状态的改变，答案也会发生变化。在深度催眠当中，最初的身份标志会逐渐减弱，他会感觉到自己所具有的某种特定的身份和结构的限制在变少。在塔特所写的一篇关于深度催眠的论文里，他描述了他的一个病人怎样在催眠中变得越来越感觉到自己具有无限的潜能。他感觉到自己就是世间万物，毫无限制。他的经验无疑附和了量子领域里的量子潜能理论。

量子物理学的批评家们宣称这一理论不能应用于我们所生活的现实当中。当然，如果我们仅仅将注意力集中在客观的、物质的现实上，我们永远都不会看到量子效应。我们内心丰富的体验因为并非是理性、有效的，所以总是被忽略。但是神秘主义者们，那些处于深度催眠中的人们，以及其他逃脱了CRO的人们的经验确实反映了量子潜能。这些人也宣称，在决定什么是现实时，非理性的精神体验至关重要。

我通过自己的经验，以及对我的病人的观察，清楚地知道改变CRO有着什么样的意义。改变观点可以给我们的生活带来一个全新的感受。我们所做出的每一个小的改变——濒死体验并不是一定的，也并非可取的——都让我们远离某一种特定的思想，变得更加开放，更能贴近生活。

我很感激这部电影让我们创造性的想象，让我们扩展我们自己的CRO。就像爱因斯坦所说的那样："我并不完全是靠理性思维来发现的相对论。"科学必须通过创造性和开放性来获得知识。我们必须体验其他的观点才能知道它们的价值所在。如果你只知道客观的理性，你就不会发现非理性的意义，不会发现催眠的意义，你也不会尊重这些经验。

这部电影同时还提供了一个具体的练习，用来体验一种不同的世界观。乔伊·迪斯彭奇博士（Joe Dispenza）说他是这样来创造他的生活的："我早上醒来的时候，我有意识的按照我想要它发生的方式来创造我的生活。"他花了几个月的时间来想象他是一个天才。然后他继续他的日常生活，等待着变化的产生。"在一天的某些时刻，我会突然出现一些惊人的想法，这些想法会让我的身体无缘无故地打了一个寒战。"这些想法和感受证实了他的目的，更为重要的是，给了他创造现实的体验。

在我所教的自我催眠课上，我看到过类似的有意识的改变。一个学生制造了一个有效的自我暗示，他先是进入催眠状态，然后向他自己的潜意识重复这一暗示。接着，当他回到日常的生活当中时，他的行为会根据他的意图发生重要的改变。当然，以上的这些都不能证明意识会影响现实，但是有过这一经验的人确实感觉到他们能够更好地控制他们的生活，而且他们开始了不同于以往的生活和体验。这个效果是真实的。如果你练习制定一个目标，你也会感觉到你的思想在发生改变。这也是我为什么同时在练习和教授远距离观察的重要原因之一。在一个遥远的地方直接感知某一事物强迫我脱离了分离主义和唯物主义的"公认的现实导向"。

现在的问题是：你到底是想要巩固你的"公认的现实导向"呢，还是有兴趣试一试其他的世界观呢？如果你想要改变，那么你就去看看《我们到底知道多少？》这部电影吧。现在这部电影的 DVD 也已经出了。你还可以去参加相关的讨论。不过要注意，如果你想要知道量子物理学所认为的现实，你还得有真正的体验才行。单单是讨论还是不够的。你必须寻找机会迫使你自己开阔视界，感受其他的观点。这也许不会是愉快的体验，但是它值得你去试一试。

我会用一个简单的、实用的练习来帮助你改变 CRO。你需要准备一个辐射计、一个光源，以及一个开阔的心胸。辐射计是一种科学设备，它看上去像是一个电灯泡，在近乎真空的内部悬挂着一个可以活动的风向标。当光接触这个风向标的表面时，会让它旋转起来。然后你将这个辐射计放在一个位于光源下的平坦的、稳固的平台上。接着你就可以尽情地欣赏风向标的转动。不需要去控制顶上的那个光源，你可以用你的意念来让这个风向标停止转动。当我做这个练习的时候，我首先将注意力集中在风向标旋转的运动当中，我想象我自己和它融为了一体，在我自己的体内感觉到这一转动。当我感觉到这一联系建立起来时，我停止了我的想象，让我的身体平静下来，而这个风向标也随着我的平静慢慢地停止了转动。（知道怎样冥想，或者怎样自我催眠会更有帮助。）当它停止转动时，我亲眼见证了我的意图。你可以自己试一试，你也许还能发现一个更适合你的方式。

在你的日常生活当中，怎样停止一个风向标的转动也许没有多大的意义。然而，通过这个练习，你可以认识到你的意识能够影响物理现实。这个认识有着巨大的意义，它说不定能改变你所处的现实呢。

41. 从阿波罗到零点：
什么时候在月球上行走才能成为再普通不过的事？
J. 道格拉斯·凯尼恩

对于身兼宇航员和灵异事件调查者两种身份的埃德加·米切尔（Edgar Mitchell）来说，20世纪40年代在新墨西哥州罗斯威尔附近的一个家庭农场长大，对他以后的命运影响重大。举个例，在他去上学的路上，他会经过在此隐居的火箭专家罗伯特·戈达德（Robert Goddard）的房子，罗伯特在20年代鲜为人知的研究启迪了德国在第二次世界大战中的弹道导弹，也为四分之一个世纪之后米切尔自己的月球任务铺平了道路。这里同时还有各种各样的用木头和胶布做成的飞机可供飞行——对于一个年轻的、想要尝试的飞行员来说是个绝好的机会（米切尔的第一次个人单独飞行是在14岁时）。米切尔年少的时候，正是美国秘密开发原子能的时代，他目睹了布满白沙岛附近天空中的诡异燃烧，相当震惊。不久之后，另一个更加奇怪的事发生了，据说一个飞碟坠毁在了离

图41.1. 宇航员埃德加·米切尔（照片属于NASA）。

他家只有几十英里的地方。这件事同样给米切尔的未来留下了影响的痕迹——差不多半个世纪之后才渐渐显露出来。

作为少数能够在外太空欣赏过地球的人之一，以及作为少数能够真的登陆另一个星球的人之一——就我们目前所知，全世界仅有十二个人有过这样的经历，米切尔和另一位作家德怀特·威廉姆斯（Dwight Williams）最近刚刚完成了一本新书：《探索者之路》（*The Way of the Explorer*，纽约：普特南出版公司，1996）。这本书描述了许多在外太空和在地球上的与众不同的经历，它向我们展示了一个比权威科学机构告诉我们的更加神奇的和更加神秘的宇宙。在这一方面，大多数米切尔的同行都勇敢地承认过宇宙实际上远比我们知道的更加神奇。

在这本书里，米切尔详细地描述了他所经历的大量传奇的事件——全部是以科学的方式，比如他在月球上试图用心电感应的方式来和地球上的同事们交流，这个戏剧性的事件从未被报道过，然而，实际上，它取得了非常好的效果。不过，他与无穷真正重要的相遇是在1971年的这次任务中，他在返回地球的行程上经历了一次永远改变他的生活的事。这次遭遇最终形成了他在这本书里的革命性的结论，当然，同时也是充满争议的结论。

他写道："……当我把视线从远处的地球转移到浩瀚的太空中时，我突然认识到宇宙的本质与我所被告知的完全不同。我过去所理解的那些分离的、相对独立的天体运动知识被彻底摧毁了。我的精神产生了一次新的顿悟，这种顿悟让我感觉到一种无处不在的和谐——我感觉到我和飞行器外的那些星体都融为了一体。"

对于米切尔来说，这次经验——他后来把它描述为一次顿悟——是如此深刻和动人，它将无可挽回地改变他的生活。虽然他后来继续从事太空计划，并为阿波罗16号充当后备人员，但是这种探索未知问题的冲动一直主宰着他，因此他很快在70年代初期的时候建立了意念科学协会（the

图41.2. 埃德加·米切尔在月球上行走（同上）。

Institute of Noetic Sciences）。

　　米切尔在麻省理工学院获得过航天学和太空航天学的博士学位，这使得他能够充分认识到西方科学在处理意识和无形的现实这类复杂问题时的缺陷。他自己的研究就已经得出了许多数据，这些数据都与当前关于可能性的认识不相符合。

　　不久之后，他遇到了陈罗布（Norbu Chen），一个在西藏接受过佛教训练的美国人，他让米切尔大吃了一惊，因为他成功地治愈了米切尔母亲的慢性眼疾。从此之后，陈罗布为米切尔提供了大量的研究资料。后来，米切尔又遇到尤里·盖勒（因为能够用意念将汤匙柄弄弯而闻名的以色列人），他们俩随后一同发起了大量的实验，用来证实他们所认为的真相。（米切尔坚持认为盖勒并没有成功地被戳穿过，不像某些人宣传的那样，实际上，刚好相反，那些揭秘者们还有很多需要去解释的。）

　　他通过自己的研究，再加上前沿科学界所取得的一些更加奇特的实验结果，得出了"事物之间的非定域性内在关联"的证据，这在他的书里被他称为可以

图41.3. 在成功实现月球行走后，宇航员埃德加·米切尔返回地球（同上）。

解释一切的一个"二元"（dyadic）模式。他总结道：宇宙都是由一组一组不可分割的二元结构所组成的，这些二元结构都是从一个"零点"（zero point）产生到时间和空间中去的。零点指的是宇宙的自我智能生成源头，它是存储了和保存着所有信息的地方，它能在宇宙中引起共鸣，因此，从理论上来说，我们能够从它获得所有的知识——这与某些宗教所说的"启智"非常相似。

米切尔最近将零点定义为："零维度。在数学上来说，是一个点，而非一条线、一个平面或一个固体——它是量子涨落——它就像一面镜子一样，但生成的是一个实质上的图像，它逐渐地形成了宇宙的共振。"米切尔对尼古拉·特斯拉、约翰·基利，以及其他致力于——而且已经明显取得了成效的——将宇宙开发为普遍可利用的能量源头的这类工作充满了热情，他在其中发现了能够进一步证实自己观点的可能性。他谨慎地说道："如果他们是对的，当然，很多人都认为他们是对的，（他们所说的能量源）可能就是我们所说的具有非定域互联性的零点场。"

有一个实验是他特别重视的。巴黎大学的一个名为阿兰·阿斯佩（Alain Aspect）的物理学家向我们展示了产生于同一个源头的次原子粒子们，不管它们之间的距离有多遥远，它们仍然保持着彼此之间的适当的量子关系，不管其中的一个或者另一个发生什么样的变化，这种关系始终存在。这意味着粒子之间存在着某种特殊的联系，这种联系超越时空的限制，超越了光速。

最近，米切尔同意与我一起分享他的想法。我与他在他位于佛罗里达州的家里碰了面，他与他的第三任妻子希拉，以及儿子亚当住在一起。他在安抚了那只一直咆哮不停的雪纳瑞之后，我们一起喝了草药茶，然后他向我谈论了他的那本书、他的理论、不明飞行物、政府掩盖计划、远古神秘事件等等极具争议性的问题。

尽管近些年来，阿斯佩实验对于大多数宇航员来说是个禁忌话题，但是偶尔他也会根据谈话的氛围和别人谈论一下。他轻声笑着说："在我飞行之后，很多我这个圈子里的人都跑到我的办公室来，他们说'告诉我你的经历，这太刺激了'，但是他们看上去都神神秘秘的，尤其是他们进来时，都小心翼翼的，总是很谨慎地关上门。"

对于埃德加·米切尔来说，每次公众要接受他的观点时，他都能发现关上门的这种情形，不过他不愿对此置评。虽然他承认遭到了一些人的反对，但他更愿意指出这是因为这一领域还很难拥有确切的证据："我们要处理的是自然界中极其微小的层面，需要非常复杂的验证过程，同时还需要大量的金钱。"至于目前存在的最严重问题，他认为是同行审查系统，即那些专业杂志有权决定出版他们的研究论文到底有没有价值。在这个方面，他认为这整个系统都是"令人恶心的……坦白的来讲，大多数编辑都不具备良好的素养、缺乏正确的评判能力，因此他们总是否定我们的文章。如果他们不喜欢这个文章，他们就会把它推脱给同样也不会喜欢这篇文章的人。如果他们喜欢这篇文章，他们就会推荐给同样也会喜欢这篇文章的人。同行审查制度就是这么的政治化。"最后，他重申了他的观点，并强调在理论上他并不反对这一制度。

最糟糕的是虚伪，正如在人类的大多数工作领域都会出现的一样："我们谈论科学之美，谈论客观性，但是我们仍然让我们的情感、我们的权利、我们的贪婪——我们人类的劣根性——参与到我们所做的每一件事当中，这包括同行审查制度。"他是否在暗示在大多数情况下，我们个体还是更愿意保护自己的权利，而不是真理？他说道："当然！我们虽然已经停止将巫师们处以火刑，但是我们显然还没有停止迫害！"

尽管他清楚地知道政府总是在限制某些消息的传播，但他仍然很愿意揭露某些被压制的事情真相，尤其是在涉及 1948 年发生于罗斯威尔的"外星人"事件的问题时。他抱怨道："你所想要做的不过是在信息自由的权利下了解一些信息而已，但是你得到的却是空白文字。换句话说，如果你想要多知道更多的罗斯威尔事情真相，而不仅仅是官方所给予的热气球爆炸的答案，你除了那套标准的陈旧说辞外，还是什么都不会得到。这些说辞都经过了一道又一道的审查，它是毫无意义的。"

米切尔说罗斯威尔事件发生时，他 17 岁，但是他本人并不清楚事件的经过，不过他的父母们都知道。最近这些年，他与当初离事发地点最近的很多目击者都有过接触，其中包括小杰西·马塞尔（Jesse Marcel Jr.）。米切尔很清楚他们中的大多数仍然很害怕说出真相。因此米切尔承认他并没有关于这一事件的第一手消息，他只是说道："那些有过第一手经历的人们，都签署了相关的安全协议，这确保了他们不会泄露任何有关外星人访客的消息。"不过他乐观地期望有一天罗斯威尔事件会真相大白。

1996 年 NBC 的日界线（dateline）节目访问了米切尔，他在节目里说道："我曾经遇到过三个来自不同国家的人，他们都宣称曾经和外星人有过亲密的接触。"在这个节目里，他还嘲笑了美国空军所给出的罗斯威尔事件是由于测量天气情况的侦查气球爆炸而产生的这一解释："当地的人们都说这纯粹是胡扯。"那么他是否认为这是外星人来访呢？"就我所知，以及就我当时所经历的，我认为证据是很明显的，但是政府将大部分的信息都保密起来了。"他同时还告诉日界线节目，他从一些官居要职的前美国官员们那里得知，美国政府从罗斯威尔的外星不明飞行物那里获取了许多工程秘密。但是日界线栏目除了官方所给予的那套陈旧说辞外，没能从官方那里再获得任何其他的回应，因此这个节目表示："没有任何证据显示罗斯威尔事件中所出现的'不明物体'是地球外的生物。"

至于那种认为现代科学不过是重新发现了已经失传的远古知识的观点，米切尔认为这只是部分正确。他说道："现代科学生产的是特定性，是一种观察细节的新方式，现代科学用来测量细节的方式是过去的人无法做到的。远古的人只能在直觉上感觉到事物的一个大致轮廓，但是细节他们无法知道。要把这些东西整合到一起，就需要现代科学。"

远古时期的人是否拥有先进的科技？米切尔承认在这一方面有很多的证据，比如说那些远古遗迹在工程学方面、在精细的结构方面都显示出了高超的科学水平；还有他们的思想中所暗示的天文学知识，比如说岁差现象等，米切尔似乎顺理成章地倾向于远古时期的太空人的解释。同时米切尔也对撒迦利亚·西琴的研究非常感兴趣，他很愿意看到这一方面有更多的严肃研究，希望这些研究能够进一步证实地球上的文明起源于外星人的移植。

至于其他相关的话题，我们就不得不戳到米切尔的痛处了。最近太空研究家和作家理查德·霍格兰（Richard Hoagland）在华盛顿特区的新闻发布会上控诉道：阿波罗 12 号和阿波罗 14 号的宇航员们降落在了月球上的远古遗迹当中，但他们发布的照片却是在掩盖这一发现。米切尔对霍格兰的发言表示蔑视。米切尔指出，阿波罗计划采用的是向全世界现场电视直播的方式（这让霍格兰所说的掩盖变得不可能），而且霍格兰在提出指责之前也并没有向他寻求任何证实或意见（虽然做一切不需要费什么劲）。"除非他拿着枪对着我，我才会说：'嘿，快来看看，这里有好东西。'如果他说这一切都发生在我执行任务的时候，说我们错过了一些东西，或者说我们掩盖了一些真相，那么他就是在自己打自己的嘴巴，因为我们没有掩盖什么，也没有错过什么。月球上什么都没有。他所说的一切都是在胡扯。"不过，米切尔承认，也许霍格兰在他的那本书《火星上的遗迹》里所提出的"火星上的人脸"的猜想有一定的道理。米切尔认为，很多统计学的分析都显示了在基多尼亚平原[1]上不仅仅存在着纯自然的信息。他长期以来一直支持开展一个火星计划，希望能够以此来解答所有的问题。

不管他认为未来的星际探索也许会有怎么样的发展，米切尔并不是那么肯定我们能够对那个超越了死亡边境的"未知的王国"有多少了解。虽然他认为人死之后也许会留下些什么，但是他怀疑："整个过程和我们曾经预想的也许大不相同。"在米切尔看来，个体所积累的知识和经验——他更愿意用信息这个词来描述它——会完好无缺地保留在宇宙的零点场中，而另外的个体可以通过适当的共鸣来获得它。他认为这解释了前世今生的那些传闻。在米切尔看来，这一现象和我们对灵魂的经典描述并没有什么不同，虽然他并不相信脱离了肉体的灵魂能够在三维的空间里存在——软件总是需要硬件的。他解释道："当前一个人类是一个自觉的有机体，但是在这一刻之前的所有的一切都只是记忆。一切只不过是存在于你记忆里的信息，或者也许是存在于另外某一个地方的信息。我在这里要说的是：经验——以信息的形式存在——根本不会消失。因此，在原则上来说，任何一个能够拥有这个信息——总的信息——的人就是本质上的那个人。"

对米切尔来说，零点在本质上是与上帝相等的——智慧、自我组织、利用信息实现发展。"如果我们是宇宙的产物，我们自身是自我组织的、智慧的，那么宇宙就是自我组织的、智慧的，它与我们所描述的神是一样的。"

埃德加·米切尔对自己的未来的描述是"更像现在"。意思是说他还会写更多的书，对意识的巨大潜能进行更多的探索，而且也许是和具有艺术特质的媒介一起合作。

1.Cydonia Plain：火星上的某个地区。1976 年，美国的"海盗 1 号"火星探测器在这一地区拍到了一张"人脸"照片，尽管美国宇航局宣称这张火星"人脸"照片是阳光阴影形成的特殊效果，但很多科学家认为这证明了火星上曾经存在着文明。

　　米切尔已经开始和好莱坞的制片商罗伯特·沃茨（Robert Watts，他曾经和乔治·卢卡斯以及斯皮尔伯格一起合作了《星球大战》系列电影和《印第安纳·琼斯》系列电影），以及其他一些人联合制作北塔（North Tower）的电影。他们的目标是要生产能够提高自我意识的东西，用来帮助促进我们这个小星球所需要的发展。米切尔认为媒体在这一过程中扮演着非常重要的角色，"就像科学家一样"。但是，他同时指出："媒体必须能够公正客观的报道。"

　　一个科学、政府和媒体和谐相处的世界：这听起来像是一个好的开始。在米切尔看来，月球仅仅是走向无限的第一步而已，不管是外部世界的无限，还是人类内在的无限。希望，不久之后，其他的人也能够有机会开始类似的探索，而且能够不受到某些"文明机构"的干涉。如果这些机构执意要干涉，那么也许他们有一天会发现自己就跟用木头和胶布制造的飞机一样的过时。

部分作者简介

艾米·艾奇逊（Amy Acheson）

艾米·艾奇逊是俄勒冈州的自由撰稿记者和研究员，她和丈夫梅尔·艾奇逊（Mel Acheson）研究地球灾变说已经四十多年。2000年以来，他们和华莱士·桑希尔（Wallace Thornhill）、大卫·塔尔博特（Dave Talbott）一起合作创办了互联网电子杂志《透特》（*THOTH*）。

彼得·布罗斯（Peter Bros）

布罗斯是故障分析报告协会（FAR）主席，拥有 120,000 件东部地中海沿岸的人工制品，包括大概 20,000 手稿，其中有着两千多年历史的古代卷轴。作为交感科学（peterbros.com）的评论者，他不同意一条早已被广泛接受的真理：物体之所以下落是因为它们有下落的性质。为了挑战现状，并颠覆实证科学的概念，他写下了九卷本的《哥白尼系列》（*The Copernican Series*）。这套卷帙浩瀚的著作展示了宇宙中物理真理与人文空间和谐一致的画卷。他最近的著作是《讨论飞碟：疯子思想是如何不让我们看到真相、走向灭绝的》（*Let's Talk Flying Saucers: How Crackpot Ideas Are Blinding Us to Reality and Leading Us to Extinction*）。

约翰·钱伯斯（John Chambers）

钱伯斯曾在多伦多大学与巴黎大学学习，写有大量的文章，内容从远洋运输到商场扩建，再到外星人绑架等。他同时是《与来世对话：被遗忘的维克多·雨果的著作》（*Conversations With Eternity: The Forgotten Masterpiece of Victor Hugo*）一书的作者。他有七篇文章被收入本系列图书的《被禁止的宗教》分册中。他目前是新范式图书出版公司（New Paradigm Books）的董事长。

沃尔特·克鲁特顿（Walter Cruttenden）

克鲁特顿是双星研究协会（Binary Research Institute）的主席，这个协会致力于考古天文学的研究，位于加利福尼亚州的纽波特海滩。克鲁特顿的主要研究领域包括：天文学、神秘学、远古文明的手工制品等；他最感兴趣的是历史理论和意识周期。他是《神话和时间的失落之星》（*Lost Star of Myth and Time*）一书的作者，这本书研究了在一个大的时间周期里，世界各地的远古文明以及他们的信仰。克鲁特顿还编写并制作了美国广播公司的获奖纪录片《大年》（The Great Year，亦可译作"柏拉图年"［Platonic Year］），这个纪录片由詹姆斯·厄尔·琼斯（James Earl Jones）叙述，主要讲述了远古文明中的神话和民间传说，并试图从中发现这些文明遗留给我们现代人的信息。

威廉·P. 艾格斯（William P. Eigles）

艾格斯是国际远距离观察协会（IRVA）的主席，致力于推广经科学证实的超能力研究和教育，他同时也是这一协会的相关刊物《光圈》（*Aperture*）的执行主编。艾格斯曾经在加拿大学习生物医学工程，在科罗拉多学习法律，后来从事计算机和电信业的工作长达十四年。他现在的主要工作是意念咨询，通过天文学、远距离观察、超个人催眠术，以及其他通灵手段来帮助人们在他们的生活中理解世界，并预测重大事件。

马克·H. 加夫尼（Mark H. Gaffney）

加夫尼是一位研究员、作家、诗人、环境保护主义者、和平运动活动家，以及有机植物园艺爱好者。他是 1970 年 4 月科罗拉多州州立大学倡导的第一个地球日最主要的组织者。1989 年，他出版了他的第一本著作《第三座神殿？》（*the Third Temple?*），这本书是研究以色列核武器计划的先驱。他最近的一本著作是：《拿撒勒派的诺斯替教秘密》（*Gnostic Secrets of the Naassenes*），这本书进入了 2004 年水仙花图书奖（Narcissus Book Award）的获奖名单，并被翻译为了希腊文和葡萄牙文。他目前正在写作与2001年911事件相关的著作。更详细的了解请登录他的网站：www.gnosticsecrets.com。

威廉·汉密尔顿三世（William Hamilton Ⅲ）

汉密尔顿三世是一名资深软件工程师，在信息科技领域已经工作了三十多年。1961 年至 1965 年，他受雇于美国空军安全机构，接触到了第一流的电子技术。他在洛杉矶的加利福尼亚州立大学主修了心理学，1987 年时在皮尔斯学院获得了体育科学学位；他同时也在凤凰城大学学习了信息技术。他曾经参加和现在参加的协会包括：通灵学研究基金会（1960—1961）；理解公司（1957—1961）；科学和工程世界联合协会（70 年代）；MUFON（1976 年至今）；天空观察国际协会（1997 年至今）；高智商协会会员，包括门萨（1983）、GLIA（2002）、IHIQS（2005）。

弗兰克·约瑟夫（Frank Joseph）

约瑟夫是一位多产的作家，主要作品包括：《亚特兰蒂斯的毁灭》（*The Destruction of Atlantis*）、《亚特兰蒂斯的幸存者》（*The Survivors of Atlantis*）、《朱巴国王失落的宝藏》（*The Lost Treasure of King Juba*）。从 1993 年开始，他就担任《古代美国》（*Ancient American*）杂志的主编。他同时是俄亥俄州的中西部碑铭学协会（MES）会员。2000 年，他加入了日本的博学者协会（JSS）。目前，他生活在威斯康星州的科尔法。

莱恩·卡斯滕（Len Kasten）

卡斯滕是一名自由作家、记者和研究员。他的文章已经发表在了好几家另类杂志上。他毕业于康奈尔大学，目前是美国哲学家协会（APS）主席，他参与新时代运动已经差不多有二十五年的历史了。他是《地平线》（*Horizons*）杂志的前编辑，为《崛起的亚特兰蒂斯》写了四十多篇已发表的论文。他目前在亚利桑那州定居。

J.道格拉斯·凯尼恩（J. Douglas Kenyon）

凯尼恩在过去四十年的时间里一直致力于打破程式化的思想，利用各式各样的媒介（从上世纪 60 年代主持电台脱口秀，到 90 年代制作电视纪录片）大力推广那些被主流媒体所忽视的观点。1994 年，他开始创建《崛起的亚特兰蒂斯》（*Atlantis Rising*）杂志，从那时开始，该杂志就成了记录远古神秘文化、另类科学、无法解释的异常现象的专业杂志，至今称雄业界。他同时是《被禁止的历史》和《被禁止的宗教》两本书的主编与撰稿人。这两本发人深省的著作介绍了许多具有突破性价值的研究工作（包括葛瑞姆·汉考克和撒迦利亚·西琴等人的成果），大大挑战了当下的思想教条。凯尼恩现在居住在蒙大拿。

约翰·凯特勒（John Kettler）

凯特勒是《崛起的亚特兰蒂斯》杂志在尖端话题方面的常驻作者。他最初崭露头角，是制作了获得奥斯卡奖的纪录片《巴拿马骗局》（*The Panama Deception*）。目前，他是一名多产的作家，在各种收音节目和网上直播节目中都可以看到他。他曾经是休斯和洛克威尔（Hughes and Rockwell）公司的军事分析师，目前生活在加利福尼亚的伍德兰。他现在主要从事企业经营、顾问和编辑等各式各样的工作。

大卫·S.刘易斯（David S. Lewis）

刘易斯是一名记者，专门报道与生命起源、文明和人类生存等相关领域的另类学术研究。他出版了面向蒙大拿西南部的月刊《蒙大拿拓荒者》（*The Montana Pioneer*），主要讨论与人类有关的新闻。他也是《崛起的亚特兰蒂斯》杂志的常驻作者，负责另类历史理论、另类科学、人类起源和意识研究方面的文章。他出生并成长于费城，目前生活在蒙大拿的利文斯顿。

辛西娅·洛根（Cynthia Logan）

洛根是一名自由撰稿作家，主要从事对医疗、科学、精神学科和艺术领域的前沿学者的访谈纪实写作。她一直致力于向主流思想界介绍新思维，在《崛起的亚特兰蒂斯》创刊初期就已经发表了大量文章。她是几个宗教、瑜伽杂志的专栏作家，同时也是艺术和娱乐领域的双月刊《老友地带》（*The BoZone*）杂志的编辑。她目前生活在蒙大拿的博兹曼。

尤金·马洛威（Eugene Mallove）

已故。他是双月刊杂志《无限能源》（*Infinite Energy*，成立于 1995 年）的编辑，同时也是非营利性的新能源基金会（NEF，成立于 2003 年）的主席。他在麻省理工学院获得了科学学士学位和科学硕士学位（航天和航空工程学），后又在哈佛大学获得了环境健康科学博士学位。他拥有着在高科技工程领域的广泛经历。1987 年至 1991 年他是麻省理工学院新闻部的主要科学作者。他出版了以下这些著作：《从冰到火：在冷聚变的喧闹背后寻找真相》（*Fire from Ice: Searching for the Truth Behind the Cold Fusion Furor*，1991）；《星际飞行手册：星际飞行的一本先锋指南》（*The Starflight Handbook: A Pioneer's Guide to Interstellar Flight, 1989*）；《加速的宇宙：宇宙进化和人类命运》（*The Quickening Universe: Cosmic Evolution and Human Destiny, 1987*）。马洛威博士同时是 1997 年的电影《圣徒》（*The Saint*）的技术顾问，是 1999 年的纪录片《冷聚变：从水到火》（*Cold Fusion: Fire from Water*）的编剧和制片人。

珍妮·曼宁（Jeane Manning）

曼宁是一名社会学家，同时也是一名长期从事量子跃迁能量系统研究的学者，她主要研究这一能量系统的社会意义，它能够替代石油，对人类来说意义重大。她出版了《即将到来的能源革命》（*The Coming Energy Revolution*）一书，同时也和他人一起共同创作了一些非小说类的文学作品，其中包括与尼克·贝吉奇（Nick Begich）一起创作的《天使不玩这种 HAARP》（*Les anges ne jouent pas de cette HAARP*）。她的著作已经被翻译为了六种语言，她也是在欧洲举办的几次能源会议上的发言人。作为《崛起的亚特兰蒂斯》的专栏作家，她每个月都会对一些重大的事件进行报道。

帕特里克·马森勒克（Patrick Marsolek）

马森勒克是资源内部运作公司（IWR）的董事，主要研究考古学、意识的非正常状态、催眠、直觉和对话。他是一名临床催眠治疗师，出版了自我催眠手册《改变你自己》（*Transform Yourself*）和一系列的自我催眠和放松的CD 教程。他还教授一些关于自我强化、自我实现，以及自我开发的课程。他还组织领导了去各个圣地的精神实验之旅。如果你想了解关于他的更多信息，以及想要与他取得联系的话，请登录：www.innerworkingsresources.com。

苏珊·B. 马丁内斯（Susan B. Martinez）

她是一名博士（哥伦比亚大学人类学专业）。同时是一名自由撰稿作家和独立学者，专门研究《红色之星》（*Oahspe*）[1] 的 "新科学"，正如在其著作《宇宙进化论和预言之书》（*Book of Cosmogony and Prophecy*）中所展示的那样。她是《亚伯拉罕·林肯的通灵生活》（*The Psychic Life of Abraham Lincoln*）一书的作者，同时也是灵异现象和超自然研究学会（SPS）的书评编辑。作为一名唯心主义者，她为《黯然失色》（*Overshadowing*）杂志撰稿，目前是一名非常优秀的神话改编者。她写了大量的文章来反对冰河时代、全球变暖和来世思想。

罗伯特·M·肖赫博士（Robert M. Schoch）

肖赫在耶鲁大学获得了地质学和地球物理学的博士学位。从 1984 年开始，他就是波士顿大学总体研究学院的全职教师。他因为对埃及斯芬克斯神像产生日期的重新界定这一革命性的研究而被媒体广泛宣传。同时他也对许多不同国家，比如秘鲁、波斯尼亚、埃及和日本等国的原始文化和遗迹有着非常了不起的研究成果。肖赫曾经出现在众多的广播和电视节目中，这些都可以在纪录片《斯芬克斯的秘密》（*Mystery of the Sphinx*）中找到。肖赫博士自己创作了、同时也和其他一些人联合创作了以下一些著作：《岩石的声音：一个科学家看大灾难和古代文明》（*Voices of the Rocks : A Scientist Looks at Catastrophes and Ancient Civilizations，1999*）；《金字塔建造者的航程：金字塔的真正来源——从迷失的埃及到古代美洲人》（*Voyages of the Pyramid Builders，2003*），《探寻金字塔》（*Pyramid Quest，2005*）。他的个人网站是：www.robertschoch.net。

莱尔德·斯克兰顿（Laird Scranton）

斯克兰顿是一名独立的软件工程师。在 20 世纪 90 年代初期时开始对多贡人的神话和符号产生兴趣。他研究远古神话、语言和宇宙学已有近十年的时间，是科尔盖特大学的讲师。他出版了著作《多贡人的科学和多贡人的神秘符号》（*The Science of the Dogon and Sacred Symbols of the Dogon*），同时参与了约翰·安东尼·韦斯特（John Anthony West）的《不可思议的埃及》（*Magical Egypt*）DVD 系列。

1.Oahspe：被称为 "红色之星" 版《圣经》，由美国牙医约翰·巴罗·纽伯勒（John Ballou Newbrough）于 1880 年所著。他声称，此书是在出神状态下，由圣灵传授给他并自动书写而成的。Oahspe 内容丰富，几乎相当于五分之四的詹姆斯钦定版《圣经》的信息量。